Praxis der Bioprozesstechnik

Volker C. Hass, Ralf Pörtner

Praxis der Bioprozesstechnik

mit virtuellem Praktikum

Spektrum
AKADEMISCHER VERLAG

Autoren
Prof. Dr.-Ing. Volker C. Hass
Hochschule Bremen
Institut für Umwelt- und Biotechnik
Neustadtswall 30
28199 Bremen
e-mail: volker.hass@hs-bremen.de

Priv.-Doz. Dr.-Ing. Ralf Pörtner
Technische Universität Hamburg-Harburg
Institut für Bioprozess- und Biosystemtechnik
Denickestr. 15
21073 Hamburg
e-mail: poertner@tuhh.de

Software für das Programm BioProzessTrainer mit Unterstützung von
Ingenieurbüro Dr.-Ing. Schoop GmbH (Riechelmannweg 4, D-21109 Hamburg)

Bibliografische Information der Deutschen Nationalbibliothek
Die Deutsche Nationalbibliothek verzeichnet diese Publikation in der Deutschen Nationalbibliografie; detaillierte bibliografische Daten sind im Internet über http://dnb.d-nb.de abrufbar.

Springer ist ein Unternehmen von Springer Science+Business Media
springer.de

09 10 11 12 13 5 4 3 2 1

Planung und Lektorat: Dr. Ulrich G. Moltmann, Jutta Liebau
Herstellung: Detlef Mädje
Umschlaggestaltung: SpieszDesign, Neu-Ulm
Titelfotografie: Roman Jupitz, TU Hamburg-Harburg, mit freundlicher Genehmigung
Satz: TypoDesign Hecker GmbH, Leimen
Druck und Bindung: Stürtz GmbH, Würzburg

Printed in Germany

ISBN 978-3-8274-1795-4

Vorwort

Ein wesentlicher Bestandteil der biotechnischen Ausbildung ist die praktische Durchführung von Kultivierungsexperimenten mit Mikroorganismen oder Zellen (tierische oder humane) in Bioreaktoren. Allerdings lassen sich meist nur einfache Experimente (z. B. *batch*-Verfahren) realisieren, da der zeitliche und finanzielle Rahmen begrenzt ist.

In der industriellen Praxis werden biotechnische Produktionsprozesse jedoch mit anspruchsvollen Prozessführungsstrategien durchgeführt, um eine möglichst hohe Effizienz des Prozesses zu erreichen. Die wachsende Komplexität der Produktionsprozesse führt zu steigenden Anforderungen an das Systemverständnis und die praktische Kompetenz der Mitarbeiter in Entwicklung und Betrieb. Speziell in der biotechnischen Ausbildung muss ein Verständnis für die meist instationären Operationen und Prozessabläufe (z. B. der zeitliche Verlauf einer Kultivierung) geschaffen werden. Darüber hinaus werden bisher nicht ausreichend Kompetenzen zur Prozessoperation und zur betrieblichen Praxis mit Bioreaktoren angeboten.

Diesen wachsenden Anforderungen stehen in der Ausbildung begrenzte finanzielle und personelle Ressourcen und der Wunsch nach einer Verkürzung der Ausbildungszeit gegenüber. Somit sind die geforderten Kompetenzen allein mit den klassischen Methoden (Vorlesung, Seminar, Praktikum) nur unzureichend zu vermitteln. Gleichzeitig wird aber auch allgemein anerkannt, dass aktivierende Lehrformen wesentlich zu einem guten Lernerfolg beitragen. Um Lernenden (schulische und Hochschulausbildung, inner- und überbetriebliche Ausbildung) den Zugang zu diesen vielschichtigen Experimenten zu erleichtern, ist es daher zweckmäßig, Simulationsexperimente in die Ausbildung mit zu integrieren.

Ziel dieses Buches ist es, in Verbindung mit einem einfach zu bedienenden Simulator – dem Bioreaktor auf DVD (**BioProzessTrainer**) – ein Werkzeug zur Verfügung zu stellen, das die biotechnologische Ausbildung im Hinblick auf die Prozessführung, die Modellierung und die Regelungstechnik unterstützt. Die besondere Stärke des Simulators liegt darin, die Lernenden effektiv auf die Durchführung realer Kultivierungsexperimente vorzubereiten. Der interaktive Simulator stellt somit eine wichtige Ergänzung für die biotechnologische Ausbildung dar.

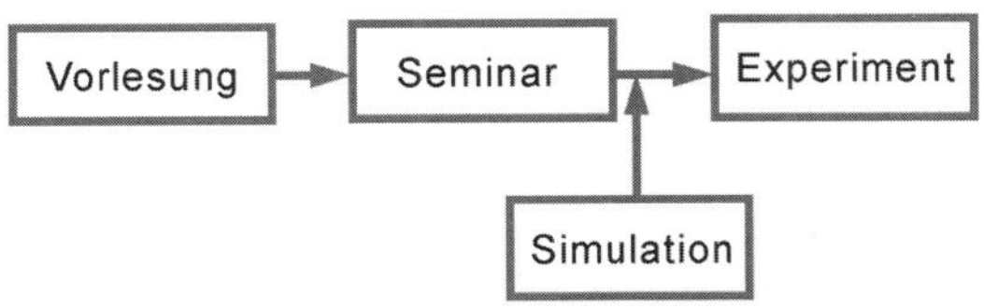

Die Simulation als Ergänzung/Erweiterung in der Ausbildung

Zielgruppen dieses neu konzipierten Buches mit dem **BioProzessTrainer** auf DVD sind Studierende (Biotechnologie, Bio-Verfahrenstechnik, verwandte Studiengänge), Auszubildende (biologisch-technische Angestellte, Verfahrensmechaniker, Mess- und Regelungstechniker) sowie Praktiker mit Bezug zu biotechnologischen Prozessen. Buch und DVD sind eng aufeinander abgestimmt. Sie vermitteln bioprozesstechnische Grundlagen sowie grundlegende Methoden der Modellbildung für Kultivierungsprozesse mit Mikroorganismen und Zellen. Ferner geben Sie eine Einführung in die Planung von Experimenten mit komplexen Prozessführungsstrategien. Die zahlreichen Beispiele und Experimente mit dem Simulator bereitet den Nutzer von Buch und DVD auf die Durchführung realer Kultivierungsexperimente vor. Abgerundet wird das Werk durch die Vermittlung wichtiger regelungstechnischer Grundlagen sowie deren praktischer Anwendung.

Dieses Buch erhebt nicht den Anspruch, das sehr umfassende Gebiet der Bioprozesstechnik mit mikrobiellen Kulturen und Zellkulturen darstellen zu wollen. Hierzu wird auf die einschlägige Literatur verwiesen. Das Buch versteht sich vielmehr als eine Ergänzung zu dieser Literatur, insbesondere zu Chmiel (2006). Ziel ist es, für den Praktiker methodische Konzepte vorzustellen, die es ermöglichen sollen, auch ohne vertieftes theoretisches Wissen Prozesse mit einem Bioreaktor sinnvoll planen, durchführen und optimieren zu können.

Für dieses Buch wurden spezielle reaktortechnische und biologische Fragestellungen formuliert. Beispielhaft wurden Prozesse

- mit der Hefe *Saccharomyces cerevisiae,*
- zur Kultivierung von *Escherichia coli* sowie
- zur Kultivierung einer *Hybridoma*-Zelllinie zur Produktion eines monoklonalen Antikörpers

ausgewählt.

Hefen werden in unterschiedlichen biotechnischen Produktionsverfahren eingesetzt. Hierzu gehören etwa die Herstellung von Bäckerhefe oder die Gewinnung von Hefeextrakten und die alkoholische Gärung. Beide unterscheiden sich grundsätzlich durch eine unterschiedliche Begasungsstrategie.

Escherichia coli gehört nicht nur zu den am besten charakterisierten Mikroorganismen, sondern wird vielfach auch als Wirtsorganismus für die rekombinante Expression von Proteinen verwendet.

Die Nutzung tierischer und humaner Zellen, zu denen antikörper-produzierende Hybridoma-Zellen gehören, hat sich als „rote Biotechnologie" im Bereich Pharma- und Wirkstoffproduktion fest etabliert.

Die verwendeten Beispielorganismen haben nicht nur eine große wirtschaftliche Bedeutung, sie decken auch eine Fülle der bei Mikroorganismen oder Zellen zu beobachtenden metabolischen Effekte ab. So kann die Hefe ihre zum Wachstum benötigte Energie sowohl aus der aeroben Veratmung eines Substrates als auch aus seiner anaeroben Vergärung gewinnen. Bei *Escherichia coli* ist das aerobe Wachstum stark durch gebildete Metabolite inhibiert, so dass ausgefeilte Fütterungsstrategien erforderlich sind, um zu hohen Biotrockenmassekonzentrationen zu kommen. Zellkulturprozesse sind u. a. durch die vergleichsweise niedrigen Wachstums- und Produktbildungsraten gekennzeichnet, die ebenfalls Raum für optimierte Fütterungsstrategien lassen.

Es ist nicht Ziel dieses Buches, die komplexen metabolischen Stoffwechselwege zu skizzieren und modellmäßig wiederzugeben. Vielmehr wurden basierend auf kinetischen Daten aus der Literatur „Organismus academii" mit vereinfachten Kinetiken kreiert, die die wesentlichen metabolischen Effekte der Beispielorganismen wiedergeben und die es erlauben, realitätsnahe Prozesse (*batch*, *fed-batch*, Chemostat) durchzuführen und erste kinetische Analysen und eine Modellbildung durchzuführen.

Die Realisierung des **BioProzessTrainers** erfordert die Modellierung des mikrobiellen Systems (biologisches Modell) und des bioverfahrenstechnischen Prozesses (Reaktormodell). Das biologische Modell gibt die wesentlichen metabolischen Effekte der hier benutzten Beispielorganismen (*Saccharomyces cerevisiae, Escherichia coli* und einer Hybridoma-Zelllinie) wieder. Das Reaktormodell wurde für einen Rührkesselreaktor konzipiert und umfasst eine Wärmebilanz, eine Volumenbilanz sowie Massenbilanzen der flüssigen und gasförmigen Phase. In die Bilanzen wurden der Sauerstoffverbrauch und die Kohlendioxidbildung integriert. Außerdem wurden der Leistungseintrag über den Rührer und die Begasung während einer Kultivierung in das Reaktormodell eingebunden. Die Modellierung erfolgte unter Nutzung entsprechender empirischer Korrelationen.

Bei der Auswahl der Fragestellungen musste berücksichtigt werden, dass der **BioProzessTrainer** naturgemäß nicht sämtliche Funktionen eines „realen" Bioreaktors abbilden kann. Insbesondere „fehlt" die Anbindung an ein Prozessleitsystem, das komplexe Automatisierungen (z. B. rückgekoppelte Fütterungsstrategien) ermöglichen würde. Darüber hinaus wurden die Experimente so konzipiert, dass nur die für die Bearbeitung einer speziellen Fragestellung wesentlichen Funktionen des **BioProzessTrainers** aktiviert sind. Näheres hierzu findet sich in der Bedienungsanleitung auf der DVD.

Abschließend wünschen wir allen Lesern viel Spaß mit den Experimenten und hoffen, dass mit diesem Ausbildungswerkzeug eine Lücke in der biotechnologischen Ausbildung geschlossen werden kann.

Syke, Buxtehude, Mai 2008

Volker C. Hass
Ralf Pörtner

Inhalt

1 Bioreaktortechnik

1.1 Bioreaktortypen

Für die Kultivierung von Mikroorganismen müssen ein Bioreaktor und eine Betriebsweise ausgewählt werden, die den charakteristischen Wachstumsbedingungen des zu kultivierenden Organismus und den spezifischen Prozessbedingungen Rechnung tragen (Aiba 1993, Bailey und Ollis 1986, Schuler und Kargi 2002). In Kapitel 1 werden Fragestellungen zu Design, Aufbau, Anlagentechnik und Instrumentierung von Bioreaktoren diskutiert. Da der Fokus dieses Buches auf dem Betrieb von Bioreaktoren liegt, werden hier nur die wesentlichen konstruktiven Merkmale von Bioreaktoren diskutiert, um ein Grundverständnis für die in den folgenden Kapiteln diskutierten prozesstechnischen Aspekte zu schaffen. Eine ausführlichere Diskussion apparatetechnischer Fragestellungen findet sich u. a. bei Krahe (2003), Chmiel (2006) oder Wolf (2000).

In der Literatur wird eine Vielzahl von Bioreaktoren oder Fermentertypen beschrieben (Doran 2003, Schuler und Kargi 2002, Chmiel 2006,

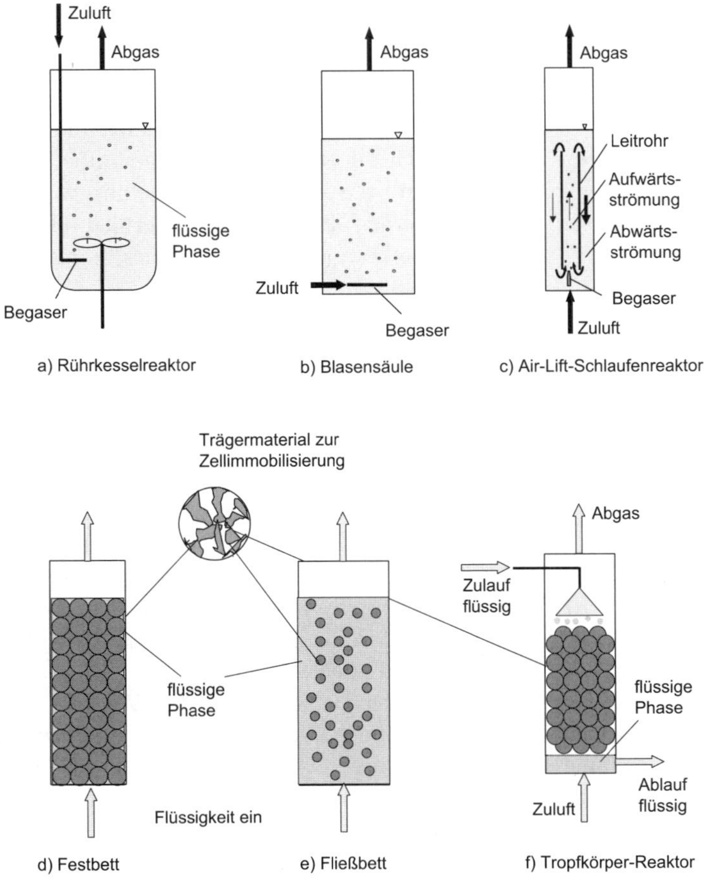

Abb. 1.1 Übersicht über die wesentlichen Bioreaktortypen

Wolf 2000). Abb. 1.1 fasst die wesentlichen Typen von Bioreaktoren zusammen. Überwiegend werden begaste Rührkesselreaktoren eingesetzt. Eine Alternative hierzu stellen nicht gerührte Reaktoren wie z. B. Blasensäulen oder Air-Lift-Schlaufenreaktoren dar. Andere Bioreaktorkonzepte wie Festbett- oder Fließbettreaktoren werden meist für spezielle Anwendungen wie die Kultivierung von tierischen Zellen zur Wirkstoffproduktion oder für pflanzliche Zellen eingesetzt. Diese sehr scherempflindlichen Organismen stellen besondere Anforderungen an die Reaktortechnologie (Pörtner 2005, Ozturk und Hu 2006).

Die wesentliche Herausforderung bei der Gestaltung von Bioreaktoren liegt in der Gewährleistung einer ausreichenden Durchmischung und Begasung, insbesondere bei aeroben Prozessen mit hohem Sauerstoffbedarf. Bei großen Reaktoren stellt auch die Gestaltung und Dimensionierung des Temperiersystems – also die Wärmeübertragung – eine wichtige Herausforderung dar. Bioreaktoren für anaerobe Prozesse können oft einfacher konstruiert werden.

Die betriebliche Praxis wird im Rahmen dieses Buches im Wesentlichen anhand von Rührkesselreaktoren diskutiert. Kap. 1.2 beschreibt diesen Bioreaktortyp ausführlicher. Eine zusammenfassende Beschreibung der übrigen Bioreaktortypen findet sich bei Pörtner (2005).

1.2 Rührkesselbioreaktoren – Aufbau und Instrumentierung

1.2.1 Aufbau

Der prinzipielle Aufbau eines konventionellen, begasten Rührkesselbioreaktors ist in Abb. 1.2 dargestellt[1]. In einem zylindrischen Gefäß sind zur Durchmischung und zur Dispergierung von Blasen ein oder mehrere Rührer auf einer Welle montiert, die über einen außerhalb installierten Motor angetrieben wird. In Bodennähe befindet sich ein Begaser, über den die Begasungsluft ein-

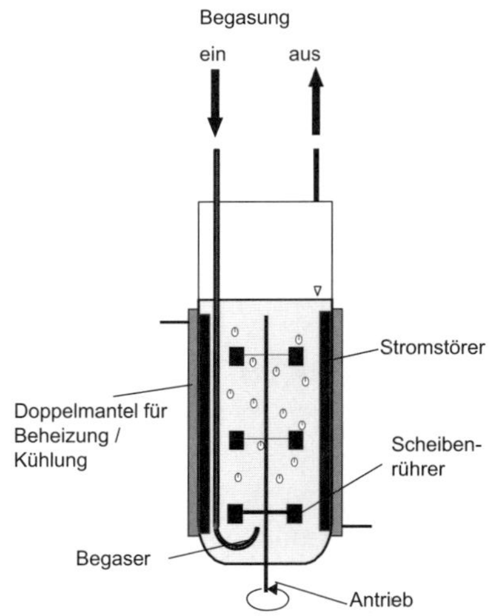

Abb. 1.2 Prinzipieller Aufbau eines Rührkesselbioreaktors

geleitet wird. Zusätzlich werden Stromstörer installiert, die die Ausbildung einer turbulenten Strömung im Reaktor unterstützen und somit die Durchmischung verbessern sollen. Die Temperierung erfolgt bei Reaktoren einer Größe bis ca. 3 m^3 (Krahe 2003) meist über einen äußeren Doppelmantel. Bei größeren Reaktoren oder bei sehr exothermen Prozessen, etwa aufgrund eines sehr hohen Leistungs- oder Sauerstoffbedarfes, müssen große Wärmemengen abgeführt werden. Hierzu werden Rohre entweder vertikal oder als Spirale direkt in den Innenraum des Bioreaktors eingebracht.

Üblicherweise wird der Bioreaktor lediglich zu 70–80 % mit Flüssigkeit gefüllt, um einen ausreichenden Kopfraum für das Absetzen von Flüssigkeitströpfchen oder zur Abscheidung von Schaum bereitzustellen. Die Schaumbildung wird häufig durch die Zugabe von chemischen Antischaummitteln unterdrückt. Da dies jedoch den Sauerstoffeintrag erheblich reduzieren kann, werden bei größeren Bioreaktoren mechanische Schaumzerstörer im Kopfraum installiert, die mit hoher Geschwindigkeit rotieren und somit den sich bildenden Schaum zerstören.

Im Labormaßstab werden bei Volumina bis ca. 15 L häufig Reaktoren aus Glas eingesetzt, da diese transparent, gut zu reinigen und dampfsterilisierbar sind (Abb. 1.3). Alternativ wurde von Märkl (1989) ein Bioreaktor mit einer speziellen Polyamid-Folie vorgeschlagen (Abb. 1.3,

1 Der folgende Text basiert auf Pörtner (2005)

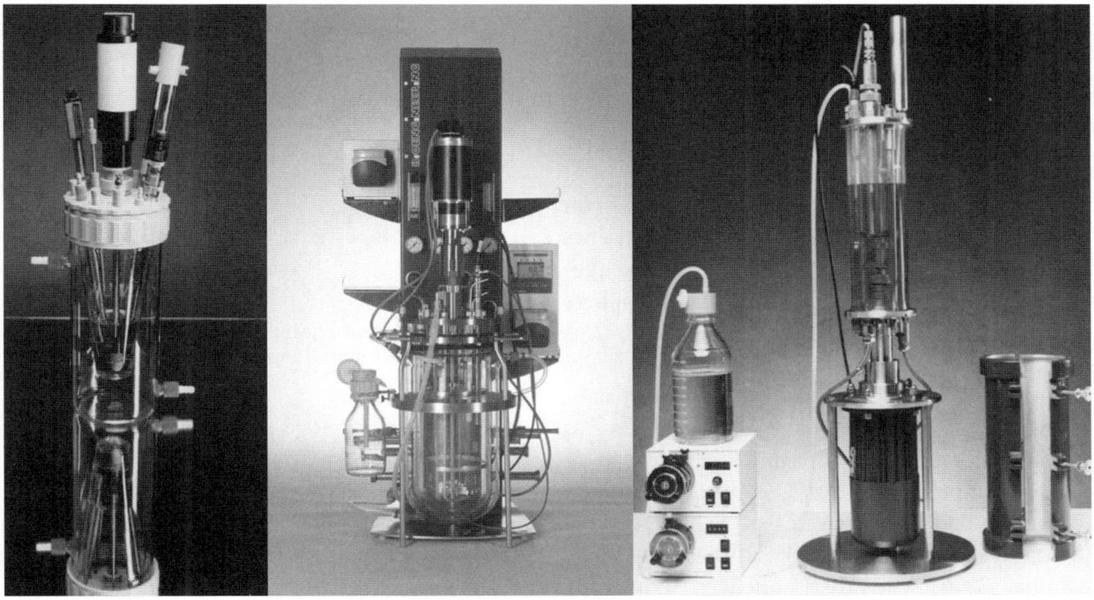

Abb. 1.3 Rührkesselbioreaktoren im Labormaßstab. Links: konischer Glasreaktor mit Magnetantrieb oben (medorex)*, Mitte: zylindrischer Glasreaktor mit Magnetantrieb* oben *(Bioengineering AG, Schweiz, mit freundlicher Genehmigung), rechts: Folienreaktor mit Direktantrieb unten (Bioengineering)*, *: Fotos Roman Jupitz, TU Hamburg-Harburg, mit freundlicher Genehmigung

rechts). Deckel, Anschlussstutzen oder Rührer werden bei Laborbioreaktoren üblicherweise aus austenitischem Stahl (s.u.) oder alternativ aus Polyetheretherketon (PEEK) gefertigt.

Abb. 1.4 Rührkesselbioreaktor 300 L (Foto Roman Jupitz, TU Hamburg-Harburg, mit freundlicher Genehmigung)

Für größere Reaktoren (Abb. 1.4) werden überwiegend austenitische Stähle mit einem maximalen Kohlenstoffanteil von 0,08 % (z. B. Typ 1.4571 nach DIN oder 316L nach AISI) verwendet (Krahe 2003). Ausnahmen können für die Kultivierung extremophiler Mikroorganismen erforderlich sein, da diese z. T. hochkorrosive Medien (extreme pH-Werte, hoher Salzgehalt, Schwefel als Substrat) benötigen. Hier bietet sich z. B. die Verwendung von Titan oder die Emaillierung der Bioreaktoren an.

Das Verhältnis von Höhe H zu Durchmesser D kann bei gerührten Bioreaktoren zwischen H/D = 1 und H/D = 3 variieren (Doran 2003, Krahe 2003). Kleinere Reaktoren werden häufig mit H/D = 1 gebaut. Wenn allerdings die Begasung ein kritischer Parameter ist, wird ein größeres Verhältnis gewählt, um die Verweilzeit der Blasen im Reaktor zu verlängern und den hydrostatischen Druck am Begaser zu erhöhen. Zudem vergrößert sich die Wärmeaustauschfläche relativ zum Volumen bei einem Doppelmantel.

Zur Durchmischung und zur Dispergierung von Gasblasen wird in der Literatur eine Vielzahl von Rührertypen vorschlagen (Chmiel 2006). Am häufigsten wird der Scheibenrührer (Darstellung in Abb. 1.6) eingesetzt, auch im industriellen Maßstab. Bei schlanken Bauhöhen (H/D > 2) werden bis zu 3 Scheibenrührer auf der Welle montiert. Bei scherempfindlichen Mikroorganismen oder Zellkulturen kann es erforderlich sein, spezielle Rührer zu verwenden (Ozturk und Hu 2006).

Der Rührer wird entweder von oben oder von unten angetrieben. Die Vorteile eines Antriebes von unten liegen in der kürzeren Rührerwelle (geringere Vibrationen, kleineres Volumen, höhere Stabilität), dem größeren Platzangebot für Anschlüsse oder Sonden auf dem Deckel sowie der Schmierung und Kühlung der Rührerwellenabdichtung. Für einen Obenantrieb spricht, dass es bei feststoffhaltigen, abrasiven Medien nicht zu einer Beeinträchtigung der Dichtungen kommen kann und dass bei Versagen der Dichtungen kein Medium ausläuft (Krahe 2003, Storhas 1994, 2003, Chmiel 2006). Zur mechanischen Abdichtung werden meist einfache oder doppelte Gleitringdichtungen verwendet. Als Alternative bietet sich eine magnetische Ankupplung an, wobei der Reaktor als geschlossen anzusehen ist. Dieser Dichtungstyp findet sich häufiger bei Laborreaktoren.

Ein weiteres wesentliches Bauelement eines gerührten Bioreaktors ist der Begaser. Die Bildung und Größe der Gasblasen hängt im Wesentlichen von der Bauform des Begasers, den Koaleszenzeigenschaften des Mediums und der Turbulenz im Reaktor ab. Kleine Gasblasen erzeugen naturgemäß eine größere volumenspezifische Oberfläche und somit einen besseren Sauerstoffeintrag als größere. Allerdings kann es bei kleineren Blasen zu einer verstärkten Schaumbildung kommen. Im einfachsten Fall kann die Begasung über die Flüssigkeitsoberfläche erfolgen (Abb. 1.5a). Allerdings reicht der so zu erzielende Gaseintrag lediglich

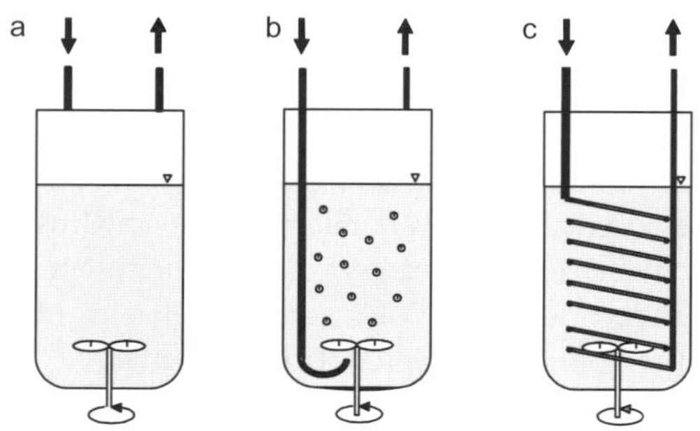

Abb. 1.5 Varianten der Begasung von Bioreaktoren a: Oberflächenbegasung, b: Blasenbegasung, c: blasenfreie Begasung über Membranen

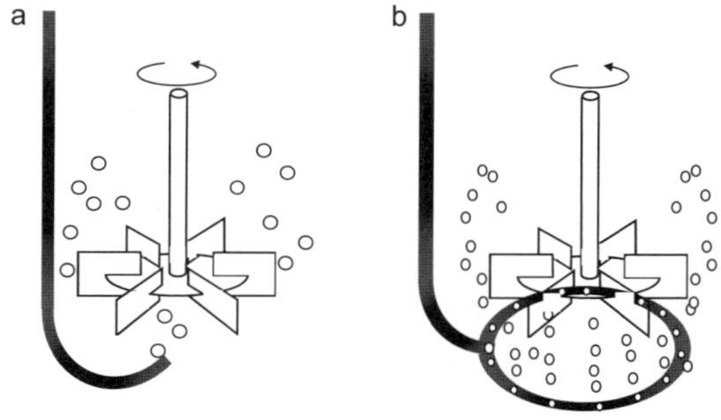

Abb. 1.6 Blasenbegaser mit einem Scheibenrührer a: Begasungsrohr, b: Ringbegaser

bei sehr kleinen Reaktorvolumina aus, um die Organismen adäquat zu versorgen. Einen konstruktiv sehr einfachen Begaser stellt ein offenes Rohr dar, das unter dem Rührer (bzw. bei mehrstufiger Anordnung unter dem untersten Rührer) endet (Abb. 1.5b, Abb. 1.6a). Alternativ werden auch ringförmige, perforierte Begaser unterhalb des Rührers installiert, wobei die Gasblasen durch kleine Löcher auf der Oberseite des Ringes austreten (Abb. 1.6b). In beiden Fällen werden die aufsteigenden Blasen durch die hohe Drehzahl des Rührers dispergiert. Muss die Drehzahl etwa aufgrund der hohen Scherempfindlichkeit der Organismen niedrig gehalten werden, lassen sich durch Verwendung von hochporösen gesinterten Metallen oder Keramiken sehr feine Blasen mit extrem hoher Sauerstoffeintragsrate erzeugen (Abb. 1.7) (Nehring et al. 2004). Spezielle Begasertypen wurden auch für Anwendungen entwi-

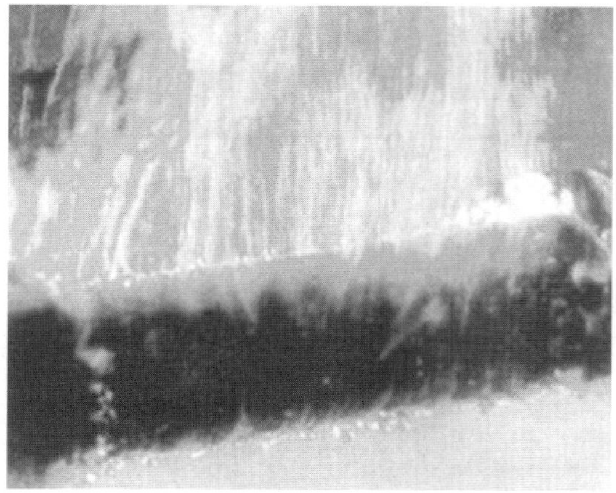

Abb. 1.7 Keramischer Begaser (Durchmesser ca. 10 cm) zur Erzeugung von Mikroblasen (Prof. Czermak, FH Gießen-Friedberg, mit freundlicher Genehmigung)

ckelt, bei denen ein extrem hoher Sauerstoffeintrag erforderlich ist (z. B. Essigproduktion, Turmbiologie für aerobe Abwasserreinigung).

Für die Begasung von Zellkulturreaktoren, bei denen es bei einer Blasenbegasung aufgrund der hohen Scherempfindlichkeit der Zellen zu einer Zellschädigung und zum Absterben der Zellen kommen kann, wird ggf. eine blasenfreie Begasung mit Membranen eingesetzt (Ozturk und Hu 2006). Der Sauerstoff wird hierbei über gasdurchlässige Silikonschläuche, Hohlfasermodule oder offenporige, hydrophobe Polypropylenmembranen, die in das Fermentationsmedium eintauchen und vom Gasgemisch durchströmt werden (Abb. 1.5c), in das Medium eingetragen. Ein gravierender Nachteil dieser Begasungsart ist in der geringen Membranpermeabilität zu sehen. Um den Sauerstoffbedarf der Zellen zu decken, müssen in etwa 25 m^2 Membranfläche pro m^3 Reaktor installiert werden, was einer Länge von ca. 3 $km\,m^{-3}$ entspricht. Die Membranen müssen segmentiert werden, um eine zu starke Abreicherung über der Länge zu vermeiden. Bei offenporigen Membranen besteht zudem die Gefahr, dass die Membran mit der Zeit ihre hydrophoben Eigenschaften verliert, sodass es zum Ausperlen der Begasungsluft kommt.

1.2.2 Instrumentierung von Bioreaktoren

Während einer Fermentation sollten die Prozessbedingungen für die Mikroorganismen so eingestellt und auch beibehalten werden, dass optimale Voraussetzungen für Wachstum und Produktivität gewährleistet sind. Größen wie die Temperatur, der pH-Wert oder die Sauerstoffkonzentration im Fermentationsmedium haben einen entscheidenden Einfluss auf die Ausbeute an Mikroorganismen oder Produkt. Daher müssen zumindest diese physikalischen Größen möglichst *online* gemessen und auf den Sollwerten geregelt werden. Darüber hinaus lassen sich weitere Größen identifizieren (Tab. 1.1), die während einer Fermentation gemessen werden können und Aufschluss über den Status des Prozesses liefern (Scheper 1991).

Im Folgenden werden einige für den Betrieb eines Bioreaktors wesentliche Größen am Beispiel eines Labor-Bioreaktors angesprochen, der für den kontinuierlichen Betrieb mit den gängigen *online*-Mess- und Regelungsinstrumenten bestückt ist (Abb. 1.8). Zur Standardausrüstung eines Bioreaktors gehört die Messung und Regelung von Temperatur, pH-Wert, Sauerstoffkonzentration und Schaumniveau im Fermentationsmedium. Für all diese Größen sind robuste, sterilisierbare Messsonden verfügbar, die eine *online*-Messung gestatten. Extern lassen sich Größen wie Motordrehzahl, Mediumzu- und -abflussrate oder Gasdurchsatz bestimmen.

Die Regelung der Temperatur erfolgt meist über den Kühl- und Heizmantel, teilweise auch über das Zusammenwirken von integrierten Heizstäben und Kühlvorrichtungen.

Der pH-Wert sinkt bzw. steigt bei vielen Fermentationsprozessen und wird z. B. durch Zugabe von Lauge bzw. Säure geregelt.

Die Sauerstoffkonzentration lässt sich durch mehrere Stellgrößen regeln. Zunächst wird viel-

Tabelle 1.1 Ausgewählte Größen, die in Bioreaktoren gemessen oder geregelt werden können [nach Pörtner (2005), modifiziert]

physikalische Größen	chemische Größen	biologische Größen
Temperatur Druck Reaktorgewicht Flüssigkeitsniveau Schaumniveau Rührerdrehzahl Leistungsbedarf Gasdurchsatz Pumprate für das Medium Viskosität der Fermentationsbrühe Gasgehalt	pH Sauerstoffkonzentration Kohlendioxidkonzentration Redoxpotenzial Abgaszusammensetzung Leitfähigkeit Konzentration bestimmter Mediumkomponenten (Substrate, Metabolite, Ionenkonzentration etc.)	Biomassekonzentration Enzymkonzentration Biomassezusammensetzung (e.g. DNA, RNA, Proteine, ATP-Gehalt) Lebendanteil Morphologie

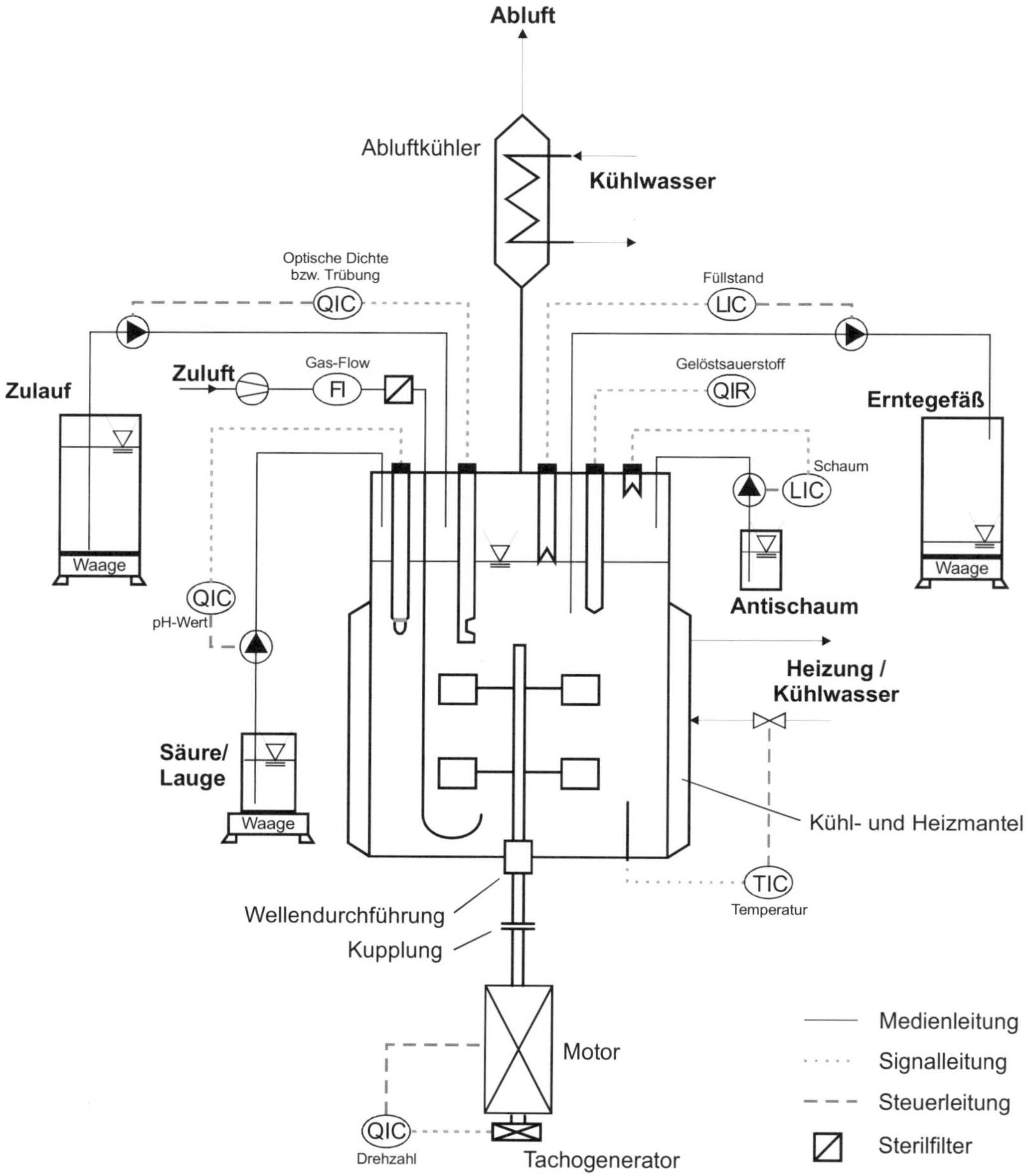

Abb. 1.8 Instrumentierung eines Labor-Rührkesselbioreaktors

fach der während der Fermentation steigende Sauerstoffbedarf durch eine Erhöhung der Rührerdrehzahl und der Begasungsrate kompensiert. Reicht dies bei sehr hohen Mikroorganismenkonzentrationen nicht mehr aus oder sprechen organismenspezifische Eigenschaften (z. B. hohe Scherempfindlichkeit bei tierischen Zellen) dagegen, lässt sich die Sauerstoffkonzentration durch eine Erhöhung des Sauerstoffpartialdruckes in der Begasungsluft regeln.

Weitere Größen, die Aufschluss über den Status der Fermentation geben (z. B. optische Dichte, Mikroorganismenkonzentration, Konzentrationen von Substraten oder Metaboliten) werden aus Proben bestimmt, die während des Prozesses genommen werden. Einige Größen (z. B. optische Dichte, Konzentration an Biomasse, Glucose oder Laktat) werden parallel zum Prozess bestimmt, sofern entsprechend schnell durchzuführende Messverfahren zur Verfügung stehen. Teilweise sind auch *online*-Messverfahren verfügbar. Ist dies nicht möglich, werden die Proben eingefroren und zu einem späteren Zeitpunkt aufgearbeitet.

Eine hohe Effizienz von Fermentationsprozessen, insbesondere bei *fed-batch* oder kontinuierlichem Betrieb (siehe Kap. 4) erfordert eine Prozessführung, die eine zuverlässige Einschätzung des Prozesszustandes und die Vorherbestimmung (Prädiktion) des weiteren Prozessverhaltens bei fortlaufender Anpassung der Prozessführung erlaubt. Hierzu wurde eine Vielzahl von Regelungs- und Kontrollstrategien entwickelt. Eine Übersicht findet sich bei Dunn et al. (2003) sowie bei Lübbert und Simutis (1998).

Im industriellen Maßstab werden üblicherweise deutlich weniger Messsonden eingesetzt als im Labormaßstab. Zum einen werden dort standardisierte Prozesse nach festgelegten Prozeduren gefahren. Zum anderen sind viele *online*-Messsonden für den zuverlässigen Einsatz in großen Bioreaktoren nicht robust genug. Hinzu kommen die durch die Instrumentierung hervorgerufenen Kosten.

1.3 Auslegung und *scale-up* von Bioreaktoren*

Zur Auslegung eines Bioreaktors für eine spezielle Fermentationsaufgabe müssen eine Reihe von Aspekten berücksichtigt werden (James 1992):

- Wie groß muss der Reaktor sein, um die gewünschte Produktmenge zu erzielen?
- Aus welchem Material sollte der Reaktor gebaut sein? Müssen spezielle Anforderungen auf Grund besonders aggressiver Bedingungen berücksichtigt werden?
- Wie kann die Fermentationsbrühe adäquat durchmischt werden, ohne etwa scherempfindliche Zellen zu schädigen?
- Welche Begasungsrate und welcher volumenspezifische Leistungseintrag sind erforderlich?
- Welche Prozesszeit ist erforderlich?
- Wie wird der Prozess geführt (*batch*, kontinuierlich)?
- Wie viele *scale-up*-Schritte vom Labormaßstab bis zum Produktionsreaktor sind erforderlich?
- Welche Kosten (Investitionen, Betriebskosten, Abschreibung etc.) müssen berücksichtigt werden?

Diese Übersicht ist sicherlich nicht vollständig, gibt aber schon einen Eindruck von der Komplexität der Problemstellung. Einige der oben angesprochenen Punkte wurden im Vorhergehenden bereits angesprochen. Neben den ingenieurtechnischen Aspekten etwa zur Durchmischung oder zum Sauerstoffeintrag haben die organismusspezifischen Eigenschaften einen wesentlichen Einfluss auf die Auswahl und die Auslegung des Bioreaktors. Auch wenn sich daraus für einen speziellen Prozess ganz individuelle Betriebsparameter ergeben, die üblicherweise zunächst in Laborexperimenten ermittelt werden müssen, lassen sich doch einige grobe Richtwerte angeben, die in Tab. 1.2 zusammengestellt sind.

Tabelle 1.2: Richtwerte für den Betrieb von Bioreaktoren (nach Prof. Dr.-Ing. Herbert Märkl, TU Hamburg-Harburg)

Begasungsrate	
Mikroorganismen	1 vvm*
Zellkulturen	0,1 vvm
Sauerstoffeintrag	1 kg O_2 / (m^3 h)
Leistungsbedarf	1 KW / m^3
Löslichkeit von Sauerstoff in Wasser	1 mmol O_2 / (L bar)

* vvm : volume gas per volume reactor and minute

Tabelle 1.3: Häufig verwendete *scale-up*-Kriterien (nach James 1992, modifiziert)

- geometrische Ähnlichkeit der Reaktorkonstruktionen – wird allgemein vorausgesetzt
- konstanter volumenspezifischer Leistungseintrag
- konstante Sauerstofftransferrate (k_La)
- konstante Rührerumfangsgeschwindigkeit
- konstante Mischzeit
- konstante dimensionslose Kennzahlen (z. B. Reynolds-Zahl *Re*)

* Die folgenden Ausführungen wurden von Pörtner (2005) übernommen (mit freundlicher Genehmigung)

Wurden für den gewünschten Prozess die relevanten Betriebsparameter im Labormaßstab ermittelt, stellt sich natürlich die Frage, wie sich anhand dieser Daten der letztendlich erforderliche Produktionsmaßstab ermitteln lässt. Dabei wird mehr und mehr angestrebt, Experimente im Schüttelkolben oder in gerührten Reaktoren mit nur einigen 100 mL Volumen als Grundlage für ein *scale-up* zu nehmen, da diese Systeme die parallele Durchführung einer Vielzahl von Experimenten erlauben (Weuster-Botz 1999). Eine wesentliche Aufgabe beim *scale-up* ist die richtige Prognose der zu erwartenden Ausbeute. Liegt diese im Produktionsmaßstab niedriger als erwartet, was häufig auftritt, ist die installierte Bioreaktorkapazität zu gering. Liegt die Produktivität höher, ist der Produktionsbioreaktor überdimensioniert, was zu unnötig hohen Kosten und zusätzlich suboptimalen Prozessbedingungen führen kann. Daher werden die in Laborbioreaktoren ermittelten Daten normalerweise zunächst in einer Pilotanlage verifiziert und erst dann in den Produktionsmaßstab übertragen.

Beim *scale-up* müssen grundsätzlich thermodynamische Phänomene, kinetische Eigenschaften der Mikroorganismen und Stofftransportprozesse berücksichtigt werden. Die beiden erstgenannten Aspekte sind naturgemäß unabhängig vom Maßstab, sofern sie sorgfältig gemessen wurden. So hängen weder thermodynamische Eigenschaften (Levenspiel 1972) wie die Sauerstofflöslichkeit der Fermentationsbrühe noch die Wachstumskinetik der Mikroorganismen von der Größe des Bioreaktors ab. Allerdings werden die aktuelle Sauerstoffkonzentration und das Wachstums- und Produktionsverhalten der Mikroorganismen ganz entscheidend vom Maßstab beeinflusst. Sauerstoff und andere Substrate werden von den Mikroorganismen permanent verbraucht und müssen zu diesen herantransportiert werden. Diese Transportprozesse hängen ganz erheblich von der Größe eines Bioreaktors ab. Kann man etwa in einem kleinen, stark gerührten Bioreaktor von einer einigermaßen homogenen Durchmischung ausgehen, ist dies bei großen Produktionsbioreaktoren keineswegs der Fall. D. h., dass Wachstum und Produktivität der Mikroorganismen in großen Bioreaktorn von der örtlich und zeitlich aktuellen Konzentration an Sauerstoff oder Substrat abhängen. Für ein erfolgreiches *scale-up* müssen demnach die Zusammenhänge zwischen Transportphänomenen und dem Verhalten der Mikroorganismen berücksichtigt werden.

Die Komplexität dieser Aufgabenstellung wird offensichtlich, wenn man sich die sehr inhomogene Strömung in einem gerührten und begasten Bioreaktor vorstellt. Bislang ist es nur bedingt möglich, für einen Bioreaktor die fundamentalen Gleichungen zu Stoff- und Wärmetransport zu lösen oder mit der mikrobiellen Kinetik zu koppeln. Teilweise kann man sich behelfen, indem man idealisierte Modellvorstellungen (z. B. ideal durchmischter Rührkessel) verwendet. Häufig ist man jedoch auf die Auslegung anhand repräsentativer Kenngrößen angewiesen. Diese Strategie basiert auf der Idee, relevante, möglichst normierte Kenngrößen im Labormaßstab zu ermitteln und diese dann für die Auslegung des Produktionsmaßstabes konstant zu halten. Eine wesentliche Voraussetzung ist dabei die sogenannte „geometrische Ähnlichkeit", d. h., dass die Relationen geometrischer Parameter (z. B. Reaktorhöhe zu Reaktordurchmesser, Rührerdurchmes-

Tabelle 1.4: Verhältnis wichtiger Kenngrößen für Bioreaktoren bei einem Reaktorvolumen von 10 m³ bezogen auf ein Volumen von 10 L bei verschieden *scale-up*-Kriterien (nach James 1992, modifiziert)

scale-up-Kriterium	P_R	P_R/V	n (oder t_m^{-1})	$n \cdot d$	Re
gleiches P_R/V	10^3	1	0.22	2.15	21.5
gleiches n (oder t_m)	10^5	10^2	1	10^2	10^2
gleiches $n \cdot d$	10^2	0.1	0.1	1	10
gleiche Re-Zahl	0.1	10^{-4}	0.01	0.1	1

P_R: Leistungseintrag, V: Volumen, n: Rührerdrehzahl, d: Rührerdurchmesser, t_m: Mischzeit,
Re: Reynoldszahl ($Re = n*d^2*\rho/\eta$, mit ρ: Dichte der Flüssigkeit, η: dynamische Viskosität der Flüssigkeit)

ser zu Reaktordurchmesser) beim *scale-up* gleich bleiben.

Die Verwendung dieser *scale-up*-Kriterien muss im Einzelfall kritisch überprüft werden, da es, wie Tab. 1.4 belegt, teilweise zu stark differierenden Schussfolgerungen kommen kann (James 1992). Hier muss letztendlich auch auf eine große Erfahrung bei der Auslegung von Bioreaktoren zurückgegriffen werden (Storhas 2003).

2 Charakteristika von Rührkesselbioreaktoren

2.1 Aufgaben eines gerührten Bioreaktors

In Bioreaktoren sollen möglichst optimale Bedingungen für Wachstum und Produktbildung der kultivierten Mikroorganismen sowie pflanzlichen, tierischen oder humanen Zellen hergestellt werden. Ziel ist es, im Bioreaktor möglichst optimale Temperaturen und pH-Werte, adäquate Substratkonzentrationen und bei aeroben Organismen ihre Versorgung mit Sauerstoff zu gewährleisten (Schügerl 1991). Hierzu können in Bioreaktoren prozessspezifische Größen wie Temperatur, pH-Wert, Sauerstoffkonzentration, Nährstoffkonzentration sowie die Durchmischung gezielt beeinflusst werden.

Die Anforderungen an die heute eingesetzten Bioreaktoren sind mannigfaltig und von einer Vielzahl von Faktoren (Morphologie und Metabolismus der Zellen, Produkt, Prozessgröße etc.) abhängig (siehe Kap. 1). Folglich existieren die verschiedensten Bauarten von Bioreaktoren, für die eine allgemeingültige, exakte Beschreibung der physikalisch technischen Eigenschaften nur bedingt möglich ist. In diesem Kapitel liegt der Fokus auf Rührkesselbioreaktoren, da diese in der industriellen Praxis, aber auch in der Aus- und Weiterbildung eine dominierende Rolle spielen.

Die Aufgaben von Rührkesselreaktoren lassen sich aus der wesentlichen Aufgabe der verfahrenstechnischen Grundoperationen Rühren ableiten. Kraume (2003) definiert grundsätzlich 5 Rühraufgaben:

- Homogenisieren,
- Intensivieren des Wärmeaustausches,
- Suspendieren,
- Emulgieren,
- Dispergieren (Zerteilen) eines Gases in einer Flüssigkeit.

Betrachtet man die jeweiligen spezifischen Bedingungen für die Kultivierung unterschiedlicher Zellen, lässt sich die Auflistung beliebig nach den jeweiligen Anforderungen erweitern.

Für die bioverfahrenstechnische Auslegung von Rührkesselreaktoren sehr wichtige Aspekte sind die Wärmeübertragung, die Mischzeit, die Dispergierung der Gas-Phase bzw. einer 2. Flüssigphase und der benötigte Leistungseintrag. Für ein erfolgreiches *scale-up* eines Prozesses, der im Labormaßstab (z. B. im 10–20 L-Maßstab) entwickelt wurde, in den Produktionsmaßstab ist es notwendig, die den Prozess limitierenden Einflussgrößen (z. B. Wärmezu- bzw. -abfuhr, Sauerstoffeintrag, Mischzeit oder Leistungseintrag) zu identifizieren und die den jeweiligen Einfluss kennzeichnenden Kenngrößen beim *scale-up* möglichst konstant zu halten. Wie schon in Kap. 1.3 diskutiert, lässt sich oft nicht mehr als ein *scale-up*-Kriterium konstant halten. Grundlagen zu diesen Fragestellungen finden sich bei Chmiel (2006), Bailey und Ollis (1986) oder Wolf (2000).

Im Folgenden werden insbesondere die Wärmeübertragung sowie der Sauerstoffeintrag und der hierfür benötigte Leistungseintrag ausführlicher beschrieben. Hierzu können Simulationen mit dem **BioProzessTrainer** durchgeführt werden.

2.2 Wärmeübertragung in Rührkesselbioreaktoren

2.2.1 Grundlagen

Bioreaktoren werden in moderaten Temperaturbereichen zwischen 20 und 125 °C betrieben. Vermutlich wird daher die Bedeutung der Wärmeübertragung für die Dimensionierung und den Betrieb der Reaktoren oft unterschätzt. Die Wärmeübertragungseigenschaften in einem Bioreaktor beeinflussen den Betrieb der Reaktoren bei der Hitzesterilisation (Dampf, 121 °C, 1 bar Überdruck, vgl. Chmiel 2006, Doran 2003) und der Temperierung. Kultivierungsprozesse können deutlich exotherm sein. Die stoffwechselnden Organismen setzen nennenswerte Wärmemengen frei, was insbesondere bei großen Reaktoren zu erheblichen Problemen bezüglich der Wärmeabfuhr führen kann. In der betrieblichen Praxis spielt auch die Dynamik des Wärmeübergangs für die Auslegung von Regelkreisen und die Durchführung von Sterilisationsprozessen eine wichtige Rolle.

Besonderes Augenmerk muss während des gesamten Prozesses der Fermentation auf die isotherme Prozessführung gelegt werden: Biokatalysatoren zeigen normalerweise in einem eng definierten Temperaturintervall ihre höchste Aktivität. Bei zu geringer Temperatur ist die biologische Aktivität sehr klein und eine zu hohe Temperatur lässt die Zellen bzw. die Enzyme denaturieren.

Der Stellenwert der Wärmeübertragung wird insbesondere dann deutlich, wenn der Einfluss der Temperatur des Mediums auf den gesamten Fermentationsprozess betrachtet wird. Neben den Effekten auf das Wachstumsverhalten der Kultur, wirken sich Temperaturänderungen auch direkt auf

- die Sauerstofflöslichkeit im Medium,
- den Stoffübergang,
- die physikalischen Eigenschaften des wässrigen Mediums,
- die physikalischen Eigenschaften des verwendetet Wärmeträgers und
- während der Sterilisation, bei geschlossenem System, auf den Dampfdruck des Wassers im Bioreaktor

aus.

Es lassen sich drei Mechanismen der Wärmeübertragung unterscheiden, die auf verschiedene physikalische Erscheinungen zurückzuführen sind (Netz und Wagner 1996). Sie treten entweder einzelnen oder nebeneinander auf. Bei technischen Prozessen dominiert häufig die eine oder andere Übertragungsart.

Man unterscheidet zwischen:

- Wärmeleitung,
- konvektivem Wärmetransport und
- Wärmestrahlung.

Bei der **Wärmeleitung** beruht der Wärmetransport auf der unmittelbaren Energieübertragung zwischen den schwingenden Molekülen eines Körpers durch Berührung, wobei die Moleküle ihre Lage zueinander nicht verändern (Impulsaustausch). Die Übertragung ist vom Aggregatzustand des Stoffes abhängig. Der Wärmetransport in Feststoffen erfolgt durch Wärmeleitung. Die Wärmeleitung in flüssigen und gasförmigen Körpern ist dort von Bedeutung, wo sich die Stoffe vollkommen in Ruhe oder in einem laminaren Strömungszustand befinden, z. B. an den Phasengrenzflächen fest/flüssig und fest/gasförmig.

Der Transport der thermischen Energie durch **Konvektion** erfolgt durch makroskopische Teilchenbewegungen in flüssigen und gasförmigen Medien, wobei die Intensität des Wärmetransportes von der Strömung bestimmt wird. Man unterscheidet zwischen erzwungener und freier Konvektion je nachdem, ob die Strömung durch äußere Kräfte (Pumpen oder Rühren) bewirkt wird oder sich infolge innerer Kräfte (Auftriebswirkung) ausbildet.

Der Transportmechanismus der thermischen Energie bei der **Wärmestrahlung** erfolgt in Form elektromagnetischer Wellen, die sich auch ohne Trägermedien im Raum ausbreiten. Nicht nur feste Körper, sondern auch Gase und die meisten Flüssigkeiten können thermische Energie emittieren und umgekehrt diese Strahlung durch Absorption aufnehmen. Der wirksame Strahlungsanteil wird umso bedeutender, je größer die Differenz der Oberflächentemperaturen zwischen der emittierenden und der absorbierenden Fläche ist. In der Praxis kann der Wärmetransport durch Strahlung während des Fermentationsprozesses vernachlässigt werden, da die auftretenden Temperaturdifferenzen gering sind (Bockhardt 1997).

In gerührten Reaktoren erfolgt die Wärmeübertragung vielfach über die Mantelfläche, indem durch einen Doppelmantel eine Temperierflüssigkeit geleitet wird. Reicht diese Art der Wärmeübertragung bei größeren Reaktoren nicht mehr aus, können zusätzlich Wärmetauscherrohre in den Bioreaktor integriert werden (Chmiel 2006, Storhas 1994).

Die folgenden Ausführungen beziehen sich auf eine Wärmeübertragung über die Mantelfläche. Dies ist die Standardbauart für Reaktoren im Labor- und Pilotmaßstab (vgl. Kap. 1). Hierbei ist die Wärmeübertragungsfläche *A* in einem Bioreaktor nur proportional zu $V^{2/3}$. Das heißt, dass die für eine Wärmeübertragung zur Verfügung stehende Fläche mit zunehmender Reaktorgröße weniger stark wächst als das Reaktorvolumen. Dies kann bei größeren Reaktoren oder bei sehr hohen Zelldichten stark wachsender aerober Mikroorganismen dazu führen, dass die Wärmeabfuhr aus dem Bioreaktor nur schwer sichergestellt werden kann. Hinsichtlich der Sterilisation kann es erforderlich werden, das Medium – sofern eine Dampfsterilisation generell möglich ist, ohne temperaturempfindliche Substanzen zu schädigen – bereits vor der Zugabe zum vorab sterilisierten Bioreaktor zu sterilisieren, da es ansonsten zu unverhältnismäßig langen Aufheiz- und Abkühlzeiten kommen würde. Hier bietet sich z. B. eine kontinuierliche Sterilisation in speziellen Sterilisatoren an (Chmiel 2006).

Zur wärmetechnischen Dimensionierung kann zunächst auf die Grundlagen der Wärmeübertragung in Rührkesselreaktoren zurückgegriffen werden (siehe z. B. VDI-Wärmeatlas, 2002). Hinweise auf die Dimensionierung bei Kulturmedien mit anspruchsvollem rheologischen Verhalten gibt z. B. Chmiel (2006).

Für die technische Berechnung des Wärmetransportes in einem Rührreaktor ist der Wärmeübergang von einem fluiden Medium an eine feste Wand und umgekehrt von besonderem Interesse. Bei der Berechnung von doppelwandigen Rührbehältern, die als Wärmeüberträger fungieren und bei denen zwei durch eine Wand getrennte Medien unterschiedlicher Temperaturen aneinander vorbeiströmen, sind demnach zwei Wärmeübergänge und ein Wärmeleitvorgang zu erfassen. Diese häufig in der Praxis vorkommende Art der Wärmeübertragung wird als **Wärmedurchgang** bezeichnet.

Abb. 2.1 illustriert schematisch den Wärmetransport vom Wärmeträger in einem Heizmantel in das Kulturmedium.

Der Wärmetransport erfolgt zunächst konvektiv von der Kernströmung im Heizmantel zur laminaren Grenzschicht nahe der Wand des Bioreaktors. In diesem Bereich lassen sich Temperaturunterschiede messtechnisch kaum erfassen. Innerhalb der Grenzschicht im Wärmeträger erfolgt der Wärmetransport durch Wärmeleitung. Innerhalb der Wand des Bioreaktors (Wand zwischen Reaktorinnerem und dem Temperiermantel) erfolgt der Wärmetransport ebenfalls durch Wärmeleitung, was wiederum einen linearen Temperaturabfall zur Folge hat. Auch innerhalb des Mediums bildet sich an der Wand zum Bioreaktor eine laminare Grenzschicht aus, innerhalb derer der Wärmetransport durch Wärmeleitung erfolgt. Innerhalb des turbulent durchmischten Kulturmediums erfolgt der Wärmetransport wieder konvektiv.

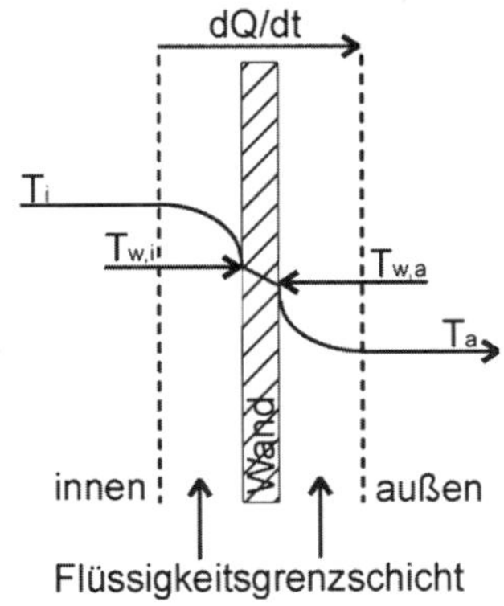

Abb. 2.1 Wärmedurchgang an einer ebenen Wand, mit T_i Temperatur innen, T_{wi} Temperatur an der Innenwand, T_a Temperatur außen, T_{wa} Temperatur an der Außenwand

Der Wärmetransport wird wesentlich durch die Wärmeleitungseigenschaften des Wärmeträgers, der Reaktorwand und des Kulturmediums sowie den Ausmaßen (Dicken) der laminaren Grenzschichten beeinflusst. Während die Wandstärke des Bioreaktors durch die Konstruktion bedingt ist, werden die Stärken der laminaren Grenzschichten durch das Strömungsregime und damit den Betrieb des Bioreaktors festgelegt.

Die Wärmeleitungseigenschaften von Stoffen werden durch einen Wärmeleitungskoeffizienten beschrieben.

Die wichtigsten Einflussgrößen auf den Wärmetransport lassen sich in Konstruktionsgrößen, Betriebsgrößen, Medien- und Wärmeträgereigenschaften einteilen:

Konstruktionsgrößen
- Reaktorgröße und -form
- Rührerdurchmesser und -art
- Stromstörer / Bewehrungssystem
- Wärmeübertragungsssystem (Heizmantel, Rohrwendeln etc.)
- Wärmeleitkoeffizient des Reaktormaterials

Betriebsgrößen
- Rührerdrehzahl
- Begasungsrate
- Temperaturen (Wärmeträger, Medium)
- Strömungsgeschwindigkeiten im Wärmeübertragungssystem (Heizmantel, Rohrwendeln)

Medien- und Wärmeträgereigenschaften
- Viskosität / Fließverhalten
- Dichte
- Wärmeleitkoeffizient

Dabei können die Wärmeträgereigenschaften von den Betriebsgrößen, wie z. B. der Temperatur, abhängig sein.

Ein einfaches Modell zur mathematischen Beschreibung des Wärmetransportes fasst die gesamten Wärmetransportwiderstände bzw. Wärmeübergangs- und Wärmeleitungskoeffizienten zu einem Wärmedurchgangskoeffizienten k_W zusammen:

$$k_W = \frac{1}{\frac{1}{\alpha_{wi}} + \sum_{j=1}^{n} \frac{s_j}{\lambda_j} + \frac{1}{\alpha_{wa}}}, \tag{2.1}$$

mit dem Wärmeübergangskoeffizient Wand – Innen α_{wi}, dem Wärmeübergangskoeffizient Wand – Außen α_{wa}, der Wanddicke s_j und der Wärmeleitfähigkeit λ_j. Falls die Wand aus mehreren Schichten j besteht, müssen diese aufsummiert werden.

Wärme wird solange vom wärmeren Medium zum kälteren Medium transportiert, bis ein Temperaturausgleich stattgefunden hat. Der Wärmestrom $\dot{Q}_w$ ist proportional zum treibenden Gefälle für den Wärmetransport – also der mittleren örtlichen Temperaturdifferenz $\overline{\Delta T}$ zwischen dem Wärmeträger und dem Kulturmedium – und der Wärmeaustauschfläche A_w über die der Transport stattfindet. Als Proportionalitätsfaktor dient der Wärmedurchgangskoeffizient k_W:

$$\dot{Q}_w = k_W \cdot A_w \cdot \overline{\Delta T}\,. \tag{2.2}$$

Je größer der Wert des Wärmedurchgangskoeffizienten ist, umso größer ist der Wärmestrom vom Heizmantel in das Medium.

An Hand des Wärmedurchgangskoeffizienten lassen sich unterschiedliche Wärmeübertragungssysteme und Bioreaktoren miteinander vergleichen. Ein vorhandenes Reaktorsystem kann hinsichtlich seines Optimierungspotenzials in Bezug auf den Wärmetransport bewertet werden. Typische Werte für Wärmedurchgangskoeffizienten in Rührkesseln und Wärmeübertragern liegen zwischen 50 und 2000 W m^{-2} K^{-1}.

Kennt man den Wert des Wärmedurchgangskoeffizienten für ein bestimmtes Reaktorsystem unter gegebenen Betriebsbedingungen, lassen sich gegebenenfalls Optimierungspotenziale für den Betrieb und die Konstruktion eines Bioreaktors aufdecken.

Die Kenntnis des Wärmedurchgangskoeffizienten erlaubt eine Abschätzung der maximal erreichbaren Aufheiz- und Abkühlgeschwindigkeiten bei Sterilisationszyklen. Ist die Wärmebildungsrate beim Wachstum der Mikroorganismen bekannt, kann auch eine Abschätzung der maximal erreichbaren Biomassekonzentration durchgeführt werden. Darüber hinaus lassen sich effiziente Regelungsstrategien für die Temperierung des Mediums entwickeln. Dabei ist allerdings zu beachten, dass der Wärmedurchgangskoeffizient auch von Betriebsgrößen wie der Rührerdrehzahl, der Begasungsrate und der Strömungsgeschwindigkeit im Wärmeübertragungssystem abhängig ist.

Ein besonderes Problem stellt die Wärmeübertragung in hoch viskose Medien dar. Durch die Fließeigenschaften des Mediums entsteht im Bioreaktor eine sehr breite laminare Grenzschicht. Hierdurch vermindert sich der Wärmeübergangskoeffizient α_i auf der Innenseite des Behälters und damit auch der Wärmedurchgangskoeffizient k_W. Der Wärmetransport wird durch die Wärmeleitung in der laminaren Grenzschicht limitiert.

2.2.2 Experimentelle Bestimmung des Wärmedurchgangskoeffizienten

Nur wenige Bioreaktoren sind mit Temperaturmessstellen im Heizmantel bzw. im Temperiersystem ausgerüstet. Trotzdem kann der Wärmedurchgangskoeffizient anhand der sich während des Aufheizens oder Abkühlens verändernden Mediumstemperatur näherungsweise ermittelt werden. Üblicherweise wird dies unabhängig von einer Kultivierung mit Mikroorganismen gemacht, wenn man davon ausgehen kann, dass sich der Wärmedurchgangskoeffizient während der Kultivierung nicht ändert.

Ist dies jedoch der Fall, etwa wenn es während der Kultivierung zu einer erheblichen Änderung der rheologischen Eigenschaften der Fermentationsbrühe kommt, sollte der Wärmedurchgangskoeffizient während einer Fermentation beobachtet werden. Hierzu müssen allerdings auch im Temperiersystem Temperaturmessstellen vorhanden sein. Dann könnten zum Beispiel auch Foulingeffekte oder andere Veränderungen der Kulturbrühen festgestellt werden.

Im Folgenden wird gezeigt, wie sich prinzipiell der Wärmedurchgangskoeffizient unabhängig von der Kultivierung experimentell bestimmen lässt. Hierzu wird eine zellfreie Kulturbrühe zunächst bis auf eine Temperatur von 60 bis 80 °C erwärmt. Danach wird die Kulturbrühe über das Temperiersystem auf eine Temperatur von etwa 30 °C abgekühlt. Die Eintrittstemperatur des Wärmeträgers in das Temperiersystem bleibt während dieser Zeit konstant. Nach dem Einleiten des Abkühlvorganges nimmt die Temperatur des Mediums so ab wie in Abb. 2.2a dargestellt.

Zur Bestimmung des Wärmedurchgangskoeffizienten auf der Basis des vorstehend beschriebenen Vorgehens wird folgende Annahme getroffen: Die sich gegen Ende des Aufheizens oder Abkühlens einstellende Temperatur $T(t=\infty)=T_\infty$ im Medium ist nahezu gleich der (mittleren) Temperatur des Fluides im Temperiersystem weil sich dann ein Gleichgewicht eingestellt hat.

Die während eines Abkühlvorgangs vom Medium abgegebene Wärmemenge Q beträgt dann:

$$Q=m_w \cdot c_P \cdot (T_0-T_\infty), \tag{2.3}$$

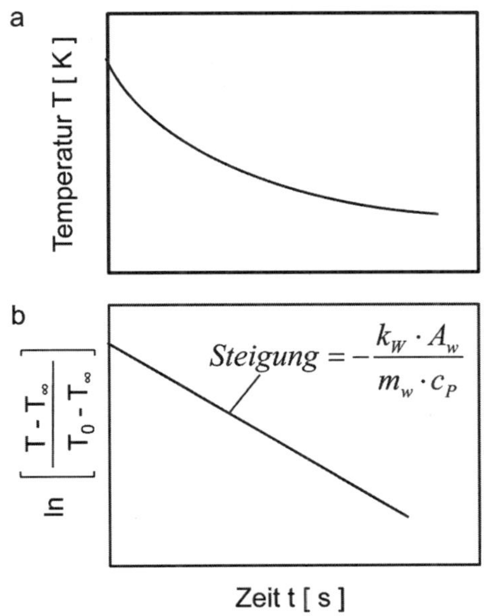

Abb. 2.2 Zeitlicher Verlauf der Temperatur bei einem Ausgleichsvorgang in einem Bioreaktor. a) lineare Darstellung, b) logarithmische Darstellung

Mit der Masse des Mediums m_w, der spez. Wärmekapazität des Wärmeträgers c_P und den absoluten Temperaturen T_0 zum Zeitpunkt t_0 und T_∞ zum Zeitpunkt t_∞. Die in einem infinitesimal kleinen Zeitintervall übertragene Wärmemenge an das Medium mit der Masse m_w erhält man damit aus:

$$\frac{dQ}{dt}=-m_w \cdot c_P \cdot \frac{dT}{dt}. \tag{2.4}$$

Dies ist gleich dem in diesem Zeitintervall herrschenden Wärmestrom. Also gilt mit (2.2) und (2.4):

$$-m_w \cdot c_P \cdot \frac{dT}{dt}=k_W \cdot A_w \cdot \overline{\Delta T} \tag{2.5}$$

oder

$$-m_w \cdot c_P \cdot \frac{dT}{dt}=k_W \cdot A_w \cdot (T-T_\infty). \tag{2.6}$$

Es gilt weiter:

$$\frac{dT}{dt}=\frac{d(T-T_\infty)}{dt}, \tag{2.7}$$

da T_∞ eine Konstante ist, deren Ableitung null ergibt. Substitution mit (2.7), Umstellen und Integration über den gesamten Zeitraum des Abkühlvorgangs liefert dann:

$$-m_w \cdot c_P \cdot \frac{d(T-T_\infty)}{dt} = k_W \cdot A_w \cdot (T-T_\infty). \tag{2.8}$$

$$\int \frac{d(T-T_\infty)}{(T-T_\infty)} = \int -\frac{k_W \cdot A_w}{m_w \cdot c_P} dt, \tag{2.9}$$

also

$$\ln(T-T_\infty) = -\frac{k_W \cdot A_w \cdot t}{m_w \cdot c_P} + C_i. \tag{2.10}$$

Zu Beginn des Abkühlvorgangs ($t=0$) hat das Kulturmedium die Temperatur T_0. Die Integrationskonstante C_i bekommt den Wert:

$$C_i = \ln(T_0 - T_\infty). \tag{2.11}$$

Hiermit ergibt sich:

$$\ln\left(\frac{T-T_\infty}{T_0-T_\infty}\right) = -\frac{k_W \cdot A_w}{m_w \cdot c_P} \cdot t. \tag{2.12}$$

Trägt man nun den Term $\ln\left(\frac{T-T_\infty}{T_0-T_\infty}\right)$ gegenüber der Zeit t auf, erhält man eine Gerade mit der Steigung $S = -\frac{k_W \cdot A_w}{m_w \cdot c_P}$ (siehe Abb. 2.2 b).

Im allgemeinen sind die Wärmeübertragungsfläche A_w, die Masse des Kulturmediums m_w und seine spezifische Wärmekapazität c_p bekannt. Der Wärmedurchgangskoeffizient lässt sich also mit

$$k_W = -\frac{S \cdot m_w \cdot c_P}{A_w} \tag{2.13}$$

ermitteln.

Wenn ein Tabellenkalkulationsprogramm zur Verfügung steht, kann der Wärmedurchgangskoeffizient auch direkt an dem Verlauf der Messdaten ((Funktion Temperatur vs. Zeit) durch Kurvenanpassung ermittelt werden. Durch Anwenden der Exponentialfunktion ergibt sich aus Gl. 2.12)

$$T = (T_0 - T_\infty) \cdot e^{-\frac{k_W \cdot A_w}{m_w \cdot c_P} \cdot t} + T_\infty. \tag{2.14}$$

Zur Bestimmung des Wärmedurchgangskoeffizienten wird k_W solange variiert, bis der berechnete Kurvenverlauf mit den Messdaten möglichst gut übereinstimmt.

2.3 Sauerstoffeintrag

2.3.1 Grundlagen

Mikroorganismen und Zellen haben unterschiedliche Ansprüche an die Versorgung mit Sauerstoff. Bei strikt aeroben Organismen (z. B. Essigsäurebakterien, tierische und humane Zellen) ist Zellwachstum ohne Sauerstoff nicht möglich. Im Gegensatz dazu wirkt bei strikt anaeroben Mikroorganismen (z. B. einige Methanbakterien, thermophile Archaea) Sauerstoff schon in geringsten Konzentrationen tödlich. Fakultativ anaerobe Mikroorganismen (z. B. *Saccharomyces cerevisiae*) können zwischen anaerobem und aerobem Metabolismus wechseln.

Die Versorgung aerober Mikroorganismen oder Zellen mit Sauerstoff ist ein zentrales Problem bei der Auslegung und dem Betrieb von Bioreaktoren. Sauerstoff ist in wässrigen Lösungen nur in geringem Maße löslich (Tab. 2.1). Daher muss bei allen aeroben Prozessen der Versorgung der Mikroorganismen mit Sauerstoff besondere Beachtung geschenkt werden. Für die Auslegung eines aeroben Prozesses ist die Sauer-

Tabelle 2.1 Löslichkeit von Sauerstoff bei Gleichgewicht zwischen Gas und Flüssigkeit (Sättigung) bei einem Gesamtdruck der wasserdampfgesättigten Atmosphäre von 1 bar und Luftbegasung

Temp. [°C]	Löslichkeit [mg O_2 L^{-1}]	Temp. [°C]	Löslichkeit [mg O_2 L^{-1}]
0	14,62	20	9,17
2	13,84	22	8,83
4	13,13	24	8,53
6	12,48	26	8,22
8	11,87	28	7,92
10	11,33	30	7,63
12	10,83	32	7,40
14	10,37	34	7,20
16	9,95	36	7,00
18	9,54	38	6,80
		40	6,60

Tabelle 2.2 Richtwerte für den Sauerstoffbedarf in technischen Prozessen, Daten zusammengestellt von Prof. Dr.-Ing. H. Märkl, TU Hamburg-Harburg, aus Pörtner 2005)

Prozess	Sauerstoffbedarf [kg O_2 m^{-3} h^{-1}]	[kmol O_2 m^{-3} h^{-1}]
Essigsäureproduktion	1	0,031
Antibiotikaproduktion (industrieller Maßstab)	1	0,031
Escherichia coli (hochdichte Kultur)	14	0,44
tierische und humane Zellen	0,064	0,002

stoffaufnahmerate der Mikroorganismen von großer Bedeutung. Aufgrund des niedrigen Sauerstoffgehaltes im Medium im Vergleich zu üblichen Konzentrationen anderer Substrate muss während des Prozesses zusätzlich begast werden, um den Sauerstoffbedarf zu decken. Die eingetragene Sauerstoffmenge (OTR – oxygen transfer rate) muss zwangsläufig gleich oder größer als der Bedarf der Mikroorganismen (OUR – oxygen uptake rate) sein. Richtwerte für den Sauerstoffbedarf in technischen Prozessen sind in Tab. 2.2 zusammengestellt. Ansätze zur Berechnung der Sauerstoffaufnahmerate von Mikroorganismen basierend auf der Stoichiometrie der biochemischen Reaktion sowie daraus abgeleitete Aufnahmeraten und Ausbeutekoeffizienten finden sich bei Krahe (2003).

2.3.2 Modellvorstellungen

Abb. 2.3 zeigt schematisch den Sauerstofftransport zwischen einer Gasblase und einem Zellaggregat. Der Sauerstoff muss dabei die folgenden Transportwiderstände überwinden:

1. vom Kern der Gasblase zur Grenzschicht Gas/Flüssigkeit,
2. die Grenzschicht Gas/Flüssigkeit,
3. das die Blase umgebende, nicht gemischte Flüssigkeitsgebiet,
4. das gut gemischte Flüssigkeitsgebiet,
5. das den Zellverband umgebende, nicht gemischte Flüssigkeitsgebiet,
6. den Zellverband, das Mycel oder ein Feststoffpartikel,
7. die Zellmembran und intrazellulär zu den Reaktionsplätzen.

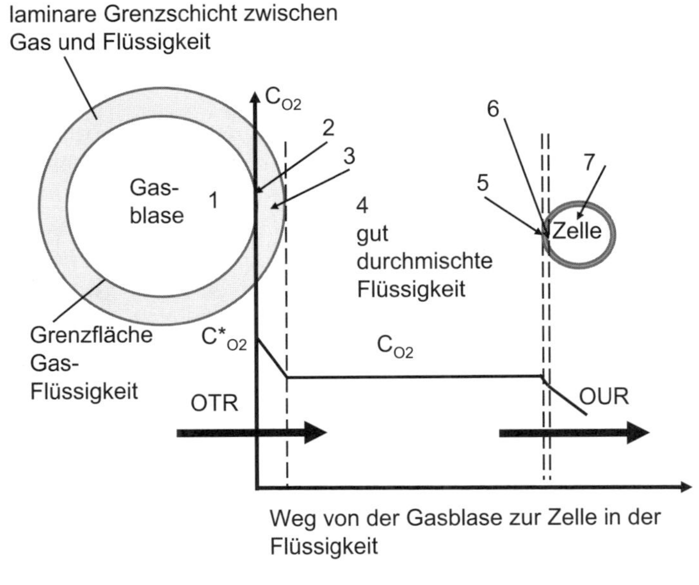

Abb. 2.3 Schematische Darstellung des Sauerstofftransportes vom Inneren einer Gasblase bis in eine aerobe Zelle oder ein Zellaggregat (z. B. Mycel). Erläuterungen zur Nummerierung siehe Text

Die wichtigsten Einflussgrößen auf den Sauerstofftransport lassen sich wiederum in Konstruktionsgrößen, Betriebsgrößen und Medieneigenschaften einteilen:

Konstruktionsgrößen
- Reaktorgröße und -form
- Rührerdurchmesser und -art
- Stromstörer / Bewehrungssystem
- Begasungssystem

Betriebsgrößen
- Rührerdrehzahl
- Begasungsrate
- Flüssigkeitsvolumen

Medieneigenschaften
- Viskosität
- Dichte
- Sauerstofflöslichkeit
- Diffusivität
- Koaleszenzverhalten

Als weitere Einflussgröße (Betriebsgröße) ist die Temperatur zu nennen, weil insbesondere die Löslichkeit von Sauerstoff in wässrigen Lösungen und die Viskosität der Flüssigkeit von der Temperatur abhängig sind. Auch hier sind die Medieneigenschaften u.U. von den Betriebsgrößen abhängig.

Das am häufigsten verwendete Modell zur mathematischen Beschreibung des Sauerstofftransportes basiert auf der Zweifilmtheorie (Chmiel 2006, Bailey and Ollis 1986). Der Zweifilmtheorie liegen die folgenden Annahmen zugrunde:
- Auf beiden Seiten der Gas-Flüssigkeitsgrenzfläche existiert ein dünner Film, durch den der Stofftransport nur durch Diffusion erfolgt.
- An der Phasegrenzfläche sind Gas und Flüssigkeit im Gleichgewicht.
- Gas- und Flüssigphase sind gut durchmischt.
- Der wesentliche Stofftransportwiderstand herrscht auf der flüssigkeitsseitigen laminaren Grenzschicht.
- Innerhalb der Gasphase wird kein Gas gespeichert oder verbraucht.
- Andere Stofftransportwiderstände, insbesondere um und in der Zelle werden vernachlässigt.
- Der diffusive Stofftransport kann unter Verwendung des Fick´schen Gesetzes zum diffusiven Stofftransport formuliert werden.

Sauerstoff wird solange aus der Gasphase in die Flüssigphase transportiert, bis die Sauerstoffkonzentration c_{O_2} in der Flüssigkeit die Sättigungskonzentration $c^*_{O_2}$ erreicht hat. Der Sauerstoffstrom ist proportional zum treibenden Konzentrationsgefälle für den Stofftransport und der Fläche, über die der Transport stattfindet, also der Phasengrenzfläche A_g zwischen Gas und Flüssigkeit. Als Proportionalitätsfaktor wird der Stofftransportkoeffizient k_L eingeführt. Es ist zweckmäßig, den Sauerstoffstrom $\dot{n}_{O_2}$ auf das Flüssigkeitsvolumen V im Reaktor zu beziehen. Somit ergibt sich

$$\dot{n}_{O_2} = k_L \frac{A_g}{V}\left(c^*_{O_2} - c_{O_2}\right) \tag{2.15}$$

Der Quotient A_g/V steht in dieser Gleichung für eine spezifische, auf das Volumen bezogene Stoffaustauschfläche und wird mit a bezeichnet. Die Phasengrenzfläche A_g lässt sich nur unter bestimmten Bedingungen, etwa bei einer Oberflächenbegasung (vgl. Kap. 1), explizit angeben. Bei einer Blasenbegasung, wie sie überwiegend bei Bioreaktoren eingesetzt wird, ist dies nur näherungsweise möglich. Aus praktischen Gründen werden daher die Größen k_L und a häufig zu einer Variablen k_La zusammengefasst und dann als Sauerstofftransportkoeffizient bezeichnet. Gleichung 2.15 wird zu:

$$\dot{n}_{O_2} = k_L a\left(c^*_{O_2} - c_{O_2}\right). \tag{2.16}$$

Je größer der Wert des Sauerstofftransportkoeffizienten ist, umso größer ist der Sauerstofftransport von der Gasphase in das Medium.

Die Kenntnis des Wertes des Sauerstofftransportkoeffizienten und der auf ihn wirkenden Einflussgrößen ist sowohl für die Konstruktion, die Auswahl als auch den Betrieb eines Bioreaktors von Bedeutung.

An Hand des k_La-Wertes lassen sich unterschiedliche Begasungssysteme und Bioreaktoren miteinander vergleichen. Ein vorhandenes Reaktorsystem kann hinsichtlich seines Optimierungspotenzials in Bezug auf den Sauerstoff transport bewertet werden.

Kennt man den Wert des Sauerstofftransportkoeffizienten für ein bestimmtes Reaktorsystem unter gegebenen Betriebsbedingungen, lassen sich gegebenenfalls Optimierungspotenziale für den Betrieb und die Konstruktion eines Bioreaktors aufdecken.

Die Kenntnis des k_La-Wertes erlaubt ferner eine Abschätzung der maximal erreichbaren Wachstumsraten bzw. Biomassekonzentrationen, wenn die Versorgung der Organismen mit Sauerstoff der limitierende Faktor ist.

Ist die Abhängigkeit des k_La-Wertes von Faktoren wie Rührerdrehzahl und Begasungsrate bekannt, können kritische Betriebszustände (z. B. Überflutung des Rührers) leichter identifiziert werden. Darüber hinaus lassen sich effiziente Regelungsstrategien für die Gelöstsauerstoffkonzentration entwickeln.

Schließlich lässt sich eine Optimierung der Betriebsbedingungen (Energiebedarf, Begasungsrate) durchführen.

Außerdem bestimmt der k_La-Wert die Geschwindigkeit (die Dynamik) des Sauerstofftransportes und hat damit Einfluss auf die Gelöstsauerstoffregelung an einem Bioreaktor.

2.3.3 Sauerstoffeintrag in Bioreaktoren

Der Eintrag von Sauerstoff in einen Bioreaktor hängt von vielen physikalischen und chemischen Faktoren ab. Eine umfassende Darstellung hierzu findet sich bei Doran (2003), die im Folgenden zusammengefasst wird. Der Sauerstofftransport lässt sich nach Gl. (2.16) durch eine Erhöhung des k_L-Wertes, der Phasengrenzfläche a oder des treibenden Konzentrationsgefälles $(c^*_{O_2} - c_{O_2})$ verbessern.

Letzteres erfordert in den meisten Fällen eine Erhöhung der Gleichgewichtskonzentration $c^*_{O_2}$, da eine zu starke Absenkung der tolerierbaren minimalen Sauerstoffkonzentration c_{O_2} im Reaktor (meist im Bereich 20–50 % des Sättigungswertes für Luft geregelt) durch Randbedingungen (keine Sauerstofflimitierung, Regelung der Sauerstoffkonzentration) limitiert wird. Die Gleichgewichtskonzentration $c^*_{O_2}$ hängt vom Sauerstoffpartialdruck $p_{O_2,G}$ ab und kann bei niedrigen Konzentrationen durch das Henry-Gesetz

$$c^*_{O_2} = \frac{p^*_{O_2,G}}{H_{O_2}} \cong \frac{p_{O_2,G}}{H_{O_2}} \tag{2.17}$$

mit dem Sauerstoffpartialdruck $p^*_{O_2,G}$ im Gleichgewicht, dem tatsächlichen, messbaren Sauerstoffpartialdruck $p_{O_2,G}$ und dem Henry-Koeffizienten für Sauerstoff H_{O_2} beschrieben werden. Werte für H_{O_2} liegen bei ca. 900–1.300 bar L mol^{-1} entsprechend 28 – 40 bar L g^{-1} für Fermentationsmedien, sind jedoch sehr stark vom Ionengehalt im Medium abhängig. Aus dem Henry-Gesetz (2.17) ist erkennbar, dass sich der Sauerstoffpartialdruck $p_{O_2,G}$ durch eine Erhöhung des Gesamtdruckes oder des Sauerstoffanteiles in der Begasungsluft steigern lässt.

Eine Erhöhung des Gesamtdruckes wird häufig bei größeren Bioreaktoren durch eine Drucküberlagerung oder durch Verwendung schlanker Bauhöhen (Höhe zu Durchmesser 3:1) erzielt. Eine Drucküberlagerung ist im Labormaßstab weniger verbreitet, da die Reaktoren oftmals nicht für einen Dauerbetrieb unter erhöhtem Druck konzipiert sind.

Der Sauerstoffpartialdruck steigt naturgemäß auch dann, wenn z. B. mit reinem Sauerstoff statt mit Luft begast wird. Da jedoch eine Begasung mit reinem Sauerstoff erhebliche Kosten verursacht, beschränkt sich diese Variante auf Prozesse, bei denen andere Techniken zur Steigerung des Sauerstoffeintrages (z. B. Erhöhung von Drehzahl oder Begasungsrate) nicht in Frage kommen, etwa bei Zellkulturprozessen.

2.3.3.1 Gasblasen

Der Stofftransportkoeffizient k_La hängt ganz wesentlich von den Eigenschaften und dem Verhalten der in den Bioreaktor eingebrachten Gasblasen ab. In Produktionsbioreaktoren liegen typische k_La-Werte im Bereich von 0,02 s^{-1}–0,25 s^{-1} (Doran 2003). Einige der relevanten Effekte beeinflussen eher den k_L-Wert, andere die spezifische Phasengrenzfläche a. Zum Verständnis dieser komplexen Zusammenhänge muss man die Art des Gaseintrages in einen Bioreaktor genauer analysieren.

In gerührten Bioreaktoren wird das Gas durch einen Begaser meist unterhalb eines Rührers eingebracht (siehe Kap. 1). Durch den Rührer werden die Blasen dispergiert, d. h. in kleinere Blasen zerschlagen. Zwangsläufig ist für die Größe der Blasen im Bioreaktor weniger die durch den Begaser vorgegebene Blasengröße, sondern vielmehr die Dispersionswirkung des Rührers entscheidend. So hat etwa der häufig verwendete Scheibenrührer bei sehr hohen Drehzahlen ausgezeichnete Dispersionseigenschaften.

In kleineren Bioreaktoren (Labormaßstab), in denen die Flüssigkeit gut durchmischt wird, werden die eingetragenen Gasblasen ständig der Dispersionswirkung des Rührers und der turbulenten Strömung ausgesetzt. Im Gegensatz dazu können die Gasblasen in großen Reaktoren (bis zu mehreren 100 m^3) längere Zeit mehr oder weniger unbeeinflusst durch die Flüssigkeit aufsteigen, ohne weiter zerkleinert zu werden. Dieser nachteilige Effekt wird noch dadurch verstärkt, dass große Bioreaktoren nur mit volumenspezifischen Leistungseinträgen von ca. 0.5–5 kW m^{-3} betrieben werden, Laborbioreaktoren aber mit Leistungseinträgen von 10–20 kW m^{-3}.

Für die Effizienz des Sauerstoffeintrages in einen Bioreaktor ist die Größe der Gasblasen von entscheidender Bedeutung. Demnach wird häufig versucht, durch Erzeugung sehr kleiner Blasen eine deutliche Erhöhung der volumenspezifischen Phasengrenzfläche a zu erzielen und somit den $k_L a$-Wert zu steigern. Allerdings sind diesem Bestreben praktische Grenzen gesetzt. So können Blasen << 1 mm im Bioreaktor stören. Diese sehr kleinen Blasen stehen innerhalb weniger Sekunden mit der umgebenden Flüssigkeit im Gleichgewicht und tragen dann nicht mehr zum Stofftransport bei. Zudem kann es bei sehr kleinen Blasen in hochviskosen, nicht-newtonschen Flüssigkeiten zu Problemen kommen, da die Blasen hier schlecht ausgasen und sehr lange im Reaktor verbleiben.

Zudem beeinflusst die Blasengröße den k_L-Wert, der in Fermentationsmedien bei Blasen > 2–3 mm Durchmesser im Bereich von $3–4 \cdot 10^{-4}$ m s^{-1} liegt, bei kleineren Blasendurchmessern jedoch bis auf $1 \cdot 10^{-4}$ m s^{-1} absinken kann. Im Gegensatz dazu weisen Blasen größer als ca. 3 mm eine starke innere Zirkulation und vergleichsweise bewegliche Oberflächen auf. Dies führt dazu, dass diese Blasen beim Aufstieg im Bioreaktor taumeln und insbesondere in großen Reaktoren in Spiralen aufsteigen und somit den Stofftransport verbessern.

Desweiteren neigen kleinere Blasen zu einer verstärkten Schaumbildung. Der erforderliche verstärkte Einsatz von Antischaummitteln kann wiederum zu einer erheblichen Reduktion des $k_L a$-Wertes führen.

2.3.3.2 Begasung, Rühren und Mediumseigenschaften

Die Größe der Gasblasen in einem gerührten Bioreaktor hängt von

- der Bildung,
- der Dispersion und
- der Koaleszenz

der Blasen ab. Auf die Bedeutung der Blasenbildung durch den Begaser und der Dispersionswirkung des Rührers wurde bereits eingegangen. Die Blasengröße wird zudem ganz wesentlich durch die Koaleszenzeigenschaften des Fermentationsmediums bestimmt. Koaleszenz, d. h. das Zusammenwachsen kleinerer Blasen zu großen, führt zu einer Reduktion der Phasengrenzfläche. In sogenannten „koaleszierenden Flüssigkeiten" tritt dieser Effekt verstärkt auf, in „nicht-koaleszierenden" weniger. Auf Grund des vergleichsweise hohen Gehaltes an Salzen zählen die meisten Fermentationsmedien zu den „nicht-koaleszierenden" Flüssigkeiten. Auf den Sauerstoffeintrag wirkt sich dies positiv aus.

Der Sauerstoffeintrag in einen Bioreaktor wird durch das Zusammenwirken von Begasungsrate und Rührerdrehzahl bestimmt. Abb. 2.4 veranschaulicht die Strömungsbilder in einem gerührten Bioreaktor, die sich bei verschiedenen Kombinationen von Rührerdrehzahl und Begasungsrate ergeben. Bei sehr niedrigen Drehzahlen und hohen Begasungsraten hüllt das Gas den Rührer ein, ohne dass es zu einer Dispersion des Gases kommt. Das Strömungsbild wird durch den Aufstieg der Gasblasen entlang der Rührerwelle erzeugt. Diese „Überflutung" (Abb. 2.4a, Überflutungspunkt) des Rührers führt zu einem drastischen Absinken des Sauerstofftransportkoeffizienten und sollte tunlichst vermieden werden. Nach Angaben von Westerterp et al. (1963) ist zur Dispersion von Blasen selbst bei niedrigen Bega-

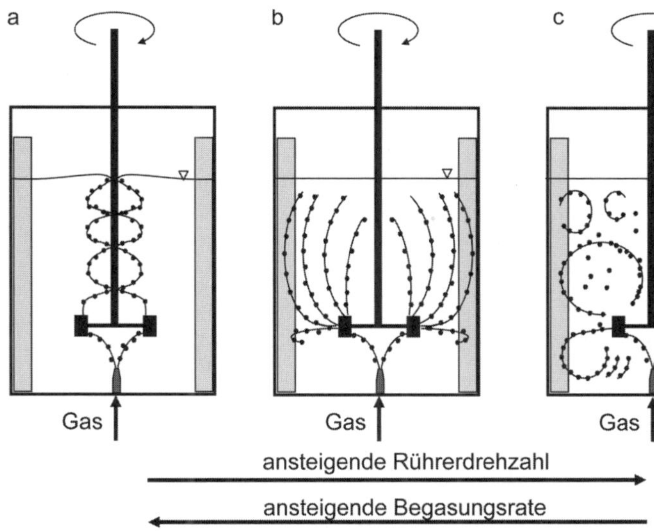

Abb. 2.4 Strömungsbilder in einem gerührten Bioreaktor (z. B. Scheibenrührer) als Funktion von Rührerdrehzahl und Begasungsrate (nach Doran 2003, modifiziert) a) Überflutung des Rührers, b) Dispersion des Gases, c) Ausbildung von Rückvermischung

sungsraten eine minimale Rührerumfangsgeschwindigkeit (= $\pi \cdot n_R \cdot d_R$, mit Rührerdrehzahl n_R und Rührerdurchmesser d_R) von 1,5–2,5 m s^{-1} erforderlich. Dies hat z. B. für Zellkulturreaktoren, die auf Grund der hohen Scherempfindlichkeit der Zellen nicht bei höheren Drehzahlen betrieben werden können, die Konsequenz, dass dort die Dispersionswirkung des Rührers vernachlässigt werden muss.

Mit steigender Rührerdrehzahl bzw. sinkender Begasungsrate kommt es zu der gewünschten Dispersion der Gasblasen durch den Rührer (Abb. 2.4b). Steigt die Rührerdrehzahl noch weiter an (Abb. 2.4c), kann eine Rückvermischung einsetzen, die zu einem längeren Verweilen von Gasblasen, die sich bereits im Gleichgewicht mit der Flüssigkeit befinden, führt.

Zusammenfassend führt eine Erhöhung der Drehzahl zu einer deutlichen Steigerung des k_La-Wertes. Dagegen ist der Effekt höherer Begasungsraten, außer bei sehr niedrigen Raten, eher gering. Auch mehrstufige Rührer wirken sich eher schwach auf den k_La-Wert aus (siehe auch Chmiel 2006, Doran 2003).

2.3.4 Experimentelle Bestimmung des Sauerstofftransportkoeffizienten

Für die Beurteilung eines vorhandenen Bioreaktorsystems ist eine experimentelle Bestimmung des Sauerstofftransportkoeffizienten sinnvoll.

In der Literatur werden eine Reihe von Methoden zur Bestimmung des k_La-Wertes beschrieben (Chmiel 2006, Doran 2003). Im Folgenden werden verschiedene praxisnahe Auswertemethoden ausführlicher vorgestellt, die sich auch mit dem **BioProzessTrainer** realisieren lassen.

Die theoretische Basis für die experimentelle Bestimmung des Sauerstofftransportkoeffizienten bildet eine vereinfachte dynamische Sauerstoffbilanz über die Flüssigphase im Reaktor:

$$V \frac{dc_{O_2}}{dt} = V \dot{n}_{O_2} - V r_{X/O_2} \, . \tag{2.18}$$

In dieser Gleichung entspricht der Term $V\dot{n}_{O_2}$ der integralen Sauerstofftransferrate und der Term Vr_{X/O_2} der integralen Sauerstoffaufnahmerate. Dabei wurde angenommen, dass sich sowohl die spezifische Sauerstofftransferrate $\dot{n}_{O_2}$ als auch die spezifische Sauerstoffaufnahmerate r_{X/O_2} im gesamten Flüssigkeitsvolumen nicht ändern.

Sind die Sauerstoffkonzentrationen in der Zuluft $c^{ein}_{O_2,g}$ und im Abgas des Reaktors $c^{aus}_{O_2,g}$ sowie der Gasvolumenstrom $\dot{V}_G$ bekannt, lässt sich die spezifische Sauerstoffaufnahmerate folgendermaßen ermitteln:

$$r_{X/O_2} = \frac{\dot{V}_G}{V}\left(c^{ein}_{O_2,g} - c^{aus}_{O_2,g}\right). \qquad (2.19)$$

2.3.4.1 Ausgasungsmethode

Bei der Ausgasungsmethode wird eine zellfreie Kulturbrühe (oder ein Modellsystem) zunächst mit Stickstoff begast, bis die Gelöstsauerstoffkonzentration den Wert Null annimmt. Danach erfolgt eine Begasung mit Luft. Die Gelöstsauerstoffkonzentration in der Kulturbrühe steigt in einem sigmoidalen (S-förmigen) Verlauf bis auf die Sättigungskonzentration an (Abb. 2.5).

Die spezifische Sauerstoffaufnahmerate r_{X/O_2} ist gleich null, weil keine Sauerstoffaufnahme durch wachsende Zellen erfolgt. Gleichung 2.18 wird mit Gl. (2.16) zu:

$$\frac{dc_{O_2}}{dt} = k_L a\left(c^*_{O_2} - c_{O_2}\right) = \dot{n}_{O_2}. \qquad (2.20)$$

Nach Umstellung und Integration von Gl. 2.20 erhält man die Gleichung einer Geraden:

$$\ln\left(\frac{c^*_{O_2}}{c^*_{O_2} - c_{O_2}(t)}\right) = k_L a \cdot t. \qquad (2.21)$$

Durch Auftragen von $\ln\left(\frac{c^*_{O_2}}{c^*_{O_2} - c_{O_2}(t)}\right)$ über die Zeit erhält man eine Gerade mit der Steigung $k_L a$.

Für den praktischen Gebrauch lassen sich die Variablen $c_{O_2}(t)$ und $c^*_{O_2}$ auch gegen $pO_2(t)$ und 100 % auszutauschen (Doran 2003). So können die von der Sauerstoffelektrode angezeigten Werte direkt verwendet werden.

Es ist auch möglich, unmittelbar $c_{O_2}(t)$ oder $pO_2(t)$ gegen die Zeit aufzutragen. Dies liefert in erster Näherung eine Exponentialfunktion. Die spezielle Lösung von Gl. 2.20

$$c_{O_2}(t) = c^*_{O_2} - c_{O_2}(t_0) \cdot e^{-k_L a \cdot t} \qquad (2.22)$$

wird nun durch Veränderung des Parameters $k_L a$ an die gemessenen Daten angepasst. Hierfür kann z. B. ein Tabellenkalkulationsprogramm genutzt werden.

2.3.4.2 Fließgleichgewichtsmethode

In vielen Fällen kann es wünschenswert sein, den $k_L a$-Wert während der Fermentation zu überprüfen, da es durch veränderte Flüssigkeitseigenschaften, insbesondere durch Zunahme der Biomasse, Anstieg der Viskosität oder Ausbildung nicht-newtonscher Eigenschaften zu einer Veränderung des $k_L a$-Wertes kommt.

Viele Bioreaktoren sind mit einer Abgasanalyse ausgestattet. In diesem Fall kann der $k_L a$-Wert während einer Kultivierung bestimmt werden. Dies hat den großen Vorteil, dass die $k_L a$-Wert Bestimmung unter realen Betriebsbedingungen erfolgt.

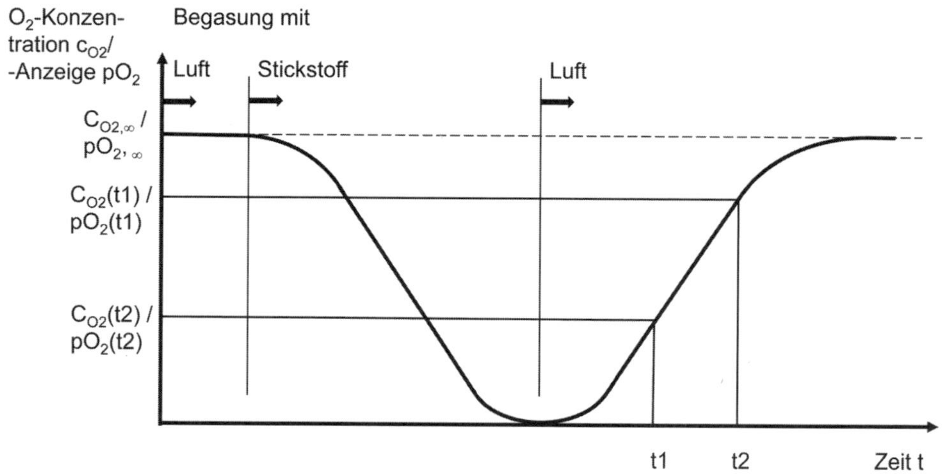

Abb. 2.5 Vorgehensweise zur Bestimmung des $k_L a$-Wertes (Erläuterungen siehe Text)

Während einer Kultivierung sind die zeitlichen Änderungen der Gelöstsauerstoffkonzentration im Medium klein. Die Gelöstsauerstoffkonzentration zeigt ein quasi stationäres Verhalten. Der

Term $\frac{dc_{O_2}}{dt}$ in Gl. (2.18) wird zu null,

also gilt:

$$0 = V\dot{n}_{O_2} - V r_{X/O_2} \,. \tag{2.23}$$

Nach kürzen und einsetzen erhält man:

$$0 = k_L a\left(c^*_{O_2} - c_{O_2}\right) - \frac{\dot{V}_G}{V}\left(c^{ein}_{O_2,g} - c^{aus}_{O_2,g}\right) \,. \tag{2.24}$$

Umstellen ergibt eine Gleichung, mit der sich der k_La-Wert direkt aus Online-Messwerten bestimmen lässt:

$$k_L a = \frac{\dot{V}_G}{V} \frac{\left(c^{ein}_{O_2,g} - c^{aus}_{O_2,g}\right)}{\left(c^*_{O_2} - c_{O_2}\right)} \,. \tag{2.25}$$

Diese Gleichung lässt sich in vielen Leitsystemen direkt programmieren und auswerten. So kann der k_La-Wert während einer Kultivierung kontrolliert werden und steht auch für die Automatisierung zur Verfügung.

Von Moser (1981) wurde eine dynamische Methode vorgeschlagen, die sich für die Bestimmung des k_La-Wertes während einer Kultivierung eignet, auch wenn keine Abgasanalytik vorhanden ist. Sie basiert auf der Auswertung der zeitlichen Änderung der Gelöstsauerstoffkonzentration während einer Kultivierung. Wegen der heute hohen Verfügbarkeit der Abgasanalyse wird hier auf eine detaillierte Beschreibung dieser Methode verzichtet.

2.3.5 Abschätzung des k_La-Wertes über Korrelationsbeziehungen

Die experimentelle Bestimmung des k_La-Wertes ist naturgemäß nur möglich, sofern eine entsprechende Bioreaktoranlage zur Verfügung steht. Zur Auslegung und Planung von Bioreaktoren ist man allerdings oft auf die Abschätzung des k_La-Wertes angewiesen, die z. B. anhand von Korrelationsbeziehungen erfolgen kann. Eine für gerührte Bioreaktoren häufig genutzte Beziehung zwischen dem k_La-Wert [s^{-1}], dem volumenspezifischen Leistungseintrag P_R/V [$W\,m^{-3}$] und der Gasleerrohrgeschwindigkeit u_G [$m\,s^{-1}$] wurde von Van't Riet (1979) vorgeschlagen:

$$k_L a = 2 \cdot 10^{-2} \cdot \left(\frac{P_R}{V}\right)^{0,7} u_G^{0,2} \,. \tag{2.26}$$

Die Gasleerrohrgeschwindigkeit u_G ist als die Geschwindigkeit definiert, mit der das Gas durch den freien Reaktorquerschnitt strömen würde, wenn keine weitere Phase vorhanden wäre. Bei bekanntem Gasvolumenstrom bzw. aus den in Kap. 1 angegebenen Richtwerten für den volumenbezogenen Gaseintrag (angegeben in vvm) lässt sich u_G bei bekanntem Durchmesser des Reaktors bestimmen. Gl. (2.26) wurde anhand von Daten für wässrige, ionenhaltige Lösungen in Bioreaktoren mit Volumina zwischen 2 L und 4,4 m^3 und spezifischen Leistungseinträgen P_R/V von 500–10.000 W m^{-3} abgeleitet. Damit ist auch in etwa der Gültigkeitsbereich eingegrenzt. Desweiteren macht Gl. (2.26) erneut deutlich, dass der Effekt der Begasungsrate, ausgedrückt durch die Gasleerrohrgeschwindigkeit, deutlich geringer ist als der des Leistungseintrages durch den Rührer (Rührerdrehzahl).

Eine Formel zur Abschätzung des Leistungseintrages P_R kann unter Verwendung folgender dimensionsloser Kennzahlen aufgestellt werden: Newton-Zahl Ne

$$Ne = \frac{P_R}{n_R\, d_R^5\, \rho_F} \,, \tag{2.27}$$

mit der Rührerdrehzahl n_R, dem Rührerdurchmesser d_R und der Flüssigkeitsdichte ρ_F sowie der Reynoldszahl Re für gerührte Reaktoren

$$Re = \frac{n_R\, d_R^2\, \rho_F}{\eta_F} \,, \tag{2.28}$$

mit der dynamischen Viskosität η_F. Der theoretische Hintergrund zu diesen dimensionslosen Kennzahlen wird bei Chmiel (2006) ausführlich diskutiert.

Der Zusammenhang $Ne=f(Re)$ wurde für eine Vielzahl von Rührertypen, Medienzusammensetzungen und Reaktorgrößen experimentell bestimmt. Experimentelle Daten finden sich z. B. bei Kraume (2003) und Chmiel (2006, S. 178). Als erster Richtwert kann angenommen werden, dass für einen Scheibenrührer für $Re>10^4$ die Newtonzahl $Ne \approx 8$ ist, für einen Propellerrührer gilt in diesem Bereich $Ne \approx 0{,}6$.

In begasten Systemen ist im turbulenten Bereich mit zunehmender Gasbelastung eine Abnahme der eingetragenen Rührerleistung zu beobachten. Dieser Effekt muss bei der Abschätzung der Leistung P_R berücksichtigt werden, wenn

$$Q_G = \frac{\dot{V}_G}{n_R d_R^3} > 0{,}5 \,. \tag{2.29}$$

Entsprechende Gleichungen und Diagramme finden sich bei Bailey und Ollis (1986).

2.4 Simulationsexperimente

Experiment KW_1: kW-Wert Bestimmung

Aufgabe: Durchführung und Auswertung einer Serie von Experimenten mit unterschiedlichen Rührerdrehzahlen. Experimentelle Bestimmung des Wärmedurchgangskoeffizienten in Abhängigkeit von der Rührerdrehzahl.
Ziel: Erkennen des Zusammenhangs zwischen k_W-Wert und der Rührerdrehzahl.

Grundlagen: Kap. 2.2
Auswertungsgleichungen: Kap. 2.2.2

Einstellungen am BioProzessTrainer:

- Wählen Sie das Experiment **kW_1** aus dem Hauptmenü. Hierdurch wird der **BioProzess-Trainer** initialisiert. Nach der Initialisierung befinden sich 10 L einer auf 35 °C temperierten Mediumslösung im Reaktor.

Vorgehensweise:

- Bereiten Sie ein Datenblatt gemäß der weiter unten angegebenen Musterlösung für die folgenden Stellgrößen und Messgrößen vor.

  Stellgrößen
  - Rührerdrehzahl

  Messgrößen
  - Prozesszeit t
  - Mediumstemperatur.
- Bereiten Sie einen Versuchsplan in Anlehnung an den in der Musterlösung angegebenen Versuchsplan vor.
- Starten Sie das Experiment „kW_1“ durch Aktivieren des Start-Buttons gemäß den Hinweisen auf der DVD.
- Stellen Sie das Rührwerk mit einer Drehzahl von 100 min^{-1} ein.
- Stellen Sie im Zulauf zum Heizmantel eine Temperatur von 85 °C ein. Beobachten Sie den zeitlichen Verlauf der Mediumstemperatur. Warten Sie mit dem nächsten Schritt, bis sich eine (nahezu) konstante Mediumstemperatur eingestellt hat.
- Stellen Sie das Rührwerk mit der Drehzahl aus Ihrem Versuchsplan ein.
- Stellen Sie die Temperatur des Temperiermediums im Zulauf zum Heizmantel auf 30 °C ein. Unmittelbar nach Einstellen des Wertes beginnt die Mediumstemperatur zu sinken.
- Tragen Sie die Daten für die Prozesszeit und die Mediumstemperatur in das von Ihnen vorbereitete Datenblatt ein.
- Beobachten Sie den Temperaturverlauf des Mediums. Beenden Sie das Teil-Experiment durch Drücken des Stop-Buttons entsprechend den Hinweisen auf der DVD, wenn eine nahezu konstante Mediumstemperatur erreicht wurde.
- Zur Wiederholung des Teil-Experiments (ggf. mit einer neuen Einstellung für die Rührerdrehzahl) drücken Sie den Wiederholungs-Button entsprechend den Hinweisen auf der DVD.
- Zum Beenden des Experiments **kW_1** drücken Sie den Ende-Button entsprechend den Hinweisen auf der DVD.

Auswertung:

- Stellen Sie aus den Rohdaten die Verläufe der Mediumstemperatur als Funktion der Zeit dar.
- Stellen Sie die zeitlichen Verläufe der Temperatur in linearisierter Form (siehe Gl. 2.12 und Musterlösung) dar und ermitteln Sie aus den Steigungen der Kurven die entsprechenden k_W-Werte.
- Stellen Sie die Funktion $k_W = f(n_R)$ dar.
- Diskutieren Sie die von Ihnen experimentell ermittelten Kurven.

Musterlösung zu kW_1

Der Versuchsplan zur k_W-Wert-Bestimmung in Abhängigkeit der Rührerdrehzahl umfasst vier verschiedene Drehzahlen:

	Drehzahl (min^{-1})
1	200
2	400
3	800
4	1200

Jeder Einzelversuch liefert einen charakteristischen Temperaturverlauf. Abb. 2.6 zeigt den „gemessenen" Kurvenverlauf für Versuch 1 (200 min^{-1}). Die Linie erhält man durch numerische Auswertung der Gl. (2.14) mit einem k_W-Wert von 680,6 W m^{-2} K^{-1}.

Abb. 2.7 zeigt den „gemessenen" Kurvenverlauf aus Abb. 2.6 in linearisierter Form nach Gl. (2.12). Die gestrichelte Gerade wurde durch lineare Regression gewonnen. Aus ihrer Steigung ermittelt man mit den Konstruktionsdaten des Bioreaktors (siehe DVD) den Wärmedurchgangskoeffizienten:

$$k_W = -\frac{S \cdot m \cdot c_P}{A},$$

$$k_W = -\frac{S \cdot 0{,}01\,m^3 \cdot 1000\,kg \cdot 4200\,J}{0{,}216\,m^2 \cdot m^3 \cdot kg \cdot K},$$

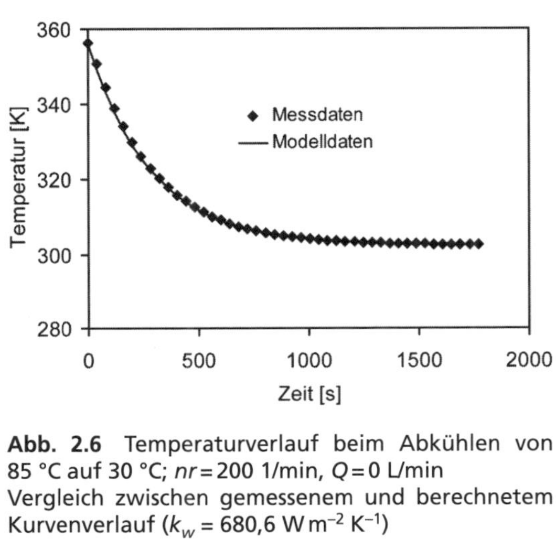

Abb. 2.6 Temperaturverlauf beim Abkühlen von 85 °C auf 30 °C; $nr = 200$ 1/min, $Q = 0$ L/min Vergleich zwischen gemessenem und berechnetem Kurvenverlauf (k_w = 680,6 W m^{-2} K^{-1})

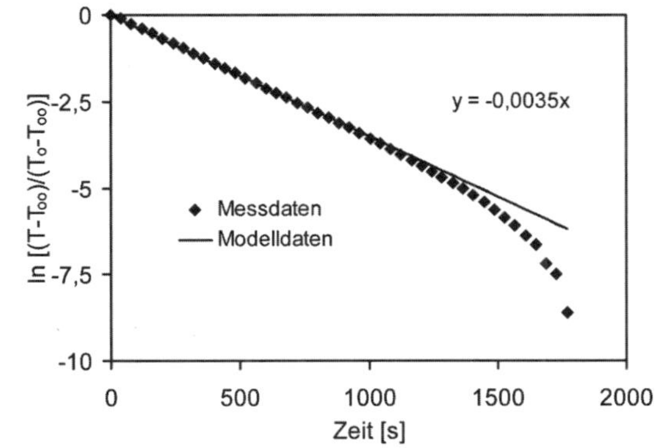

Abb. 2.7 Linearisierung des gemessenen Temperaturverlaufs nach Gl. (2.14). Bestimmung der Steigung S zur Berechnung von k_W

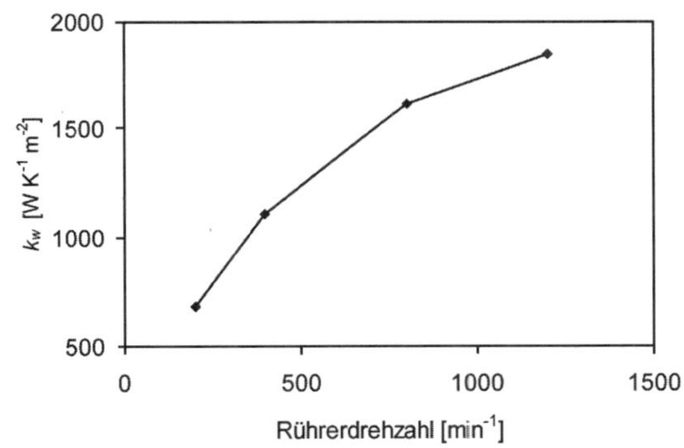

Abb. 2.8 Abhängigkeit des Wärmedurchgangskoeffizienten k_W von der Rührerdrehzahl

mit S = –0,0035 1/s aus einer linearen Regression (siehe Abb. 2.7) wird

k_W = 680,6 W m^{-2} K^{-1}.

Analog hierzu werden die Wärmedurchgangskoeffizienten bei den Rührerdrehzahlen 100, 800 und 1200 min^{-1} bestimmt. Abb. 2.8 fasst die Ergebnisse zusammen und illustriert die Abhängigkeit der ermittelten Wärmedurchgangskoeffizienten von der Rührerdrehzahl.

Experiment Kla_1: k_La-Wert Bestimmung nach der Ausgasungsmethode

Aufgabe: Durchführung und Auswertung einer Serie von Experimenten mit unterschiedlichen Rührerdrehzahlen und Begasungsraten zur Bestimmung des k_La-Wertes in Abhängigkeit von Rührerdrehzahl und Begasungsrate.

Ziel: Erkennen des Zusammenhangs zwischen dem k_La-Wert und den Stellgrößen Rührerdrehzahl und Begasungsrate.

Grundlagen: Kap. 2.3
Auswertungsgleichungen: Kap. 2.3.4

Einstellungen am BioProzessTrainer:

- Wählen Sie das Experiment **Kla_1** aus dem Hauptmenü. Hierdurch wird der **BioProzess Trainer** initialisiert. Nach der Initialisierung befinden sich 10 L einer auf 35 °C temperierten und mit Sauerstoff gesättigten (pO_2= 100 %) Mediumslösung im Reaktor.

Vorgehensweise:

- Bereiten Sie ein Datenblatt gemäß der weiter unten angegebenen Musterlösung für die folgenden Stellgrößen und Messgrößen vor.

  Stellgrößen
  - Rührerdrehzahl
  - Begasungsrate

  Messgrößen
  - Prozesszeit t
  - pO_2-Wert.

- Bereiten Sie einen Versuchsplan in Anlehnung an den in der Musterlösung angegebenen Versuchsplan vor.
- Starten Sie das Experiment **Kla_1** durch Aktivieren des Start-Buttons gemäß den Hinweisen auf der DVD.
- Schalten Sie das Rührwerk mit einer Drehzahl von 100 min^{-1} ein.
- Begasen Sie den Reaktor so lange mit Stickstoff, bis der pO_2-Wert den Wert 0 % annimmt.
- Reduzieren Sie die Begasung mit Stickstoff auf 0 L min^{-1}.
- Stellen Sie das Rührwerk mit der Drehzahl aus Ihrem Versuchsplan ein.
- Stellen Sie eine Begasungsrate mit Luft aus Ihrem Versuchsplan ein. Unmittelbar nach der Begasung beginnt der pO_2-Wert zu steigen.
- Tragen Sie die Daten für die Prozesszeit und den pO_2-Wert in das von Ihnen gemäß Musterlösung vorbereitete Datenblatt ein.
- Beobachten Sie den Verlauf des pO_2-Wertes. Beenden Sie das Teil-Experiment durch Drücken des Stop-Buttons entsprechend den Hinweisen auf der DVD, wenn ein pO_2-Wert nahe 100 % erreicht wurde.
- Zur Wiederholung des Teil-Experiments (ggf. mit neuen Einstellungen für Rührerdrehzahl und Begasungsrate) drücken Sie den Wiederholungs-Button entsprechend den Hinweisen auf der DVD.
- Zum Beenden des Experiments **Kla_1** drücken Sie den Ende-Button entsprechend den Hinweisen auf der DVD.

Auswertung:

- Stellen Sie aus den Rohdaten die Verläufe des pO_2-Wertes als Funktion der Zeit dar.
- Stellen Sie die zeitlichen Verläufe des pO_2-Wertes in linearisierter Form (siehe Gl. (2.21) und Musterlösung) dar und ermitteln Sie aus den Steigungen der Kurven die entsprechenden k_La-Werte.
- Stellen Sie die Funktion $k_La = f(n_R, u_g)$ als Kurvenschar dar (Auftragung Kurven k_La über n_R, u_g als Parameter)
- Diskutieren Sie die von Ihnen experimentell ermittelte Kurvenschar.

Musterlösung zu KLa_1

Im Versuchsplan werden je drei einzustellende Drehzahlen mit drei unterschiedlichen Begasungsraten kombiniert:

Nr.	Drehzahl (min^{-1})	Begasungsrate (L min^{-1})
1	100	5
2	400	5
3	1200	5
4	100	10
5	400	10
6	1200	10
7	100	15
8	400	15
9	1200	15

Insgesamt sind hier also neun Einzelversuche entsprechend der obigen Angaben durchzuführen.

Jeder Einzelversuch liefert eine charakteristische Kurve für den pO_2-Wert. Abb. 2.9 zeigt

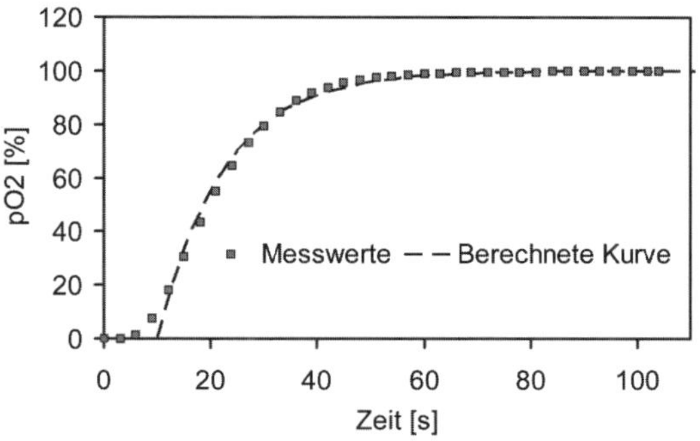

Abb. 2.9 Zeitliche Änderung des pO_2-Wertes nach Begasung mit Luft

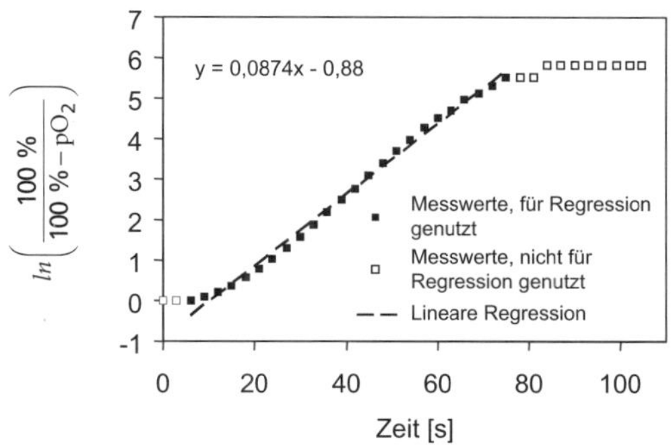

Abb. 2.10 Zeitliche Änderung des pO_2-Wertes nach Begasung mit Luft (linearisiert nach Gl. 2.21)

exemplarisch den „gemessenen" Kurvenverlauf für Versuch Nr. 2. Die gestrichelte Linie wurde durch Lösung der Gl. (2.22) mit $k_La = 0{,}12$ 1/s bzw. $k_La = 432$ 1/h erhalten.

Abb. 2.10 zeigt den „gemessenen" Kurvenverlauf in linearisierter Form nach Gl. (2.21), wobei hier statt c_{O_2} direkt die Werte pO_2 verwendet wurden. Die gestrichelte Gerade wurde durch lineare Regression gewonnen. Ihre Steigung entspricht dem k_La-Wert. In Abb. 2.11 sind die mit den neun Versucheinstellungen gewonnenen k_La-Werte grafisch dargestellt.

Aus Abb. 2.11 ist zu erkennen, dass der k_La-Wert deutlich von der Rührerdrehzahl abhängt. Die Abhängigkeit von der Begasungsrate ist eher schwach ausgeprägt. Aus diesem Grund wird die Gelöstsauerstoffkonzentration in vielen Fällen über eine Veränderung der Rührerdrehzahl geregelt (siehe Kap. 6).

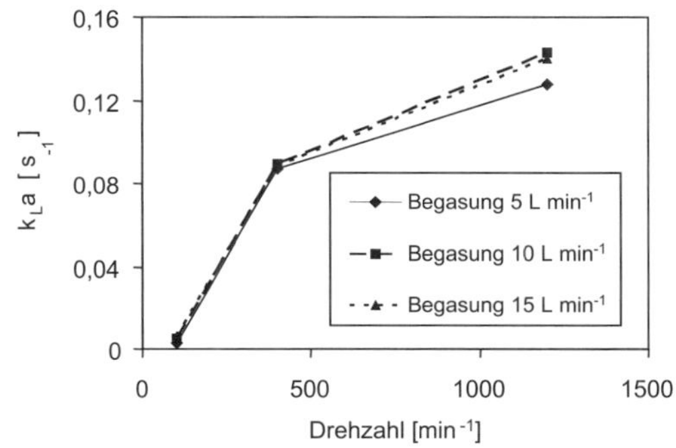

Abb. 2.11 Abhängigkeit des k_La-Wertes von der Rührerdrehzahl und der Begasungsrate

Symbolverzeichnis Kapitel 2

A_w	[m^2]	Wärmeaustauschfläche
A_g	[m^2]	Phasengrenzfläche Gas/Flüssigkeit
c_P	[$J\ kg^{-1}\ K^{-1}$]	spez. Wärmekapazität des Wärmeträgers
c_{O_2}	[$mmol\ L^{-1}$]	Sauerstoffkonzentration
$c^*_{O_2}$	[$mmol\ L^{-1}$]	Sauerstoff-Sättigungskonzentration im Gleichgewicht zur Gasphase
$c^{ein}_{O_2,g}$	[$mmol\ L^{-1}$]	Sauerstoffkonzentrationen in der Zuluft
$c^{aus}_{O_2,g}$	[$mmol\ L^{-1}$]	Sauerstoffkonzentrationen im Abgas
d_R	[m]	Rührerdurchmesser
H_{O_2}	[$bar\ L\ mol^{-1}$]	Henry-Koeffizient für Sauerstoff
k_L	[$m\ s^{-1}$]	Stofftransportkoeffizient
k_La	[h^{-1}]	flüssigkeitsseitiger Stoffübergangskoeffizient
k_w	[$W\ m^{-2}\ K^{-1}$]	Wärmedurchgangskoeffizient
m_w	[kg]	Masse des Mediums
Ne	[-]	Newton-Zahl
$\dot{n}_{O_2}$	[$mol\ L^{-1}\ s^{-1}$]	Sauerstoffstrom
n_R	[min^{-1}]	Rührerdrehzahl
OUR	[$mmol\ L^{-1}\ h^{-1}$]	volumenspezifische Sauerstoffaufnahmerate
pO_2	[-]	Signal Sauerstoffsonde
pO^*_2	[-]	Signal Sauerstoffsonde im Gleichgewicht mit Gasphase
$p_{O_2,G}$	[bar]	Sauerstoffpartialdruck in der Gasphase
$p^*_{O_2,G}$	[bar]	Sauerstoffpartialdruck in der Gasphase bei Gleichgewicht
P_R	[W]	Leistungseintrag
Q_w	[W]	Wärmestrom
Q	[J]	Wärmemenge
Q_G	[-]	volumetrische Gasbelastung
Re	[-]	Reynolds-Zahl
r_{X/O_2}	[$mol\ L^{-1}\ h^{-1}$]	volumenbezogene Sauerstoffaufnahmerate
s_j	[m]	Wanddicke
T	[K]	absolute Temperatur
T_0	[K]	absolute Temperatur zum Zeitpunkt t_0
T_∞	[K]	absolute Temperatur zum Zeitpunkt t_∞
T_i	[K]	absolute Temperatur innen
T_a	[K]	absolute Temperatur außen
T_{wi}	[K]	absolute Temperatur an der Innenwand
T_{wa}	[K]	absolute Temperatur an der Außenwand
t	[h]	Zeit
t_0	[h]	Anfangszeit
t_∞	[h]	Endzeit
u_G	[$m\ s^{-1}$]	Gasleerrohrgeschwindigkeit
V	[L]	Volumen
$\dot{V}_G$	[$L\ h^{-1}$]	Gasvolumenstrom
α_{wa}	[$W\ m^{-2}\ K^{-1}$]	Wärmeübergangskoeffizient Wand – Außen
α_{wi}	[$W\ m^{-2}\ K^{-1}$]	Wärmeübergangskoeffizient Wand – Innen
η_F	[$kg\ m^{-1}\ s^{-1}$]	dynamische Viskosität der Flüssigkeit
λ_j	[$W\ m^{-1}\ K^{-1}$]	Wärmeleitfähigkeit
ρ_F	[$kg\ m^{-3}$]	Dichte der Flüssigkeit

3 Grundlagen kinetischer Modelle

Grundsätzlich kann ein biologisches System (mikrobiell, enzymatisch) als eine katalytische Reaktion angesehen werden (Doran 2003). Per Definition ist ein Katalysator eine Substanz, die eine Reaktion beeinflusst, ohne das Reaktionsgleichgewicht zu verändern oder selbst eine Umwandlung zu erfahren. Das Wachstum von Mikroorganismen ist demnach eine autokatalytische Reaktion. D. h., dass der Katalysator in diesem Fall ein Produkt der Reaktion ist. Die Leistung einer katalytischen Reaktion wird durch Größen wie die Reaktionsrate und die Ausbeute an Produkt bezogen auf das Substrat beschrieben. Diese Größen müssen für mikrobielle Reaktionen definiert und für die Prozessauslegung nutzbar gemacht werden.

Im Bezug auf katalytische Reaktionen unterscheidet man zwischen Reaktionssystemen, bei denen örtliche Gradienten von Temperatur, pH-Wert, Konzentration an Mediumsbestandteilen oder Biomasse entweder vernachlässigt werden können oder solchen, bei denen diese eine wesentliche Rolle spielen und mit berücksichtigt werden müssen. Sofern die Kultivierung in einem gut gerührten Bioreaktor durchgeführt wird, kann man näherungsweise von einer gleichmäßigen Durchmischung ausgehen, auch wenn bei großen Bioreaktoren lokale Konzentrationsgradienten auftreten. Im Gegensatz dazu kommt es in vielen Reaktionssystemen zu starken lokalen Gradienten in Bezug auf die genannten Größen, etwa dann, wenn die Mikroorganismen Mycelien bilden oder in makroporösen Trägern immobilisiert sind. Dann werden Reaktionsrate und Ausbeute ganz wesentlich vom Stofftransport beeinflusst.

Für die folgenden Betrachtungen soll zunächst von einer idealen Durchmischung ohne örtliche Gradienten ausgegangen werden, um die wesentlichen kinetischen Beziehungen für mikrobielle Prozesse abzuleiten. Inhomogene Systeme (z. B. Zellen immobilisiert in Trägermaterialien oder Alginat-Kugeln) werden hier nicht betrachtet (siehe hierzu z. B.: Doran 2003, Pörtner 2005).

Zunächst erfolgt eine Einführung in die Modellbildung. Anschließend werden Modelle für verschiedene Organismen vorgestellt. Um die Zusammenhänge zwischen Modell und Organismus herzustellen, wird dabei zunächst eine qualitative, beschreibende Charakterisierung des Organismus vorgenommen. Daran schließt sich die Darstellung experimenteller Ergebnisse an. Schließlich werden Modellansätze zur Beschreibung des Wachstums- und Produktbildungsverhaltens vorgestellt.

3.1 Einführung in die Modellbildung

Die Schwierigkeit bei der Erstellung eines kinetischen Modells für biologische Systeme, wie z. B. Mikroorganismen oder tierische Zellen, liegt in der Komplexität der intrazellulären Stoffwechselwege und des erforderlichen Nährstoffangebotes. Die Substrate werden je nach ihrer Konzentration oder dem physiologischen Zustand der Zellen in unterschiedlichem Maße genutzt. Die Zellen können innerhalb bestimmter Grenzen Veränderungen im umgebenden Milieu durch Anpassung des Metabolismus kompensieren. Aufgrund der Komplexität eines mikrobiellen Metabolismus ist eine vollständige Modellierung der Stoffwechselaktivitäten kaum möglich, auch wenn es mittlerweile viel versprechende Ansätze wie die „metabolic flux analysis" gibt. Modelle zur Beschreibung des Metabolismus von Mikroorganismen oder tierischen Zellen werden nach ihrer Komplexität klassifiziert (Bailey und Ollis 1986, Moser 1988, Chmiel 1991, 2006, Dunn et al. 2003). Unterschieden wird zwischen unstrukturierten und strukturierten sowie unsegregierten und segregierten Modellen. Eine weitere Unterteilung erfolgt zwischen deterministischen und stochastischen Modellen.

Unstrukturierte Modelle lassen die intrazellulären Vorgänge außer acht und beschreiben lediglich die Physiologie der Zellen aufgrund von Änderungen in ihrer Umgebung. Die Zellpopulation wird dabei als eine Einkomponentenlösung angesehen. Derartige Modelle stützen sich nur bedingt auf biologische Vorgänge, ihre mathematische Form wird meist phänomenologisch oder empirisch bestimmt. Unstrukturierte Modelle lassen sich mit relativ wenig Aufwand erstellen und können stationäre Zustände oder Systeme mit langsamen Veränderungen gut beschreiben. Sie gelten jedoch nur für die Bedingungen, unter denen die zugrunde liegenden Daten ermittelt wurden. Eine Extrapolation sollte vermieden werden. Des Weiteren versagen viele unstrukturierte Modelle bei instationären Vorgängen.

Bei stukturierten, unsegregierten Modellen wird eine „mittlere Zelle“ zugrunde gelegt. Die Stoffwechselvorgänge werden in bestimmte „Pools“ unterteilt, die chemisch oder physikalisch bestimmt sind. Die Wechselwirkungen zwischen diesen „Pools“ werden durch kinetische oder stöchiometrische Gleichungen beschrieben. Strukturierte Modelle weisen deutliche Vorteile gegenüber unstrukturierten auf. Ihr Geltungsbereich ist umfassender und sie können über einen größeren Bereich hinaus extrapoliert werden. Allerdings ist der Aufwand zur Erstellung strukturierter Modelle deutlich höher. Hierzu gehören auch metabolische Netzwerke (Lübbert und Sumitis 1998).

In unsegregierten Modellen wird die Zellpopulation durch eine „Durchschnittszelle“ repräsentiert. Die Heterogenität der Zellpopulation hinsichtlich Zellalter, Größe, Wachstumsrate und physiologischem Status wird in segregierten Modellen berücksichtigt, die eine exaktere Beschreibung einer Zellkultur ermöglichen. Allerdings erfordern sie kompliziertere mathematische Lösungsalgorithmen.

Stochastische Modelle nutzen Wahrscheinlichkeitsfunktionen, um die dynamischen Vorgänge innerhalb der Zellen und in der Zellpopulation zu beschreiben. Da sie Zufallsereignisse mit berücksichtigen, sind sie akkurater als deterministische Modelle.

Die Intention der nachfolgenden Ausführungen geht dahin, in die Grundlagen der Modellierung einzuführen und die Prinzipien der Modellbildung abzuleiten, um die in Kap. 4 ausführlich diskutierten Prozessführungsstrategien nachvollziehbar zu machen. Der Fokus liegt zunächst auf einfachen, unstrukturierten Modellansätzen, die anhand einer *batch*-Kultur abgeleitet werden. Erweiterungen dieser Modellansätze werden ausführlich bei Chmiel (2006) diskutiert und sollen hier nicht wiederholt werden. Die praktische Vorgehensweise bei der Ermittlung kinetischer Daten und daraus die Ableitung kinetischer Parameter erfolgt in Kap. 5 anhand von Übungsbeispielen. Spezielle Aspekte bei der Formulierung kinetischer Modelle werden in Kap. 3.3–3.5 anhand von Beispielen diskutiert.

3.2 Ableitung grundlegender kinetischer Parameter für unstrukturierte Modelle

3.2.1 Charakteristische Phasen einer *batch*-Kultur von Mikroorganismen

Das Wachstum von Mikroorganismen lässt sich anschaulich am Verlauf einer *batch*[1]-Kultivierung beschreiben (Abb. 3.1). Dabei wurde für die Auftragung der Biomasse als Funktion der Zeit eine semi-logarithmische Darstellung gewählt, da hierdurch das exponentielle Wachstum der Mikroorganismen besser wiedergegeben wird. Prinzipiell wird bei der *batch*-Kultivierung in einem gut durchmischten Reaktionssystem (Schüttelkolben, Rührreaktor etc.) ein definiertes Volumen an Wachstumsmedium vorgelegt und mit einer kleinen Menge an Biomasse beimpft. Anschließend beginnen die Mikroorganismen, Substrat zu verbrauchen und zu proliferieren (Anstieg der Biomassekonzentration). Gleichzeitig kommt es zu einer Anreicherung von Metaboliten. Ist das Substrat verbraucht, verringert sich

1 *batch* – Satzbetrieb, *fed-batch* – Zulauf-Satzbetrieb (vgl. Kap. 4)

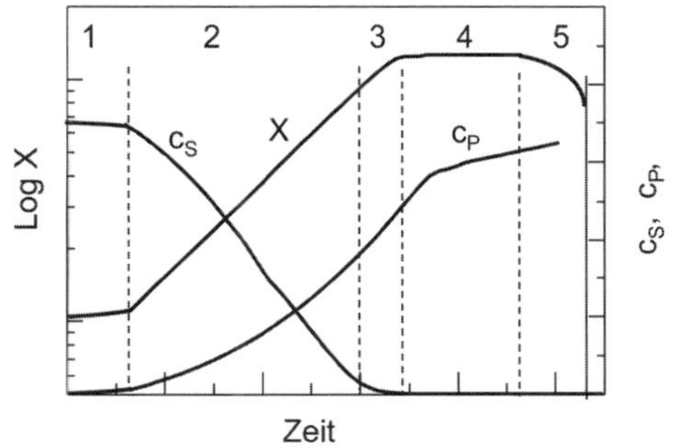

Abb. 3.1 Zeitlicher Verlauf einer *batch*-Kultur mit Mikroorganismen
1: Lag-Phase, 2: exponentielles Zellswachstum, 3: limitiertes bzw. inhibiertes Zellwachstum, 4: stationäre Phase, 5: Absterbephase
X: Zellkonzentration; c_S: Substratkonz.; c_P: Produkt- bzw. Metabolitenkonz.

zunächst die Zellvermehrung (Zellwachstum) und kommt letztlich vollständig zum Erliegen. Ggf. kann dies auch durch zu hohe Metabolitenkonzentrationen bewirkt werden.

Die Wachstumskurve lässt sich in verschiedene Phase unterteilen (u. a. Doran 2003, Schügerl 1985). Direkt nach Beimpfung wird häufig eine Stagnation oder sogar eine Abnahme der Biomassekonzentration beobachtet, die man als „Lagphase" (Phase 1 in Abb. 3.1) bezeichnet. Die Zellen nutzen diese „Lag-Phase", um sich an die neue Umgebung zu adaptieren und um z. B. neue Enzyme oder strukturelle Komponenten zu synthetisieren. Ist dieser Prozess abgeschlossen, setzt das exponentielle Wachstum der Zellen ein. In der semi-logarithmischen Darstellung zeigt sich in der „exponentiellen Wachstumsphase" (Phase 2) ein linearer Anstieg der Biomassekonzentration. Am Ende dieser Phase verringert sich zunächst der Anstieg der Biomassekonzentration aufgrund einer Substratlimitierung oder ggf. einer Metaboliteninhibierung (Phase 3). Man spricht von der „Phase verlangsamten Wachstums". In der anschließenden „stationären Phase" (Phase 4) ist die beobachtete Biomassekonzentration konstant, die Geschwindigkeiten der Zellvermehrung und des Absterbens von Zellen sind gleich. In der „Absterbephase" (Phase 5) kommt das Wachstum bzw. die Vermehrung der Zellen praktisch vollständig zum Erliegen. Die Zellen sterben ab und lysieren, sodass eine Abnahme der Biomassekonzentration zu beobachten ist. Die nachfolgend diskutierte kinetische Beschreibung bezieht sich im Wesentlichen auf die exponentielle Wachstumsphase (Phase 2) und die „Phase verlangsamten Wachstums" (Phase 3). Eine ausführliche Diskussion der Bilanzgleichungen findet sich in Kap. 4. Hier werden nur die zur Ableitung der kinetischen Beziehungen erforderlichen Gleichungen formuliert.

Die Zunahme der Biomassekonzentration X als Funktion der Zeit t lässt sich durch die Gleichung

$$\frac{dX}{dt} = \mu X \tag{3.1}$$

beschreiben, wobei μ die spezifische Wachstumsrate ist. Das Zellwachstum wird als eine autokatalytische Reaktion erster Ordnung angesehen. Bei Mikroorganismen oder Zellen, die zum Ende der Kultur absterben (z. B. tierische und humane Zellen), muss neben der spezifischen Wachstumsrate μ eine spezifische Absterberate μ_D berücksichtigt werden. Darüber hinaus wird zwischen der Konzentration lebender Zellen X_v und der Gesamtzellkonzentration X_t unterschieden. Hierauf wird in Kap. 3.5 ausführlicher eingegangen.

Für die exponentielle Wachstumsphase kann die Wachstumsrate μ als konstant angesehen werden ($\mu = \mu_{max}$) und Gl. (3.1) lässt sich mit der Anfangsbedingung $X(t=0) = X_0$ integrieren:

$$X = X_0 e^{\mu_{\max} t}\,. \tag{3.2}$$

Für die Phase exponentiellen Wachstums wird häufig die Verdopplungszeit t_D definiert. Geht man davon aus, dass sich die Zellkonzentration X_0 in der Zeit t_D verdoppelt, ergibt sich aus Gl. (3.2) unter der Annahme einer konstanten Wachstumsrate:

$$2\,X_0 = X_0 e^{\mu_{\max} t_D}\,. \tag{3.3}$$

Umformen von Gl. (3.3) führt zu

$$t_D = \frac{\ln 2}{\mu_{\max}}\,. \tag{3.4}$$

3.2.2 Limitierung und Inhibierung von Zellwachstum

Kommt es in der Phase verlangsamten Wachstums zu einer Abnahme der Wachstumsrate aufgrund einer Substratlimitierung, muss ein formeller Zusammenhang zwischen Substratkonzentration und Wachstumsrate gefunden werden. Hierzu werden in der Literatur eine Vielzahl von Modellansätzen vorgeschlagen (siehe Moser 1988), die für die unterschiedlichsten Anwendungsfälle formuliert wurden. Häufig dominiert ein Substrat das Wachstumsverhalten der Mikroorganismen, etwa bei der Verwendung eines Minimalmediums mit einer definierten Kohlenstoffquelle (z. B. Glucose oder Glyzerin bei *Escherichia coli*). Der Zusammenhang zwischen Wachstumsrate μ und Substratkonzentration c_S lässt sich dann vielfach durch die sogenannte Monod-Kinetik beschreiben:

$$\mu(c_S)=\mu_{\max}\frac{c_S}{k_S+c_S}. \tag{3.5}$$

Dieser kinetische Ansatz mit der maximalen Wachstumsrate μ_{max} und der Halbsättigungskonstanten k_S (auch Monod-Konstante) ist der Michaelis-Menten-Gleichung für enzymatische Reaktionen ähnlich. Wie in Abb. 3.2 dargestellt, nimmt die Wachstumsrate bei niedrigen Substratkonzentrationen zunächst quasi-linear zu (linearer Bereich, ähnlich einer Reaktionskinetik 1. Ordnung). Bei hohen Substratkonzentrationen ist nach dieser Darstellung die Wachstumsrate konstant ($\mu_{\max}$), ähnlich einer Reaktionskinetik 0. Ordnung. Die Monod-Konstante k_S beschreibt die Substratkonzentration, bei der die Wachstumsrate $\mu = \mu_{\max}/2$ ist.

Bei sehr hoher Substratkonzentration muss in manchen Fällen zusätzlich eine Substratinhibierung berücksichtigt werden. Formal lässt sich der

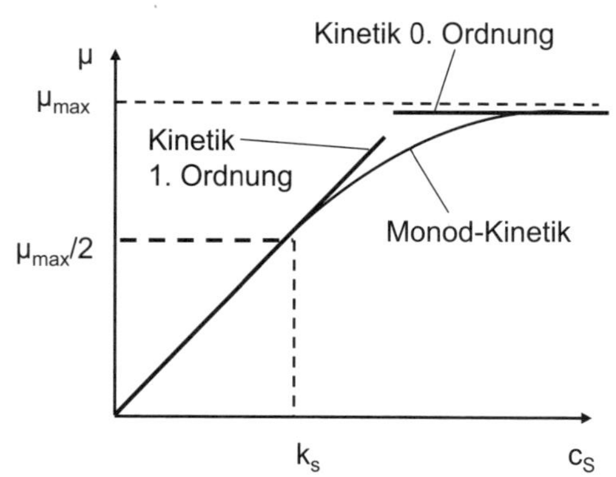

Abb. 3.2 Schematische Darstellung des Zusammenhanges zwischen Wachstumsrate μ und Substratkonzentration c_S, sofern sich dieser durch eine Monod-Kinetik beschreiben lässt

Zusammenhang zwischen Wachstumsrate und Substratkonzentration dann folgendermaßen beschreiben:

$$\mu(c_S)=\mu_{\max}\frac{c_S}{k_S+c_S}\,\frac{k_{I,S}}{k_{I,S}+c_S}. \tag{3.6}$$

In Gl. (3.6) bezeichnet $k_{I,S}$ eine Inhibierungskonstante bezogen auf das Substrat. Ein möglicher Grund für diese Substratinhibierung kann in der Erhöhung des osmotischen Druckes zu suchen sein. Eine typische Substratlimitierung wurde bei *Escherichia coli* beobachtet (siehe Kap. 3.3).

Die Inhibierung des Zellwachstums bei hohen Konzentrationen eines Metaboliten c_P kann durch einen ähnlichen Term berücksichtigt werden:

$$\mu(c_S,c_P)=\mu_{\max}\frac{c_S}{k_S+c_S}\,\frac{k_{I,S}}{k_{I,S}+c_S}\,\frac{k_{I,P}}{k_{I,P}+c_P}. \tag{3.7}$$

Dabei steht $k_{I,P}$ für eine Inhibierungskonstante bezogen auf das Produkt. Verschiedene Untersuchungen zeigen, dass nur der undissoziierte Anteil einer Substanz inhibierend auf das Wachstum wirkt (Friedmann und Märkl 1993, Lüdemann et al. 1994) und dass somit der pH-Wert des Mediums mit einbezogen werden muss (vgl. Kap. 3.5).

Häufig werden Substratlimitierung und Metaboliteninhibierung gekoppelt. Viele Modelle für die zellspezifische Wachstumsrate μ basieren auf einem Ansatz der Form

$$\mu=\mu_{\max}\Pi\left(\frac{c_{S,i}}{k_{S,i}+c_{S,i}}\right)\Pi\left(\frac{k_{I,j}}{k_{I,j}+c_{P,j}}\right) \tag{3.8}$$

sowohl als Funktion der Substratkonzentrationen $c_{S,i}$ als auch der Metabolitenkonzentrationen $c_{P,j}$, mit der Halbsättigungskonstante des jeweiligen Substrates $k_{S,i}$ und Inhibierungskonstante $k_{I,j}$ des jeweiligen Metaboliten. Der Substratkinetik liegt die Überlegung zu Grunde, dass es sich um essentielle Substrate handelt, die vorhanden sein müssen, damit ein Wachstum möglich ist (Moser 1988).

Eine Besonderheit dieser Multi-Komponenten-Kinetiken sei an dieser Stelle erwähnt: Liegen während einer Kultivierung z. B. zwei Substrate gleichzeitig in der Konzentration ihrer jeweiligen Halbsättigungskonstanten vor, wird die Wachstumsrate nicht etwa halbiert, sondern auf ein Viertel der maximalen Rate reduziert. Die Substrate verstärken gleichsam ihre limitierende Wirkung. Ein experimenteller Nachweis dieses Effektes existiert in den meisten Fällen jedoch nicht. Diese Eigenschaft von Multi-Komponenten-Kinetiken ist insbesondere dann zu beachten, wenn mit der Kinetik Optimierungen vorgenommen werden sollen.

Als generelles Problem bei der hier vorgestellten Formulierung eines unstrukturierten Modellansatzes für die Wachstumsrate μ liegt darin begründet, dass sich die Modelle nur bedingt zu strukturierten Modellen erweitern lassen.

3.2.3 Ausbeute- und Umsatzkoeffizienten

Als sehr nützlich hat sich die Formulierung von Ausbeute- und Umsatzkoeffizienten erwiesen, die es z. B. erlauben, den Verbrauch an Substrat mit der Bildung von Biomasse oder anderen Produkten zu verknüpfen, ohne den exakten Zellmetabolismus zu kennen. Nach Doran (2003) lassen sich Ausbeute und Umsatzkoeffizienten generell folgendermaßen definieren:

$$Y_{FG} = \frac{-\Delta F}{\Delta G} \tag{3.9}$$

Y_{FG} steht für einen Ausbeute- oder Umsatzkoeffizienten, F und G für Substanzen, die im Metabolismus der Organismen eine Rolle spielen. Dabei steht ΔF meist für eine produzierte Menge an F (z. B. Biomasse oder Produkt), ΔG für eine verbrauchte Menge an G (z. B. Substrat) oder für eine produzierte Menge an z. B. Biomasse. Das Minus-Zeichen wurde eingeführt, damit bei einem Verbrauch von G (ΔG wird negativ) ein positiver Wert für den Ausbeute- und Umsatzkoeffizienten erhalten wird. In Tab. 3.1 sind einige der wichtigsten Ausbeute- und Umsatzkoeffizienten zusammengefasst.

Die Formulierung von Ausbeutekoeffizienten erfolgt in Anlehnung an chemische Reaktionen. Allerdings muss berücksichtigt werden, dass man bei chemischen Reaktionen die theoretische stöchiometrische Ausbeute bestimmen kann, bei mikrobiellen lediglich die sogenannte „beobachtete". Bezieht man etwa die gebildete Biomasse auf den Verbrauch an Substrat, so lässt sich nicht im Detail aufschlüsseln, welcher Anteil des Substrates direkt zur Bildung der Biomasse verbraucht bzw. zur Energiegewinnung oder zur Bildung weiterer Metabolite verwendet wurde (vgl. Doran 2003).

Des Weiteren ist bei der Anwendung von Ausbeute- und Umsatzkoeffizienten in der Bioprozesstechnik zu berücksichtigen, dass diese nicht konstant sein müssen. Ihre Werte können sehr stark vom Zustand einer Kultivierung abhängen, bzw. davon, zu welchem Zeitpunkt oder in welchem Zeitintervall einer Kultivierung sie bestimmt wurden.

Zur Bestimmung von Ausbeutekoeffizienten kann man beispielsweise in einer *batch*-Kultur die produzierte Biomasse bezogen auf die Menge an verbrauchtem Substrat (Y_{XS}) aus der Differenz zwischen Anfangs- und Endwerten für Biomasse

Tabelle 3.1 Typische Ausbeute- und Umsatzkoeffizienten für mikrobielle Fermentationen (nach Doran 2003, modifiziert)

Symbol	Definition
Y_{XS}	produzierte Biomasse bezogen auf die Menge an verbrauchtem Substrat (z. B. : *Eschericia coli*, Substrat Glucose, Y_{XS} = 0,45 g_{TG}/g)
Y_{PS}	produzierte Produktemenge bezogen auf die Menge an verbrauchtem Substrat
Y_{PX}	produzierte Produktmenge bezogen auf die produzierte Biomasse
Y_{XO}	produzierte Biomasse bezogen auf die verbrauchte Menge an Sauerstoff
Y_{CS}	produzierte Menge an Kohlendioxid bezogen auf die verbrauchte Menge an Substrat
RQ	produzierte Menge an Kohlendioxid bezogen auf die verbrauchte Menge an Sauerstoff (Respirationskoeffizient)
Y_{ATP}	produzierte Biomasse bezogen auf die Menge an gebildetem ATP

bzw. Substrat bestimmen. Auf diese Weise erhält man einen mittleren Wert für die gesamte *batch*-Phase. Alternativ kann man die Differenzen zwischen zwei Datenpunkten ermitteln. Man wird bei vielen Mikroorganismen feststellen, dass die so ermittelten Ausbeutekoeffizienten nicht konstant sind. Häufig beobachtet man eine Zunahme des Ausbeutekoeffizienten mit abnehmender Substratkonzentration. Ein solches Phänomen deutet auf einen sogenannten Überschussstoffwechsel bei hohen Substratkonzentrationen hin (Zeng und Bi 2006). Bei der Angabe von Ausbeute- und Umsatzkoeffizienten sollten demnach immer das Zeitintervall bzw. die Wachstumsphase und möglichst weitere Parameter wie z. B. die Substratkonzentration mit angegeben werden, um einen aussagefähigeren Vergleich verschiedener Daten zu ermöglichen.

3.2.4 Substrataufnahme während einer *batch*-Kultur

Das von den Mikroorganismen verbrauchte Substrat wird in verschiedenen Stoffwechselwegen umgesetzt. Teilweise wird es zum Wachstum und zur Produktsynthese verwendet, teilweise zur Energiegewinnung für den Erhaltungsstoffwechsel. Damit lässt sich für eine *batch*-Kultur die zeitliche Abnahme der Substratkonzentration c_S durch die folgende Gleichung beschrieben (Doran 2003):

$$\frac{dc_S}{dt} = -\left(\frac{\mu}{Y_{XS}} + \frac{q_P}{Y_{PS}} + m_S\right)X\,. \qquad (3.10)$$

Der Term μ/Y_{XS} beschreibt, dass Substrat zur Bildung von Biomasse benötigt wird, der Term q_P/Y_{PS} die zur Produktbildung benötigte Menge an Substrat mit der spezifischen Produktbildungsrate q_P und dem Ausbeutekoeffizienten Y_{PS}. Da sich die Produktbildung in vielen Fällen nur schwer modellieren lässt, wird der Term q_p/Y_{PS} häufig vernachlässigt. Auf die Produktbildung wird im Kap. 3.2.5 noch genauer eingegangen. Des Weiteren verbrauchen die Organismen einen Teil der aus dem Substrat gewonnenen Energie für den Erhaltungsstoffwechsel, der durch den Erhaltungsterm m_S erfasst wird. Daten zu verschiedenen Mikroorganismen finden sich bei Krahe (2003). Unter Vernachlässigung der Produktbildung vereinfacht sich Gl. (3.10) zu

$$\frac{dc_S}{dt} = -\left(\frac{\mu}{Y_{XS}} + m_S\right)X\,. \qquad (3.11)$$

Häufig wird die Substrataufnahmerate der Zellen durch die zellspezifische Substrataufnahmerate q_S ausgedrückt:

$$q_S = \frac{\mu}{Y_{XS}} + m_S\,. \qquad (3.12)$$

Nach Gl. (3.12) ergibt sich bei konstanten Werten für Y_{XS} und m_S ein linearer Zusammenhang für $q_S = f(\mu)$ („Maintenance Energy Model", Pirt 1985).

Auch wenn dieser Modellansatz in der Literatur weit verbreitet ist, birgt er doch einige Schwierigkeiten. Da der Erhaltungsterm m_s nicht von der Substratkonzentration abhängt, ist es möglich, dass negative Substratkonzentrationen auftreten. Auch wenn kein Substrat mehr vorhanden ist, wird dc_S/dt nicht null, es wird also immer noch Substrat aufgenommen. D. h., dass die Verwendung des Ansatzes dazu verführt, die Massenbilanz im Modell zu verletzen. Das Modell hat bei sehr niedrigen Substratkonzentrationen nur dann eine Gültigkeit wenn m_s als Funktion der Substratkonzentration formuliert wird.

Alternativ lässt sich in Analogie zum Michaelis-Menten-Ansatz für Enzymkinetiken die Substrataufnahmerate auch als Funktion der Substratkonzentration ausdrücken:

$$q_S = q_{S,\max}\frac{c_S}{c_S + k_S}\,. \qquad (3.13)$$

Dieser Ansatz hat den Nachteil, dass er weniger gebräuchlich ist als der Ansatz nach Gl. (3.5.) Daher existieren derzeit nur wenige Vergleichswerte für $q_{s,\max}$ und k_S, was einen Vergleich verschiedener Kultivierungen anhand der kinetischen Parameter erschwert. Vorteilhaft bei diesem Ansatz ist allerdings, dass der Kinetik die biologisch begründete Annahme unterliegt, die Substrataufnahme sei der limitierende Schritt für die Bildung von Biomasse. Ein weiterer Vorteil besteht darin, dass diese Kinetik leicht und konsistent zu strukturierten Modellen weiterentwickelt werden kann. Darüber hinaus wird die Modellierung des Erhaltungsstoffwechsels leichter.

In Kap. 3.5.4 werden die unterschiedlichen Modellansätze am Beispiel der Aufnahmeraten tierischer Zellen ausführlicher gegenübergestellt.

3.2.5 Produktbildung während einer *batch*-Kultur

Die Kinetik der Produktbildung muss aus mehreren Gründen bekannt sein. Zum einen werden mikrobielle Prozesse im industriellen Maßstab eingesetzt, um bestimmte Produkte (Enzyme, Antibiotika, Proteine als Wirkstoffe etc.) zu produzieren. Bei der Auslegung eines Prozesses interessiert daher in erster Linie nicht die zu erzielende Menge an Biomasse, sondern die Produktausbeute. Zum anderen muss die Bildungsrate von inhibierenden Metaboliten bekannt sein, um den Prozess auf der Basis von Prozessmodellen optimieren zu können.

Man kann grundsätzlich zwei Typen von mikrobiellen Metaboliten unterscheiden: primäre und sekundäre. Von Primärmetaboliten spricht man, wenn diese als Teil des Energiestoffwechsels und somit während der Wachstumsphase gebildet werden. Ein typisches Beispiel ist die Ethanolfermentation. Dagegen werden Sekundärmetabolite nicht während der Wachstumsphase, sondern in der stationären Phase oder bei starker Substratlimitierung gebildet (Beispiel Penicillinproduktion). Die Zusammenhänge sind in Abb. 3.3 verdeutlicht.

Formale kinetische Ansätze zur Produktbildung beziehen sich überwiegend auf die Produktion von Primärmetaboliten, da dann eine Verknüpfung der Produktbildungsrate mit der Wachstumskinetik der Mikroorganismen möglich ist. Die Änderung der Produktkonzentration im Verlauf einer *batch*-Kultur kann durch den Ansatz

$$\frac{dc_P}{dt} = (Y_{PX}\,\mu + m_P)\,X \tag{3.14}$$

beschrieben werden, wobei Y_{PX} die Ausbeute an Produkt bezogen auf die gebildete Biomasse und m_P die Produktbildung aus dem Erhaltungsstoffwechsel beschreibt. In Analogie zur Substrataufnahme wird auch für die Produktbildung häufig eine zellspezifische Produktbildungsrate q_P verwendet:

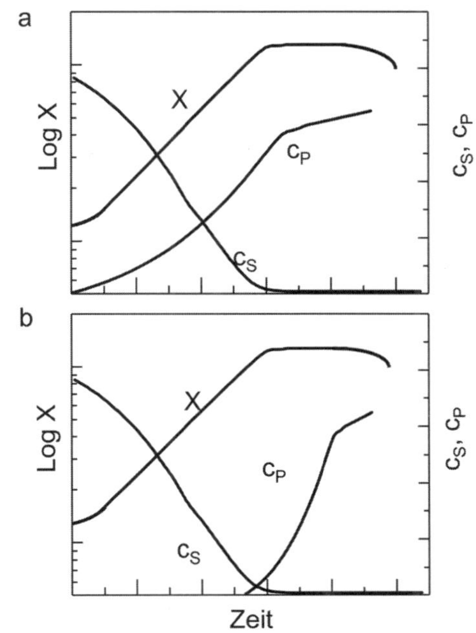

Abb. 3.3 Produktbildung während einer mikrobiellen *batch*-Kultur bei a) Primärmetaboliten und b) Sekundärmetaboliten

$$q_P = Y_{PX}\,\mu + m_P. \tag{3.15}$$

Ansätze zur Beschreibung der Produktbildungskinetik für den Fall, dass die Produktbildung nicht direkt mit dem Energiemetabolismus gekoppelt ist, finden sich bei Doran (2003). Auch hier gelten die zu Gl. (3.12) gemachten Einschränkungen.

3.3 Limitierungs- und Inhibierungseffekte bei *Escherichia coli*

Escherichia coli gehört in der Gattung der Prokaryonten zur Familie der Enterobacteriaceae (griech. *enteron*: Darm). Es handelt sich um ein Gram-negatives, fakultativ anaerobes, stäbchenförmiges, Oxidase-negatives und peritrisch begeißeltes Bakterium, das in der Natur in der Mikroflora des Darms vorkommt. Benannt wurde es 1919 nach seinem Entdecker, dem deutschen Kinderarzt Theodor Escherich. *E. coli* gehört zu den molekularbiologisch und genetisch am besten untersuchten Organismen der Welt, das Genom wurde mittlerweile sequenziert und viele seiner Einzelstämme wurden isoliert.

In der molekularbiologischen Forschung gehören verschiedenste *E. coli*-Stämme (z. B. *E. coli* K12) zu den häufig eingesetzten Wirtsorganismen für die rekombinante Proteinexpression. In der industriellen Biotechnologie wird *E. coli* u. a. zur Biosynthese von Insulin, unterschiedlichen Aminosäuren und anderen Verbindungen eingesetzt.

Als fakultativ anaerober Mikroorganismus besitzt *E. coli* die Fähigkeit, Energie sowohl durch Atmung als auch durch eine „gemischte Säuregärung" zu gewinnen. In Bezug auf die Substratansprüche ist *E. coli* prototroph, d. h. das Bakterium kann alle benötigten Supplemente selbst synthetisieren. Bevorzugt wächst *E. coli* auf Zuckern und bestimmten Aminosäuren. Das Bakterium lässt sich auf einfachen synthetischen Nährlösungen gut kultivieren. Die optimale Wachstumstemperatur liegt bei 37 °C (mesophil). Der pH-Wert sollte zwischen 6,5 und 7,3 (neutrophil) liegen.

Synthetische Nährlösungen enthalten häufig Glucose oder Glyzerin als Hauptkohlenstoffquelle. Glucose stellt für *E. coli* das bevorzugte Substrat dar, das selektiv über das Phosphotransferase-System aufgenommen und damit als Glucose-6-phosphat (G6P) den zentralen Stoffwechselwegen zur Verfügung steht. G6P kann über verschiedene Stoffwechselwege (Glykolyse, Pentose-Phosphat-Weg) abgebaut und letztlich in Pyruvat überführt werden. Die Glykolyse hat dabei die größte Bedeutung. Das Pyruvat wird schließlich in den Zitratzyklus eingeschleust und unter Wasserstoffabspaltung zu CO_2 oxidiert. Gleichzeitig wird der Wasserstoff auf Koenzyme übertragen und in der Atmungskette zur Synthese von ATP aus ADP genutzt. Durch den katabolen Abbauweg und den Intermediärstoffwechsel ist es möglich, Synthesevorstufen und Energie in Form von ATP für die anabolen Stoffwechselwege bereitzustellen und damit die Bausteine für die Synthese neuer Biomasse zu bilden (Stryer 1996, Schlegel 1992, Koolman und Röhm 2003).

3.3.1 Substrathemmung und -limitierung

Das Wachstum von *E. coli* zeigt bei hohen Konzentrationen an Substrat (Glucose, Glyzerin) eine deutliche Substrathemmung, bei niedrigen Konzentrationen erwartungsgemäß eine Limitierung. In Abb. 3.4 ist dies für Glyzerin als Substrat dargestellt. Zur Beschreibung der spezifischen Wachstumsrate μ als Funktion der Substratkonzentration eignet sich demnach ein Ansatz gemäß Gl. (3.6) mit der Halbsättigungskonstanten k_S und der Inhibierungskonstanten $k_{I,S}$ bezogen auf das Substrat. Beispielsweise ermittelten Dubach und Märkl (1992) für das Wachstum von *E. coli* auf einem Minimalmedium mit Glyzerin als Kohlenstoffquelle die folgenden Werte: $\mu_{max} = 0{,}806\ h^{-1}$, $k_S = 0{,}68\ g\ L^{-1}$, $k_{I,S} = 87{,}4\ g\ L^{-1}$. Köster (2002) fand für das Wachstum von *E. coli* auf einem Minimalmedium mit Glucose als Kohlenstoffquelle die folgenden Werte: $\mu_{max} = 0{,}55\ h^{-1}$, $k_S = 0{,}08\ g\ L^{-1}$, $k_{I,S} = 250\ g\ L^{-1}$. Damit scheint das Wachstum auf Glucose bei hohen Konzentrationen weniger stark inhibiert zu sein als bei Glyzerin, sodass die

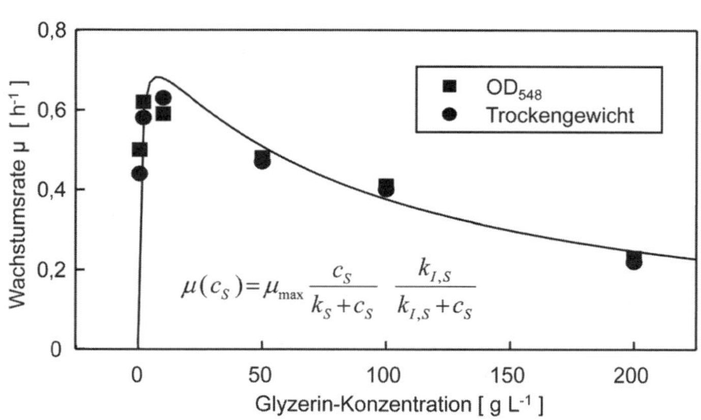

Abb. 3.4 Wachstumskinetik von *Escherichia coli* in Medium mit Glyzerin als Kohlenstoffquelle. Daten von Dubach und Märkl (1992)

Anfangskonzentrationen an Glucose etwa in einer *batch*-Kultur deutlich höher sein können. Auf der anderen Seite erlaubt der deutlich niedrigere k_S bei Glucose eine Kultivierung bei sehr viel niedrigeren Konzentrationen als bei Glyzerin.

3.3.2 Wachstumshemmung durch Metabolite

Zu den wichtigsten unerwünschten Nebenprodukten bei der Kultivierung von *E. coli* mit Glucose oder Glyzerin als Kohlenstoffquelle gehört Essigsäure, die sowohl das Wachstum als auch die Produktbildung hemmt. Für die Produktion von Essigsäure aus Glucose existieren prinzipiell zwei unterschiedliche Stoffwechselwege, die sogenannte „Mixed-Acid-Fermentation" und der „Overflow"-Metabolismus. Beide Stoffwechselwege gehen von der Glykolyse aus. Während die „Mixed-Acid-Fermentation" nur unter vollkommen anaeroben Bedingungen in der Zelle ablaufen kann, weil die Enzyme Pyruvat-Formiat-Lyase (PFL) und Laktatdehydrogenase (LDH) bereits durch geringe Mengen an Sauerstoff vollständig inhibiert werden, läuft der „Overflow"-Metabolismus bei einem Überschuss an Substrat unter ansonsten aeroben Verhältnissen ab. Übersteigt die Glucoseaufnahmerate die maximale Kapazität des Zitronensäurezyklus, wird ein Teil des während der Glykolyse gebildeten Azetyl-CoA direkt über einen Phosphorylierungsschritt in Azetat umgewandelt (Shiloach et al. 1996, Xu et al. 1999a, nach Buchmann 2006). Bei der „Mixed-Acid-Fermentation" werden neben Essigsäure noch weitere Metabolite gebildet (u. a. Ameisensäure), die wiederum Rückschlüsse auf die zur Bildung von Essigsäure durchlaufenen Stoffwechselwege erlauben (Buchmann 2006).

Die hemmende Wirkung von Essigsäure auf das Wachstum von *E. coli* hängt ganz entscheidend von den Kultivierungsbedingungen ab. Nakano et al. (1997) untersuchten die hemmende Wirkung von Essigsäure in Medien mit verschiedenen Kohlenstoffquellen (Glucose und Glyzerin im Schüttelkolben, Abb. 3.5) sowie in verschiedenen Kultivierungssystemen (Schüttelkolben, Bioreaktor, Abb. 3.6) für einen *E. coli* K12.

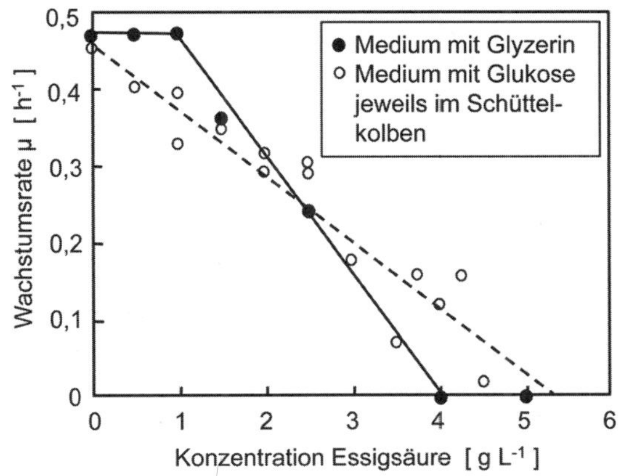

Abb. 3.5 Einfluss der Essigsäurekonzentration auf die Wachstumsrate von *Escherichia coli* K12 bei Schüttelkolbenexperimenten in Medien mit Glyzerin oder Glucose als Kohlenstoffquelle (aus Nakano et al. 1997)

Bei Schüttelkolbenkulturen mit Glyzerin wurde das Wachstum erst bei einer Essigsäurekonzentration von ca. 1 g L^{-1} deutlich gehemmt. Bei 4 g L^{-1} wurde keinerlei Wachstum mehr beobachtet. Dagegen wurde das Wachstum bei Glucosehaltigem Medium bereits unter 0,5 g L^{-1} inhibiert und die Wachstumsrate sank dann linear mit zunehmender Essigsäurekonzentration.

Deutlich Unterschiede zeigten sich auch bei der Kultivierung von *E. coli* auf Glucose-Medium in nicht geregelten Schüttelkolben und in Bezug auf pH-Wert und Sauerstoff geregelten Bioreak-

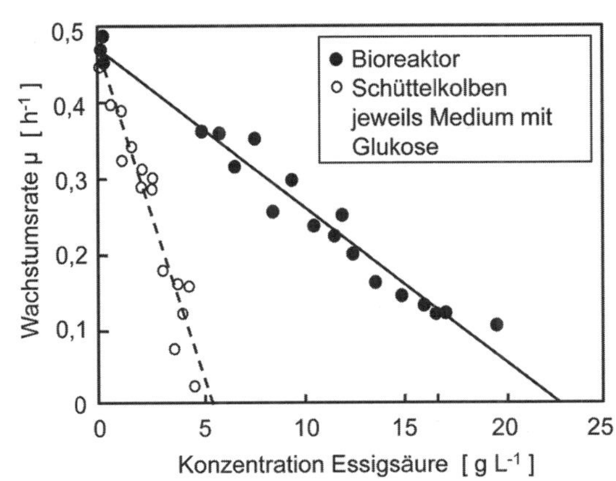

Abb. 3.6 Vergleich des Einflusses von Essigsäure auf die Wachstumsrate von *Escherichia coli* K12 bei Experimenten im Schüttelkolben und im geregelten Bioreaktor (ca. 2 L) in Medien mit Glucose als Kohlenstoffquelle (aus Nakano et al. 1997)

toren (ca. 2 L). Im Schüttelkolben sank die Wachstumsrate bei steigender Essigsäurekonzentration deutlich schneller als im Bioreaktor.

Die geschilderten Erkenntnisse belegen, dass der Einfluss von Essigsäure auf das Wachstum von *E. coli* sehr komplex ist und sich durch eine mathematische Modellierung nur schwer beschreiben lässt. Insbesondere durch die in Kap. 3.1.1 vorgestellten Gleichungen gelingt dieses nicht hinreichend. Hier sind komplexere Modellstrukturen gefragt, wie sie etwa von Xu et al. (1999b) vorgeschlagen wurden.

Um Essigsäurebildung zu reduzieren, wurden *E. coli*-Stämme mit geringerer Essigsäureproduktion entwickelt (Lee 1996). Ferner wurde eine Vielzahl von Fütterungsstrategien für *fed-batch*-Prozesse (Zulauf-Satz-Prozesse) vorgestellt, z. B. exponentielle Fütterungsstrategien, Regelung der Substratkonzentration auf sehr niedrigen Werten oder „pO_2-probing" (siehe Kap. 4.6.2), durch die es gelingt, die Konzentration an Essigsäure unterhalb hemmender Werte zu halten (Lee 1996).

Bei hohen Biomassekonzentrationen (>20–50 g_{TG} L^{-1}) wurde häufig eine Verminderung des Zellwachstums beobachtet, die durch die Essigsäurehemmung allein nicht beschrieben werden kann (Köster 2002, Buchmann 2006). Buchmann (2006) konnte zwei Lactone (D-(–)-Pantolacton, 3-Methyl-2(5H)-furanon) als neue Hemmstoffe für das Wachstum von *E. coli* identifizieren.

Ein kinetischer Ansatz zur Beschreibung der Wachstumslimitierung als Funktion eines unspezifischen Hemmstoffes *h*, der summarisch alle hemmenden Einflüsse berücksichtigt, wurde von Köster (2002) vorgeschlagen. Hierzu wurde ein Hemmstoffbildungskoeffizient Y_{hx} eingeführt, der die gebildete Hemmstoffmasseneinheit auf die Biomasse bezieht. Für die Wirkung des Hemmstoffes auf die spezifische Wachstumsrate μ wurde ein linearer Ansatz gewählt (Abb. 3.7): Unterhalb einer Schwellenkonzentration für den Hemmstoff H_{min} bleibt die Wachstumsrate unbeeinflusst. Im Bereich bis zu einem oberen Schwellenwert H_{max} nimmt die Wachstumsrate linear mit der Hemmstoffkonzentration ab. Bei höheren Konzentrationen H_{max} ist das Wachstum vollständig inhibiert. Die vollständige Wachstumskinetik ergibt sich nach Köster (2002) zu

$$\mu(S,h) =$$
$$\triangleright\ \mu_{max} \frac{c_S}{k_S + c_S} \frac{k_{I,S}}{k_{I,S} + c_S} \quad \text{für } h < H_{min}$$
$$\triangleright\ \mu_{max} \frac{c_S}{k_S + c_S} \frac{k_{I,S}}{k_{I,S} + c_S} \left(1 - \frac{h - H_{min}}{H_{max} - H_{min}}\right)$$
$$\text{für } H_{min} \le \mathrm{h} \le H_{max}$$
$$\triangleright\ 0 \text{ für } h > H_{max}\ . \tag{3.16}$$

Diese Kinetik entspricht gleichsam der an Inhibierungen angepassten Blackman-Kinetik für das Biomasse-Wachstum (siehe Moser 1988). In diesem Ansatz ist ein Parameter frei skaliebar. Vollständige Inhibierung des Wachstums wurde auf eine Einheit Hemmstoffmasse pro Liter (E.H.M. L^{-1}) normiert, d. h., H_{max} = 1 E.H.M. L^{-1}. Buchmann (2006) konnte verschiedene *fed-batch*-Experimente mit dem beschriebenen Ansatz modellieren, je nach *E. coli*-Stamm und Fütterungsstrategie wurden die folgende Werte gefunden wurden: $0{,}016 \le Y_{hx} \le 0{,}02$, $0{,}22$ E.H.M. $L^{-1} \le H_{min} \le 0{,}57$ E.H.M. L^{-1}.

Ein Problem dieses Modells ist, dass es in der ersten Ableitung der Kinetik unstetig ist. Das kann bei der Lösung des Differentialgleichungssystems (siehe Kap. 4) z. B. bei einem Runge-Kutta-Algorithmus zu Problemen führen. Alternativ ließe sich eine sigmoidale Funktion verwenden.

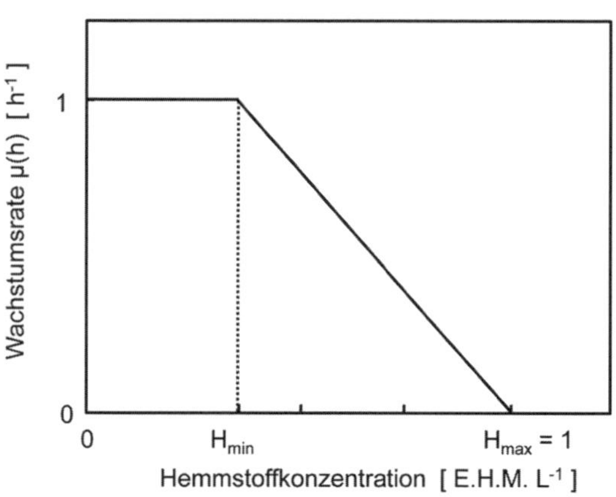

Abb. 3.7 Modellansatz zum Verlauf der Wachstumsrate μ als Funktion eines unspezifischen Hemmstoffes (nach Köster 2002). Erläuterungen siehe Text

3.3.3 Substrataufnahme

Zur Beschreibung der Substrataufnahme durch *E. coli* wird häufig ein Ansatz nach Gl. (3.12) mit dem Ausbeutekoeffizienten Y_{XS} der Biomasse bezogen auf die umgesetzte Menge an Substrat und dem Erhaltungsterm m_S vorgeschlagen. Für das Wachstum von *E. coli* auf Glyzerin wurde $Y_{XS} = 0{,}4\ g_{TG}\ g^{-1}$ und $m_S = 0{,}075\ g_{TG}\ g^{-1}\ h^{-1}$ gefunden (Ogbonna und Märkl, 1993). Köster (2002) gibt für das Wachstum auf Glucose die Werte $Y_{XS} = 0{,}45\ g_{TG}\ g^{-1}$ und $m_S = 0{,}175\ g_{TG}\ g^{-1}\ h^{-1}$ an. Allerdings konnte dort auch gezeigt werden, dass die Annahme konstanter Werte von Y_{XS} und m_S nur gilt, solange keine Hemmung des Wachstums vorliegt. So fand Köster (2002) eine Umstellung im Stoffwechsel, die zu dem Zeitpunkt einsetzte, an dem in der Modellierung der Kultivierung die untere Schwellenkonzentration für Hemmung $H_{\min}$ überschritten wurde. Diese Umstellung im Stoffwechsel führte zu einer erhöhten Substrataufnahme und einem verminderten Ausbeutekoeffizienten. Eine mathematische Beschreibung dieses Phänomens gelang in Anlehnung an Bailey und Ollis (1986) durch Einführung eines Parameters für internen Stoffwechsel k_{int}:

$$k_{int} = 0\ h^{-1} \text{ für } h < H_{\min}$$

$$k_{int} = 0{,}035\ h^{-1} \text{ für } h > H_{\min}$$

Dieser Parameter k_{int} beschreibt einen internen Abbau von Biomasse. Bei Überschreiten des unteren Schwellenwertes für Hemmung $H_{\min}$. Experimentell wird dieser interne Stoffwechselkoeffizient als Abnahme der Biomassekonzentration bei erschöpftem Substrat sichtbar.

3.3.4 Schlussfolgerungen

Die obigen Ausführungen zeigen, dass selbst für einen vergleichsweise gut charakterisierten Mikroorganismus wie *Escherichia coli* eine kinetische Beschreibung schwierig ist und kinetische Parameter häufig vom Stamm, aber auch von den Kultivierungsbedingungen (Medium, Kohlenstoffquelle, Kultivierungssystem etc.) abhängen. Hier müssen im Einzelfall entsprechende experimentelle Untersuchungen durchgeführt werden, wie sie in Kap. 5 eingehender beschrieben sind.

3.4 Modellierung des Wachstums von *Saccharomyces cerevisiae*

Hefen werden in unterschiedlichsten biotechnischen Produktionsprozessen eingesetzt. Zu den bekanntesten gehören die Herstellung von Bäckerhefe, die Produktion von Hefeextrakten, die alkoholische Gärung und die Produktion rekombinanter Proteine mit Hefen als Wirtsorganismen. Hefen wie *Saccharomyces cerevisiae* sind zudem beliebte Modellorganismen in der biotechnologischen Ausbildung, da sie einfach und sicher zu kultivieren sind. Man verfügt heute über ein gut entwickeltes Verständnis zur Physiologie und zur Stoffwechselregulation von Hefen. Für Kultivierungsprozesse stehen zuverlässige Bioreaktorsysteme und einfache, definierte Medien zur Verfügung. Somit können die technischen Prozesse mit Hefen vorhersagbar und hoch reproduzierbar geführt werden. Hefen tolerieren im allgemeinen sehr hohe Substrat- und Produktkonzentrationen, lassen sich zu sehr hohen Zelldichten züchten und leicht von der Biosuspension abtrennen. Die Entsorgung von Rückständen ist unproblematisch (Sonnleitner 1997).

3.4.1 Physiologie und Metabolismus von *Saccharomyces cerevisiae*

Die Hefe *Saccharomyces cerevisiae* gehört als Ascomycet zu den Sprossenpilzen. Sie besitzt eine eukaryontische Zelle mit hoch entwickelten Zellorganellen, die einer starken Strukturierung unterliegen und von der Umwelt durch eine widerstandsfähige Zellwand abgeschirmt werden. Im Gegensatz zu Bakterien sind Mutter- und Tochterzelle gut zu unterscheiden. Die Vermehrung findet primär durch Sprossung statt.

S. cerevisiae kann die für das Wachstum und die Vermehrung notwendige Energie auf unterschiedliche Art und Weise gewinnen (siehe Tab. 3.2):

- Veratmen von Zucker (z. B. Glucose)
- Vergären von Zucker zu Ethanol
- Veratmen von Ethanol

Tabelle 3.2 Stoffwechselwege von Hefen (nach Hass 2005)

aerobe Bedingungen		anaerobe Bedingungen	
Glucosekonzentration hoch	mittel	Glucosekonzentration gering (Ethanol vorhanden)	hoch
Crabtree-Effekt	aerobe Energiegewinnung	Diauxie	Pasteur-Effekt
aerobe Produktion von Ethanol bei vermindertem Wachstum	aerobe Umsetzung von Glucose zu CO_2 und Wasser	aerobe Umsetzung von Ethanol zu CO_2 und Wasser	starke Ethanolproduktion bei vermindertem Wachstum

Bei der anaeroben Vergärung entsteht neben Kohlendioxid auch Ethanol. Unter aeroben Bedingungen kann Ethanol als Substrat dienen, wenn nicht genügend Glucose zur Verfügung steht. Der Hefemetabolismus passt sich flexibel an die aktuell herrschenden Umgebungsbedingungen an. Ein umfassender Überblick über den Energiestoffwechsel von *S. cerevisiae* ist bei (Gancedo et al. 1989) gegeben. Im Folgenden werden die für die spätere Modellierung wesentlichen Aspekte diskutiert (nach Bodenschatz 2002).

3.4.1.1 Stofftransport durch die Zellmembran

In der Regel wird Hefe auf einem zuckerhaltigen Substrat kultiviert. Bevor die Zucker von der Hefe verstoffwechselt werden können, müssen sie zunächst durch die Zellmembran transportiert werden. Es gibt verschiedene passive und aktive Transportmechanismen, die in der Literatur beschrieben sind. Allgemein anerkannt ist für *S. cerevisiae* der Zuckertransport durch erleichterte Diffusion (Bramer 1990). Dabei wird das Substrat mittels einer selektiven Permease durch die Membran geleitet. Der Transport erfolgt in Richtung des Konzentrationsgradienten, wobei keine zusätzliche Energie benötigt wird.

Analog zum Transport der Zucker können für den Ethanoltransport ebenfalls passive Transportsysteme angenommen werden (Guijarro und Lagunas 1984). Die gasförmigen Substanzen Sauerstoff und Kohlendioxid diffundieren ebenfalls in Richtung des Konzentrationsgradienten durch die Zellmembran.

3.4.1.2 Oxidativer Stoffwechsel auf Glucose

Unter aeroben Bedingungen kann Glucose in der Hefezelle mit Sauerstoff zu Kohlendioxid und Wasser sowie neuer Biomasse verstoffwechselt werden. Die Atmung kann neben Glucoselimitierung auch durch extrazelluläre Gegebenheiten limitiert werden, wenn zum Beispiel die Verfügbarkeit von Sauerstoff durch einen eingeschränkten Gas-Flüssig-Transport eingeschränkt ist. In diesem Fall sinkt der Anteil des respiratorisch genutzten Zuckers und damit auch der Ausbeutekoeffizient. Glucose wird dennoch genutzt, allerdings reduktiv.

Der aerobe Abbauweg des zuckerhaltigen Substrates ist für Hefen energetisch weitaus günstiger und führt zu wesentlich höheren Biomasseausbeuten als unter anaeroben Bedingungen. Der Vorgang verläuft schematisch nach folgender biotransformatorischer Gleichung:

$$\underset{\text{Substrat}}{\alpha\, C_sH_tO_u} + \underset{\text{Sauerstoff}}{\beta\, O_2} + \underset{\text{Stickstoff}}{\gamma N_vH_w} \rightarrow$$

$$\rightarrow \underset{\text{Biomasse}}{CH_xO_yN_z} + \underset{\text{Kohlendioxid}}{\gamma CO_2} + \underset{\text{Wasser}}{\varepsilon\, H_2O}$$

Zusätzlich entsteht Wärme. Der Prozess der Atmung dient der Gewinnung biochemischer Energie (ATP), die zum Wachstum des Organismus unerlässlich ist. Sie läuft mit Glucose als Substrat folgendermaßen ab:

$$C_6H_{12}O_6 + 6\,O_2 \rightarrow$$
$$-H^\circ = -15{,}6\,\mathrm{kJ/g}$$
Glucose + Sauerstoff

→ 6 CO_2 + 6 H_2O + 36 ATP
Kohlendioxid + Wasser + ATP
+ Wärme (–H° = –15,6 kJ/g)

3.4.1.3 Oxidativer Stoffwechsel unter Crabtree-Effekt

Experimentell ist bekannt, dass Hefen vom Typ *Saccharomyces* wesentlich mehr Zucker pro Zeiteinheit aufnehmen und abbauen können als sie zu veratmen im Stande sind. Der Flaschenhals liegt also bei der respiratorischen Kapazität dieser Zellen (Sonnleitner und Käppeli 1986). Im Regelfall (am natürlichen Standort) liegt wenig Zucker vor und Sauerstoff ist vorhanden. Die Zellen nutzten dieses Substrat mittels aerober Reaktionen effizient, d. h. mit einem hohen Ausbeutekoeffizienten.

Steigt das Zuckerangebot (z. B. für Glucose (>0,1 g L^{-1}), wird mehr Zucker aufgenommen, gleichzeitig wirkt die Atmung limitierend (Sonnleiter 1997). Derjenige Anteil an Zucker, der nicht rein respiratorisch verstoffwechselt wird, kann über die Glykolyse umgesetzt werden. Dabei entsteht zwangsläufig das reduzierte Produkt Ethanol. Dieser Sachverhalt wird auch als „*Crabtree-Effekt*" bezeichnet.

$C_6H_{12}O_6$ + 0,25 O_2 →
Glucose + Sauerstoff

→ 1,92 C_2H_5OH + 2,16 CO_2 + 0,25 H_2O
Ethanol + Kohlendioxid + Wasser
+ Wärme (–H° = –1,08kJ/g)

Die Biomasseausbeute wird durch die Ethanolbildung verringert.

3.4.1.4 Oxidativer Stoffwechsel auf Ethanol

Hefen vom Typ *Saccharomyces* können Ethanol auch als Substrat verwerten, allerdings nur dann, wenn im respiratorischen Flaschenhals für Ethanol noch Platz ist, also bei subkritischer Glucoseaufnahme. Diese Affinität zu zwei Substraten wird als *diauxisches Wachstum* bezeichnet.

C_2H_5OH + 3 O_2 →
Ethanol + Sauerstoff

→ 2 CO_2 + 3 H_2O
Kohlendioxid + Wasser
+ Wärme (–H° = –29,7kJ/g)

Wird Ethanol als Substrat genutzt, stellt die Oxidation des Ethanols im Metabolismus der Zellen die einzige Möglichkeit der Energiegewinnung dar, sodass bei Verminderung des Sauerstoffangebotes auch die Wachstumsrate zurückgeht und unter strikt anaeroben Bedingungen überhaupt kein Ethanolwachstum mehr möglich ist.

3.4.1.5 Pasteureffekt, reduktiver Stoffwechsel auf Glucose

Die von Pasteur (1861) schon im vorigen Jahrhundert unternommenen Untersuchungen zur Alkoholbildung von Hefe beeinflussten nachhaltig die weiteren Forschungsarbeiten auf dem Gebiet der Stoffwechselregulation. Pasteur entdeckte, dass die Gärung unter Sauerstoffeinfluss gehemmt wird. Diese Unterdrückung der Gärung durch Sauerstoff wird als „*Pasteur-Effekt*" bezeichnet.

S. cerevisiae ist somit in der Lage, Glucose unter strikt anaeroben Bedingungen zu verstoffwechseln. Die anaerobe Verdopplungszeit auf Glucose liegt weit über der aeroben, die Energieausbeute bei reduktivem Stoffwechsel fällt geringer als aerob aus. Ein Großteil der anaerob aufgenommenen Glucose wird katabolisiert und in Form von Ethanol und Kohlendioxid extrazellulär ausgeschieden. Die anaerobe Gärung läuft schematisch nach folgender Gleichung ab:

$C_6H_{12}O_6$ →
Glucose

→ 2 C_2H_5OH + 2 CO_2 + 2 ATP
Ethanol + Kohlendioxid + ATP
+ Wärme (–H° = –0,46kJ/g)

Pasteur stellte ebenfalls fest, dass Hefe unter aeroben Bedingungen etwa 20mal mehr Zellsubstanz bildet als unter anaeroben Bedingungen.

Aus diesen Stoffwechseleigenschaften der Hefe lassen sich unmittelbar verschiedene Prozessführungsstrategien ableiten. Um z. B. möglichst hohe Hefe-Ausbeuten zu erzielen, ist ein aerobes Zulauf-Satz-Verfahren (*fed-batch*) mit Zugabe von Glucose sinnvoll. Auf diese Weise kann auch zu

Beginn der Kultivierung mit niedrigen Glucosekonzentrationen gearbeitet werden, um die Ethanolproduktion aufgrund des Crabtree-Effektes zu vermeiden, wie sie bei einem Satz-Betrieb (*batch*) mit hohen anfänglichen Glucosekonzentrationen auftreten würde. Die Begasungsintensität wird der steigenden Biomassekonzentration im Reaktor angepasst, um stets einen aeroben Prozessverlauf zu garantieren.

3.4.2 Unstrukturiertes Wachstumsmodell für *Saccharomyces cerevisiae*

Im Folgenden wird ein kinetischer Ansatz zur Beschreibung des Wachstums von *Saccharomyces cerevisiae* basierend auf einem Vorschlag von Bergter und Knorre (1972) vorgestellt (vgl. Bodenschatz 2002). Im Gegensatz zu dem vorherigen Beispiel, bei dem jeweils einzelne Effekte durch Modellgleichungen beschrieben wurden, sollen die folgenden Gleichungen alle relevanten Effekte für *S. cerevisiae* erfassen (siehe Abb. 3.8) und zudem eine geschlossene Massenbilanz gewährleisten.

3.4.2.1 Wachstumskinetik

Die spezifische Wachstumsrate μ [h^{-1}] wird gemäß Gl. (3.8) in Abhängigkeit von limitierenden Substraten (Glucose c_{Glc}, Sauerstoff p_{O_2}, Ethanol c_{Eth}) und inhibierenden Metaboliten (Ethanol) beschrieben. Die Symbole werden zusammenfassend in Tab. 3.3 erläutert (siehe Seite 46).

Unter aeroben Bedingungen findet nach Bergter und Knorre (1972) bei kontinuierlich geführten Kultivierungen mit niedrigen Verdünnungsraten $D < 0{,}2\ h^{-1}$ ausschließlich oxidatives Wachstum statt (Gl. 3.17). Bei kontinuierlich geführten Kultivierungen mit Verdünnungsraten $D > 0{,}2\ h^{-1}$ oder im *batch*-Betrieb (hohe Glucosekonzentrationen) erfolgt das Wachstum unter Crabtree-Effekt (Gl. 3.18). Die in beiden Fällen verwendete Schaltfunktion *SW* gibt den Einfluss der Verdünnungsrate auf das aerobe Wachstum, beim *batch* und bei kontinuierlich geführter Kultur (Chemostat), wieder (Gl. 3.19).

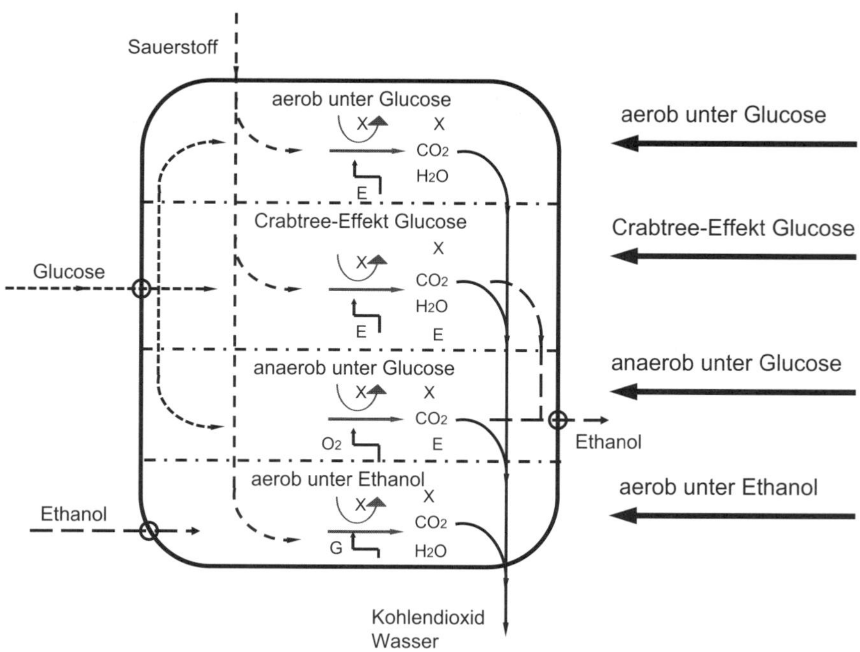

Abb. 3.8 Aufbau des unstrukturierten Wachstumsmodells von *S. cerevisiae* Mit X: Biomasse, G: Glucose, E: Ethanol

Bei kontinuierlich geführten Kultivierungen mit einer Verdünnungsrate von $0\ h^{-1} < D \leq 0{,}2\ h^{-1}$ erfolgt bei entsprechend niedrigen Glucosekonzentrationen ausschließlich aerobes Wachstum auf Glucose. In *batch*-Kulturen wurde dagegen ein rein oxidatives Wachstum von *S. cerevisiae* bisher nicht beobachtet. Dies ist im Wesentlichen darauf zurückzuführen, dass das Zeitintervall, in dem die Glucosekonzentration entsprechend niedrig aber die Glucose noch nicht vollständig verbraucht ist, so kurz ist, dass eine Umstellung im Stoffwechsel nicht offensichtlich wird.

Das anaerobe Wachstum unter Glucose wird ausschließlich von Sauerstoff inhibiert (Gl. 3.20). Hier wurde die Grundgleichung (Gl. 3.6) um den Term KR_{O_2} (Gl. 3.21) ergänzt, der es ermöglicht, die resultierende Steigung zu variieren. Die Zeitkonstante T_3 in Gl. (3.21) gibt die Zeit wieder, bei der die Wachstumsrate 63 % ihres durch die vorgeschaltete Kinetik definierten Wertes erreicht.

Das Wachstum auf der Basis von Ethanol findet nur unter Anwesenheit von Sauerstoff und strikter Abwesenheit von Glucose statt (Gl. 3.22 und Gl. 3.23).

aerobes Wachstum auf Glucose im Chemostat bei Verdünnungsraten $D < 0{,}2\ h^{-1}$

$$\mu_{aerob}^{Glc} = \mu_{\max,aerob}^{Glc} \frac{c_{Glc}}{k_{S,Glc,aerob} + c_{Glc}} \frac{pO_2}{k_{S,O_2,aerob} + pO_2} \frac{k_{1,Eth,aerob}}{k_{1,Eth,aerob} + c_{Eth}} \left(1 - e^{-\frac{t}{T_1}}\right) \cdot SW_{Glc,aerob} \tag{3.17}$$

aerobes Wachstum auf Glucose im Batch und im Chemostat bei Verdünnungsraten $D > 0{,}2\ h^{-1}$

$$\mu_{crab}^{Glc} = \mu_{\max,crab}^{Glc} \frac{c_{Glc}}{k_{S,Glc,crab} + c_{Glc}} \frac{pO_2}{k_{S,O_2,crab} + pO_2} \frac{k_{I,Eth,crab}}{k_{I,Eth,crab} + c_{Eth}} \left(1 - e^{-\frac{t}{T_2}}\right) \cdot SW_{Glc,crab} \tag{3.18}$$

$$\left\{ \begin{array}{l} Chemostat\ 0\,h^{-1} < D \leq 0{,}2\,h^{-1} \rightarrow SW_{Glc,aerob} = 1 \wedge SW_{Glc,crab} = 0 \\ Batch\ und\ Chemostat\ D > 0{,}2\,h^{-1} \rightarrow SW_{Glc,aerob} = 0 \wedge SW_{Glc,crab} = 1 \end{array} \right\} \tag{3.19}$$

anaerobes Wachstum auf Glucose

$$\mu_{anaerob}^{Glc} = \mu_{\max,anaerob}^{Glc} \frac{c_{Glc}}{k_{S,Glc,anaerob} + c_{Glc}} KR_{O_2} \tag{3.20}$$

mit

$$\frac{dKR_{O_2}}{dt} = \frac{1}{T_3} \left(\frac{k_{I,O_2,anaerob}}{k_{I,O_2,anaerob} + pO_2} - KR_{O_2} \right) \tag{3.21}$$

Wachstum auf Ethanol bei Anwesenheit von Sauerstoff und strikter Abwesenheit von Glucose

$$\mu_{aerob}^{Eth} = \mu_{\max,aerob}^{Eth} \frac{c_{Eth}}{k_{S,Eth,aerob} + c_{Eth}} \frac{pO_2}{k_{S,O_2,aerob} + pO_2} \cdot KR_E \tag{3.22}$$

mit

$$\frac{dKR_E}{dt} = \frac{1}{T_4} \left(\frac{k_{I,Eth,aerob}}{k_{I,Eth,aerob} + c_{Eth}} - KR_E \right) \tag{3.23}$$

3.4.2.2 Metabolitenumsatzraten

Die Substrate (Glucose, Ethanol und Sauerstoff) werden zum Aufbau von Biomasse und dem parallel dazu verlaufenden Energiestoffwechsel benötigt. Für die Glucoseaufnahmerate $q_{Glc,aerob}$ unter aeroben Wachstumsbedingungen gilt:

$$q_{Glc,aerob} = \frac{1}{Y_{X/Glc,aerob}} \mu_{aerob}^{Glc} \tag{3.24}$$

mit der Kohlendioxidbildungsrate $q_{CO_2,aerob}^{Glc}$:

$$q_{CO_2,aerob}^{Glc} = Y'_{CO_2/Glc,aerob}\, q_{Glc,aerob}\left(1 - Y_{X/Glc,aerob}\right) \tag{3.25}$$

der Sauerstoffverbrauchsrate $q_{O_2,aerob}^{Glc}$:

$$q_{O_2,aerob}^{Glc} = q_{CO_2,aerob}^{Glc} \frac{32}{44\, RQ_{aerob}^{Glc}} \tag{3.26}$$

der Wasserbildungsrate $q_{H_2O,aerob}^{Glc}$:

$$q_{H_2O,aerob}^{Glc} = Y'_{H_2O/Glc,aerob}\, q_{Glc,aerob}\left(1 - Y_{X/Glc,aerob}\right) \tag{3.27}$$

und der Wärmeproduktionsrate $q_{Q,aerob}^{Glc}$:

$$q_{Q,aerob}^{Glc} = Y'_{Q/Glc,aerob}\, q_{Glc,aerob}\left(1 - Y_{X/Glc,aerob}\right). \tag{3.28}$$

Die Glucoseaufnahmerate unter Crabtree-Effekt $q_{Glc,crab}$ definiert sich zu:

$$q_{Glc,crab} = \frac{1}{Y_{X/Glc,crab}} \mu_{crab}^{Glc} \tag{3.29}$$

mit der Kohlendioxidbildungsrate $q_{CO_2,crab}^{Glc}$:

$$q_{CO_2,crab}^{Glc} = Y'_{CO_2/Glc,crab}\, q_{Glc,crab}\left(1 - Y_{X/Glc,crab}\right) \tag{3.30}$$

der Sauerstoffverbrauchsrate $q_{O_2,crab}^{Glc}$:

$$q_{O_2,crab}^{Glc} = q_{CO_2,crab} \frac{32}{44\, RQ_{crab}} \tag{3.31}$$

der Wasserbildungsrate $q_{H_2O,crab}^{Glc}$:

$$q_{H_2O,crab}^{Glc} = Y'_{H_2O/Glc,crab}\, q_{Glc,crab}\left(1 - Y_{X/Glc,crab}\right) \tag{3.32}$$

der Ethanolbildungsrate $q_{p,Eth,crab}^{Glc}$:

$$q_{p,Eth,crab}^{Glc} = Y'_{Eth/Glc,crab}\, q_{Glc,crab}\left(1 - Y_{X/Glc,crab}\right) \tag{3.33}$$

und der Wärmeproduktionsrate $q_{Q,crab}^{Glc}$:

$$q_{Q,crab}^{Glc} = Y'_{Q/Glc,crab}\, q_{Glc,crab}\left(1 - Y_{X/Glc,crab}\right). \tag{3.34}$$

Die anaerobe Glucoseaufnahmerate $q_{Glc,anaerob}$ lässt sich darstellen mit:

$$q_{Glc,anaerob} = \frac{1}{Y_{X/Glc,anaerob}} \mu_{anaerob}^{Glc} \tag{3.35}$$

der dazu proportionalen Kohlendioxidbildungsrate $q_{CO_2,anerob}^{Glc}$:

$$q_{CO_2,anaerob}^{Glc} = Y'_{CO_2/Glc,anaerob}\, q_{Glc,anaerob}\left(1 - Y_{X/Glc,anaerob}\right) \tag{3.36}$$

sowie der Ethanolbildungsrate $q_{Eth,anaerob}^{Glc}$:

$$q_{p,Eth,anaerob}^{Glc} = Y'_{Eth/Glc,anaerob}\, q_{Glc,anaerob}\left(1 - Y_{X/Glc,anaerob}\right) \tag{3.37}$$

und der Wärmeproduktionsrate $q_{Q,anaerob}^{Glc}$:

$$q_{Q,anaerob}^{Glc} = Y'_{Q/Glc,anaerob}\, q_{Glc,anaerob}\left(1 - Y_{X/Glc,anaerob}\right). \tag{3.38}$$

Das unter Crabtree-Effekt und anaeroben Bedingungen produzierte Ethanol kann unter strikt aeroben Bedingungen verstoffwechselt werden. Die Ethanolaufnahmerate $q_{Eth,aerob}$ ergibt sich nach Gl. 3.12 zu:

$$q_{Eth,aerob} = \frac{1}{Y_{X/Eth,aerob}} \mu_{aerob}^{Eth}, \tag{3.39}$$

wobei der Erhaltungsterm vernachlässigt wurde. Für die Kohlendioxidbildungsrate $q_{CO_2,aerob}^{Eth}$ gilt:

$$q_{CO_2,aerob}^{Eth} = Y'_{CO_2/Eth,aerob}\, q_{Eth,aerob}\left(1 - Y_{X/Eth,aerob}\right) \tag{3.40}$$

mit der Sauerstoffverbrauchsrate $q_{O_2,aerob}^{Eth}$:

$$q_{O_2,aerob}^{Eth} = q_{CO_2,aerob}^{Eth} \frac{32}{44\, RQ_{aerob}^{Eth}} \tag{3.41}$$

der Wasserbildungsrate $q_{H_2O,aerob}^{Eth}$:

$$q_{H_2O,aerob}^{Eth} = Y'_{H_2O/Eth,aerob}\, q_{Eth,aerob}\left(1 - Y_{X/Eth,aerob}\right) \tag{3.42}$$

und der Wärmeproduktionsrate $q_{Q,aerob}^{Eth}$:

$$q_{Q,aerob}^{Eth} = Y'_{Q/Eth,aerob}\, q_{Eth,aerob}\left(1 - Y_{X/Eth,aerob}\right). \tag{3.43}$$

Zusammenfassend ergibt sich für das Zellwachstum die Gesamtrate aus:

$$\mu = \left[\left(\mu_{aerob}^{Glc} + \mu_{anaerob}^{Glc} + \mu_{crab}^{Glc} + \mu_{aerob}^{Eth} \right) KF_{rx} \right] - r_d \, . \quad (3.44)$$

In Gl. (3.44) wird neben den verschiedenen Wachstumsraten auch die Tatsache berücksichtigt, dass ein Teil der Zellen die Möglichkeit verliert, sich zu reproduzieren. Durch die Einführung der Deaktivierungsrate r_d kann die Abnahme der Zellaktivität proportional zur vorhandenen Biomasse einfach modelliert werden. Eine Differenzierung in physikalisch defekte (z. B. durch Lyse verursacht) oder nur stoffwechselinaktive aber physikalisch intakte Zellen, ist aufgrund der Komplexität biologischer Systeme und der fehlenden Analysemöglichkeit im vorliegenden Modell nicht möglich (Sinclair und Kristiansen 1993). Der Einfluss der Temperatur auf das Wachstumsverhalten der Kultur wird in Gl. (3.44) durch den temperaturabhängigen Korrekturfaktor KF_{rx} modelliert.

Neben der Wachstumsrate ergibt sich für die Glucoseumsatzrate:

$$q_{Glc} = \left(q_{Glc,aerob} + q_{Glc,anaerob} + q_{Glc,crab} \right) KF_{rx} \quad (3.45)$$

für die Ethanolumsatzrate:

$$q_{Eth} = \left(q_{Eth,aerob} - q_{p,Eth,anaerob}^{Glc} - q_{p,Eth,crab}^{Glc} \right) KF_{rx} \quad (3.46)$$

die Kohlendioxidumsatzrate:

$$q_{CO_2} = \left(q_{CO_2,aerob}^{Glc} + q_{CO_2,anaerob}^{Glc} + q_{CO_2,crab}^{Glc} + q_{CO_2,aerob}^{Eth} \right) KF_{rx} \, . \quad (3.47)$$

die Sauerstoffumsatzrate:

$$q_{O_2} = \left(q_{O_2,aerob}^{Glc} + q_{O_2,crab}^{Glc} + q_{O_2,aerob}^{Eth} \right) KF_{rx} \quad (3.48)$$

die Rate zur Bildung von Wasser:

$$q_{H_2O} = \left(q_{H_2O,aerob}^{Glc} + q_{H_2O,crab}^{Glc} + q_{H_2O,aerob}^{Eth} \right) KF_{rx} \quad (3.49)$$

und abschließend die Rate der mikrobiellen Wärmeproduktion:

$$q_Q = \frac{h}{3600\,s} \left(q_{Q,aerob}^{Glc} + q_{Q,anaerob}^{Glc} + q_{Q,crab}^{Glc} + q_{Q,aerob}^{Eth} \right) KF_{rx} \, . \quad (3.50)$$

3.4.2.3 Verifizierung des Modells

Zur Vervollständigung des biologischen Modells ist neben der Kinetik, den Umsatzraten und der Beschreibung des Energiestoffwechsels die Einführung eines Differentialgleichungssystems notwendig. Die gute Übereinstimmung zwischen Experiment und Modell zeigt Abb. 3.9. Die dabei verwendeten Werte für die vorab eingeführten Parameter decken sich weitestgehend mit Literaturangaben (Tab. 3.3). Somit steht mit diesem Modellansatz für die Kultivierung von *Saccharomyces cherevisiae* eine auch im Hinblick auf die Massenbilanz geschlossene Modellstruktur zur Verfügung.

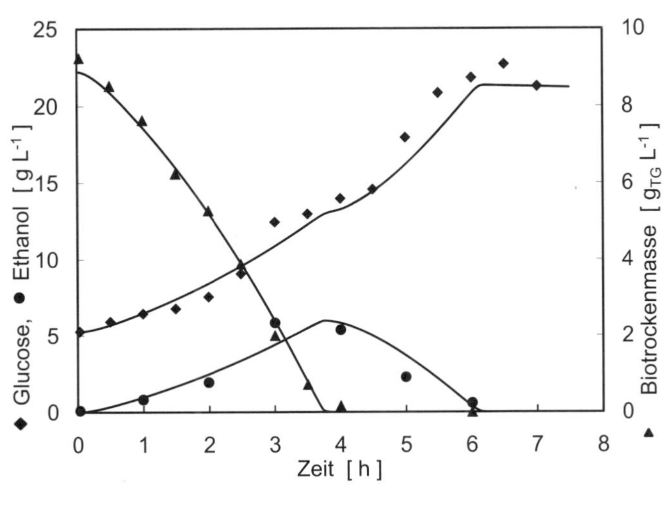

Abb. 3.9 *batch*-Kultur von *Saccharomyces cerevisiae* auf Glucose – Vergleich Experiment – Modell (nach Bodenschatz 2002)

Tabelle 3.3 Parameterwerte im biologischen Modell für *Saccharomyces cerevisiae*, Teil 1

Parameter	Symbol	Einheit	Bodenschatz (2002)	Literaturwerte, zusammengestellt von Bodenschatz (2002)
max. spez. Wachstumsrate zur Bildung von Biomasse	$\mu^{Glc}_{max,aerob}$	h^{-1}	0,5	0,35
max. spez. Wachstumsrate zur Bildung von Biomasse	$\mu^{Glc}_{max,crab}$	h^{-1}	0,34	0,42
max. spez. Wachstumsrate zur Bildung von Biomasse	$\mu^{Glc}_{max,anaerob}$	h^{-1}	0,25	0,15
max. spez. Wachstumsrate zur Bildung von Biomasse	$\mu^{Eth}_{max,aerob}$	h^{-1}	0,36	0,2
Halbsättigungskonstante	$k_{S,Glc,aerob}$	$kg\ m^{-3}$	0,1	0,5
Halbsättigungskonstante	$k_{S,Glc,crab}$	$kg\ m^{-3}$	0	–
Halbsättigungskonstante	$k_{S,Glc,anaerob}$	$kg\ m^{-3}$	0,1	0,5
Halbsättigungskonstante	$k_{S,O_2,aerob}$	Vol-%	30	10
Halbsättigungskonstante	$k_{S,O_2,crab}$	Vol-%	30	10
Halbsättigungskonstante	$k_{S,Eth,aerob}$	$kg\ m^{-3}$	0,1	0,5
Inhibierungskonstante	$k_{I,Eth,aerob}$	$kg\ m^{-3}$	46	46
Inhibierungskonstante	$k_{I,Eth,crab}$	$kg\ m^{-3}$	46	46
Inhibierungskonstante	$k_{I,O_2,anaerob}$	Vol-%	10	10
Zeitkonstante	T_1	h	0,2	1,5
Zeitkonstante	T_2	h	0,2	1,5
Zeitkonstante	T_3	h	0,2	1,5
Spez. Deaktivierungskonstante	r_d	h^{-1}	0,005	0,05
Ausbeutekoeffizient für Biomasse aus Glucose	$Y_{X/Glc,aerob}$	$g\ g^{-1}$	0,56	0,8
Ausbeutekoeffizient für Biomasse aus Glucose	$Y_{X/Glc,crab}$	$g\ g^{-1}$	0,14	0,35
Ausbeutekoeffizient für Biomasse aus Glucose	$Y_{X/Glc,anaerob}$	$g\ g^{-1}$	0,15	0,15
Ausbeutekoeffizient für Biomasse aus Ethanol	$Y_{X/Eth,aerob}$	$g\ g^{-1}$	0,67	0,67
Spez. Ausbeutekoeffizient für Kohlendioxid aus Glucose	$Y'_{CO_2/Glc,aerob}$	$g\ g^{-1}$	1,46	1,46
Spez. Ausbeutekoeffizient für Kohlendioxid aus Glucose	$Y'_{CO_2/Glc,crab}$	$g\ g^{-1}$	0,53	0,53
Spez. Ausbeutekoeffizient für Kohlendioxid aus Glucose	$Y'_{CO_2/Glc,anaerob}$	$g\ g^{-1}$	0,48	0,48
Spez. Ausbeutekoeffizient für Kohlendioxid aus Ethanol	$Y'_{CO_2/Eth,aerob}$	$g\ g^{-1}$	1,9	1,9
Ausbeutekoeffizient für Ethanol aus Glucose	$Y_{Eth,Glc,anaerob}$	$g\ g^{-1}$	0,51	0,51

Tabelle 3.3 Parameterwerte im biologischen Modell für *Saccharomyces cerevisiae*, Teil 2

Parameter	Symbol	Einheit	Bodenschatz (2002)	Literaturwerte, zusammengestellt von Bodenschatz (2002)
Ausbeutekoeffizient für Ethanol aus Substrat	$Y_{Eth,Glc,crab}$	$g\ g^{-1}$	0,31	0,49
Respirationskoeffizient	RQ^{Glc}_{aerob}	$g\ g^{-1}$	1	1
Respirationskoeffizient	RQ^{Glc}_{crab}	$g\ g^{-1}$	9	9
Respirationskoeffizient	RQ^{Eth}_{aerob}	$g\ g^{-1}$	0,66	0,66
Ausbeutekoeffizient für Wasser aus Glucose für aerobes Wachstum	$Y'_{H_2O/Glc,aerob}$	$mol\ mol^{-1}$	6	6
Ausbeutekoeffizient für Wasser aus Glucose für aerobes Wachstum	$Y'_{H_2O/Glc,crab}$	$mol\ mol^{-1}$	0,25	6
Ausbeutekoeffizient für Wasser aus Ethanol für aerobes Wachstum	$Y'_{H_2O/Eth,aerob}$	$mol\ mol^{-1}$	3	3
Spez. Wärmeausbeutekoeff. bei aerobem Stoffwechsel auf Glucose	$Y'_{Q/Glc,aerob}$	$J\ kg^{-1}$	$15{,}6 \cdot 10^{-3}$	$15{,}6 \cdot 10^{-3}$
Spez. Wärmeausbeutekoeff. bei aerobem Stoffwechsel auf Glucose bei Crabtree-Effekt	$Y'_{Q/Glc,crab}$	$J\ kg^{-1}$	$1{,}08 \cdot 10^{-3}$	$1{,}08 \cdot 10^{-3}$
Spez. Wärmeausbeutekoeff. bei anaerobem Stoffwechsel auf Glucose	$Y'_{Q/Glc,anaerob}$	$J\ kg^{-1}$	$0{,}46 \cdot 10^{-3}$	$0{,}46 \cdot 10^{-3}$
Spez. Wärmeausbeutekoeff. bei aerobem Stoffwechsel auf Ethanol	$Y'_{Q/Eth,aerob}$	$J\ kg^{-1}$	$29{,}7 \cdot 10^{-3}$	$29{,}7 \cdot 10^{-3}$

3.5 Zellwachstum und Produktivität von Hybridoma-Zellen

In diesem Abschnitt 3.5 werden verschiedene Modellierungsansätze zur Beschreibung von Kultivierungen mit Hybridoma-Zellen auf wissenschaftlich anspruchsvollem Niveau diskutiert. Hiermit sollen insbesondere fortgeschrittenen Lesern Strategien der Prozessanalyse und Modellbildung näher gebracht werden, wie sie für Hybridoma-Zellen in der jüngeren Zeit eingesetzt wurden. Ziel ist es insbesondere darzustellen, wie sich aus einer phänomenologischen Prozessanalyse Ansätze zur Modellbildung ableiten lassen.

Die Kultivierung tierischer und humaner Zelllinien gehört zur stark wachsenden „roten Biotechnologie" (Ozturk und Hu 2006, Butler 2004, Schlegel et al. 2007). Die „rote Biotechnologie" umfasst Anwendungen in der Pharmaherstellung und Medizintechnik (Diagnostika, Impfstoffe, Therapeutika etc.) sowie die entsprechenden Technologien zu deren Entwicklung und Produktion. So werden monoklonale Antikörper (z. B. für die Onkologie), Medikamente aus rekombinanten Zellen (z. B. Erythropoietin gegen Anämie) oder virale Impfstoffe großtechnisch in Bioreaktoren bis zu 15 000 L Fassungsvermögen hergestellt. Im Folgenden werden beispielhaft kinetische Modelle für Hybridoma-Zellen diskutiert. Hybridoma-Zellen werden zur Gewinnung monoklonaler Antikörper genutzt. Für sie wurden in der wissenschaftlichen Literatur eine Vielzahl von Modellansätzen beschrieben (vgl. Pörtner und Schäfer 1996, Zeng und Bi 2006).

Die hohen Ansprüche tierischer Zellen an das Wachstumsmedium haben zur Entwicklung einer Vielzahl von Medienformulierungen geführt

(Ozturk und Hu 2006, Butler 2004). Neben einer ausgewogenen Salzlösung enthalten die Medien Glucose und Glutamin als Kohlenstoffquellen, weitere essentielle und nicht essentielle Aminosäuren, Vitamine, Mineralsalze und Spurenelemente. Dem Grundmedium wird vielfach Serum in Konzentrationen bis zu 10 % (fötales Kälberserum [FCS] oder Pferdeserum [HS]) zugesetzt. Aufgrund zahlreicher Nachteile serumhaltiger Medien werden heute vorzugsweise serum- oder proteinfreie Medien, z. T. chemisch definiert, verwendet.

Glucose kann über Glykolyse umgesetzt oder über den Pentose-Phosphat-Weg zum Aufbau von Nukleotiden verwendet werden. Dabei entsteht Laktat als wesentlicher Metabolit. Glutamin wird entweder direkt zur Synthese von Proteinen genutzt, zu Glutamat oder Aspartat umgewandelt oder auf verschiedenen Wegen im Zitratzyklus abgebaut. Als wesentlicher Metabolit bei der Umsetzung von Glutamin entsteht Ammonium. Der Anteil an Energie, der den Zellen durch den Abbau von Glucose oder Glutamin zur Verfügung gestellt wird, schwankt je nach Zelltyp und Wachstumsbedingungen. Die Aufnahmeraten für Glucose und Glutamin sowie die Ausbeutekoeffizienten für Laktat und Ammonium werden auch durch die Konzentrationen beider Komponenten im Medium bestimmt (Gódia und Cairó 2006). Ammonium und Laktat, die wesentlichen Metabolite, können insbesondere bei hochdichten Zellkulturen inhibierend wirken und müssen durch geeignete Maßnahmen aus dem Zellkulturmedium abgetrennt werden.

In Abb. 3.10 ist beispielhaft eine *batch*-Kultivierung einer Hybridoma-Zelllinie dargestellt. Die Auswertung eines derartigen Kultivierungsverlaufs wird in Kap. 5 ausführlich diskutiert.

Die Erstellung von kinetischen Modellen für Hybridoma-Zellen wird durch die Tatsache erschwert, dass der Zellmetabolismus und die Reaktion der Zellen auf wechselnde Milieubedingungen bislang nicht ausreichend verstanden worden sind. Die Mehrzahl der Modelle ist unstrukturiert, auch wenn es einige Ansätze für strukturierte Modelle gibt (zusammengefasst bei Zeng und Bi [2006]). Im Folgenden werden exemplarisch einige der wesentlichen Phänomene, die bei der Erstellung von kinetischen Modellen für Hybridoma-Zellen auftreten, diskutiert. Ziel ist es,

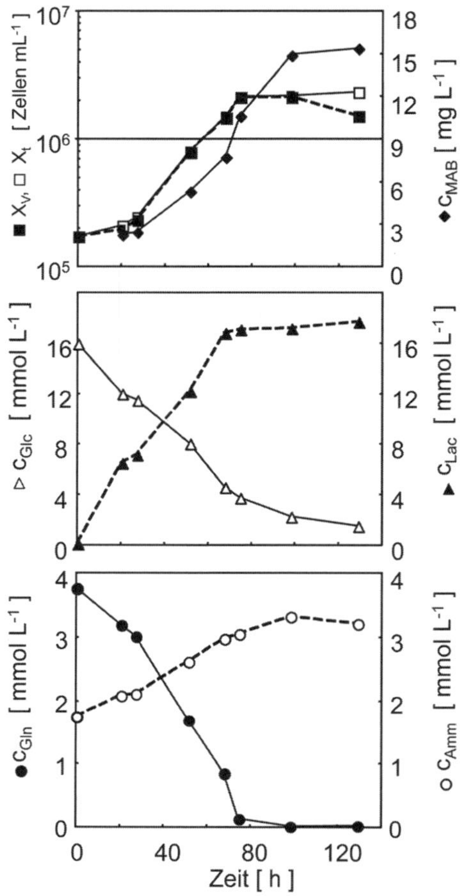

Abb. 3.10 Typischer Vorlauf der *batch*-Kultur einer Hybridoma-Zelllinie. X_V: Lebend-Zellkonzentration; X_t: Gesamt-Zellkonzentration, c_{MAb}: Antikörper-Konzentration, c_{Glc}: Glucosekonzentration, c_{Gln}: Glutaminkonzentration, c_{Lac}: Lactatkonzentration, c_{Amm}: Ammoniumkonzentration

ein Verständnis für die Komplexität der metabolischen Zusammenhänge zu schaffen und Lösungsansätze für einige spezielle Probleme herauszuarbeiten.

3.5.1 Zellspezifische Wachstumsrate bei Substratlimitierung

Trotz der Komplexität des Mediums wird der Einfluss der Substratkonzentration auf die zellspezifische Wachstumsrate in den meisten Fällen anhand der Glutamin- und/oder Glucosekonzentration ausgedrückt. Glutamin und Glucose stellen die Hauptnährstoffkomponenten dar und ihre Konzentrationen sind analytisch wesentlich einfacher, z. T. sogar online, zu bestimmen als etwa die Aminosäuren-Konzentrationen. Häufig wurden Substratlimitierung und Metaboliteninhibierung gekoppelt (vgl. Gl. 3.8). Tab. 3.4 stellt maximale Wachstumsraten μ_{max} und Halbsättigungskonstanten k_S verschiedener Autoren gegenüber. Bei einem Vergleich ist zu berücksichtigen, dass einige die Wachstumsrate als Funktion eines Substrates (Glutamin oder Glucose) beschrieben (Pörtner et al. 1996, Dalili et al. 1990, Frame und Hu 1991b, Glacken et al. 1989). Andere formulierten ein komplexeres Modell zu Substratlimitierung durch Glucose und/oder Glutamin und Metaboliteninhibierung durch Laktat und/oder Ammonium und ermittelten Halbsättigungs- bzw. Inhibierungskonstanten durch Parameteridentifikation im Gesamtmodell (Miller et al. 1988, Bree et al. 1988, de Tremblay et al. 1992, 1993).

Auch wenn viele der beschriebenen Modelle überwiegend auf Glutamin und/oder Glucose basieren, müssen diese nicht zwangsläufig die limitierenden Komponenten sein. Gaertner und Dhurjati (1993) berücksichtigten dieses Problem, indem sie ein Modell auf der Basis der Konzentration an Basalmedium formulierten und somit die exakte Bestimmung der limitierenden Komponente umgingen. Die Serumkonzentration wurde lediglich von Dalili et al. (1990) und Glacken et al. (1989) berücksichtigt, obwohl bei vielen Untersuchungen serumhaltige Medien eingesetzt wurden. Dalili et al. (1990) definierten die maximale Wachstumsrate als abhängig von der Serumkonzentration. Glacken et al. (1989) betrachteten Serum als limitierendes Substrat, sodass die Anwendbarkeit dieses Modells auf serumhaltige Medien beschränkt ist.

Bei geringen Konzentrationen an Glutamin im Ausgangsmedium lagen die Halbsättigungskonstanten k_{Gln} für Glutamin bei sehr niedrigen Werten von 0,06 mmol L^{-1}. In Medien mit höheren

Tabelle 3.4 Maximale zellspezifische Wachstumsrate μ_{max}, Halbsättigungskonstanten k_{Glc} und k_{Gln} für Glucose und Glutamin, Zusammensetzung des Wachstumsmediums sowie Anfangskonzentrationen für Glucose ($c_{Glc,0}$) und Glutamin ($c_{Gln,0}$) verschiedener Autoren

Literatur	μ_{max} [h^{-1}]	k_{Glc} [mmol L^{-1}]	k_{Gln} [mmol L^{-1}]	Medium	$c_{Glc,0}$ [mmol L^{-1}]	$c_{Gln,0}$ [mmol L^{-1}]
de Tremblay et al. (1992)	0,045	1	0,3	DMEM, 10 % FCS	25	4
Frame und Hu (1991a)	0,063	0,034	–	DMEM-L, 10 % FCS	5,56	4
Bree et al. (1988)	0,125	–	0,8	DMEM, 5 % FCS	25	4
Kurokawa et al. (1994)	0,033	0,28	–	RDF, serum-free	var.	var.
Miller et al. (1988)	0,063	0,15	0,15	DMEM, 10 % FCS	22	4,8
Dalili et al. (1990)	0,056	–	0,06	RPMI, 20 % FCS	13,8	1,5
Linardos et al. (1991)	~ 0,04	–	–	DMEM, 1,5 % FBS	25	4,8
Gaertner et al. (1993)	0,043	–	–	DMEM, 10 % FCS	var.	var.
Glacken et al. (1989)	0,055	–	0,15	DMEM, 0,75-1 % FCS	25	4
Pörtner et al. (1996)	0,036	–	0,06	IMDM/Ham's F12, 3 %HS/FCS	17,5	4

Glutamin-Konzentrationen wurden höhere Werte ermittelt. Ähnliches gilt für Glucose: Bei niedrigen Konzentrationen im Ausgangsmedium ergab sich bei Frame und Hu (1991a,b) eine sehr niedrige Halbsättigungskonstante k_{Glc}; in Medien mit hoher Glucosekonzentration wurden höhere Werte gefunden. Es darf vermutet werden, dass bei hohen Glutamin- bzw. Glucosekonzentrationen im Medium andere, nicht berücksichtigte Komponenten limitierten, sodass sich „pseudo"-k_S-Werte in bezug auf Glucose und/oder Glutamin ergeben haben könnten. Unterschiede in der maximalen Wachstumsrate sind im Wesentlichen auf unterschiedliche Medienzusammensetzungen und Anteile an Serum zurückzuführen.

3.5.2 Inhibierung durch Ammonium

Von den beiden wesentlichen inhibierenden Metaboliten, Ammonium und Laktat, erreicht während einer Kultivierung in den meisten Fällen die Ammoniumkonzentration früher inhibierende Werte als die Laktatkonzentration. Daher sollen im Folgenden kinetische Ansätze zur Beschreibung der inhibierenden Wirkung von Ammonium ausführlicher diskutiert werden.

Die Auswirkung von Ammonium auf das Wachstum von Hybridoma-Zellen wurde häufig in statischen *batch*-Kulturen in T-Flaschen bei unterschiedlichen Ammoniumkonzentrationen im Medium untersucht. Beim Animpfen der Kulturen lag der pH-Wert bei ca. 7,4–7,5, um am Ende der exponentiellen Wachstumsphase noch im physiologischen Bereich (über pH 7,0) zu sein. Stellt man die unter vergleichbaren Bedingungen durchgeführten Untersuchungen verschiedener Autoren gegenüber, so findet man übereinstimmend bei Gesamtammoniumkonzentrationen von ca. 5–6 mmol L^{-1} eine Reduzierung der Wachstumsrate um 50 % (Pörtner 1998).

Auffällig ist der Einfluss des pH-Wertes auf die Sensitivität von Hybridoma-Zellen gegenüber Ammonium. Doyle und Butler (1990) beobachteten in Flaschenkulturen bei verschiedenen Anfangs-pH-Werten und Gesamtammoniumkonzentrationen eine Abnahme der kritischen Ammoniumkonzentration mit steigendem pH-Wert. Lüdemann et al. (1994) fanden in Flaschenkulturen bei einer Gesamtammoniumkonzentration von 5 mmol L^{-1} eine Abnahme der Wachstumsrate mit zunehmendem pH-Wert.

In wässrigen Lösungen setzt sich die analytisch bestimmte Gesamtkonzentration an Ammonium aus undissoziiertem NH_3 und dissoziiertem NH_4^+ zusammen:

$$NH_4^+ \leftrightarrow NH_3 + H^+$$

Das Dissoziationsgleichgewicht in Abhängigkeit vom pH-Wert wird durch die Henderson-Hasselbach-Gleichung beschrieben:

$$pH = pK + \log\left(\frac{c_{NH_3}}{c_{NH_4^+}}\right) \tag{3.51}$$

wobei c_{NH3} die Konzentration an undissoziiertem NH_3 und c_{NH4+} die Konzentration an dissoziiertem NH_4^+ bezeichnen. Der pK-Wert beträgt 9,27 bei einer Temperatur von 37 °C (Edwards et al. 1975). Für eine Gesamtammoniumkonzentration von 5 mmol L^{-1} liegen im Bereich von pH 6,5–7,5 mehr als 98 % in dissoziierter Form (als NH_4^+) vor. Während die NH_4^+-Konzentration in etwa konstant bleibt, steigt die Konzentration an undissoziiertem NH_3 um das 5-fache (von 0,017 auf 0,084 mmol L^{-1}).

Lüdemann et al. (1994) konnten für eine Hybridoma-Zellinie aus Versuchen mit unterschiedlichen Ammoniumkonzentrationen und pH-Werten eine Abhängigkeit der Wachstums- bzw. Absterberate vom undissoziierten NH_3 ableiten, nicht jedoch von der Gesamtammoniumkonzentration. Formelmäßig werden zwei Bereiche unterschieden. Das Wachstum wird erst ab einer kritischen Konzentration von 0,04 mmol L^{-1} NH_3 beeinträchtigt. Oberhalb dieser kritischen Konzentration gilt für die Wachstumsrate

$$\mu = \mu_{\max} \frac{k_{I,NH_3}}{\left(c_{NH_3} - c_{kr,NH_3}\right) + k_{I,NH_3}} \tag{3.52}$$

und für die Absterberate

$$\mu_D = k_{d,\min} \frac{\left(c_{NH_3} - c_{kr,NH_3}\right) + k_{d,NH_3}}{k_{d,NH_3}}, \tag{3.53}$$

jeweils als Funktion der Konzentration an undissoziiertem NH_3. Die Inhibierungskonstante $k_{I,NH3}$ betrug 0,055 mmol L^{-1}, die maximale spezifische

Wachstumsrate μ_{max} 0,036 h^{-1}, die minimale Absterberate $k_{d,min}$ 0,0023 h^{-1} und die Konstante $k_{d,NH3}$ 0,02 mmol L^{-1}.

Mit diesen Parametern beträgt die Wachstumsrate nach Gl. 3.52 bei einer NH_3-Konzentration von 0,095 mmol L^{-1} noch 50 % der maximalen Wachstumsrate. Bei pH 7,5 entspricht dies einer Gesamtammoniumkonzentration von 5,6 mmol L^{-1}. Dieser Wert stimmt gut mit den Gesamtammoniumkonzentrationen anderer Autoren bei vergleichbaren pH-Werten überein, bei denen die Wachstumsrate noch 50 % ihres Maximalwertes betrug. Der Ansatz von Lüdemann et al. (1994) erscheint demnach grundsätzlich auf andere Hybridoma-Zelllinien übertragbar.

3.5.3 Zellspezifische Substrataufnahme- und Metabolitenproduktionsraten

Die zellspezifischen Substrataufnahme- und Metabolitenproduktionsraten werden durch die Kulturbedingungen, Mediumszusammensetzung, Sauerstoffkonzentration etc. beeinflusst und sind neben Wachstums- und Absterberaten die entscheidenden Größen zur Modellierung des Zellmetabolismus. Die meisten der in der Literatur beschriebenen Untersuchungen zu zellspezifischen Substrataufnahme- und Metabolitenproduktionsraten wurden bei Substratlimitierung durchgeführt und modelliert. Eine Reihe von Veröffentlichungen berichten jedoch von einer Abnahme der zellspezifischen Umsatzraten während der exponentiellen Wachstumsphase, also in Konzentrationsbereichen, in denen noch keine Limitierung oder Inhibierung zu erwarten ist (Pörtner 1998). Im Folgenden werden daher Modelle für den Bereich der maximalen Wachstumsrate und den der Substratlimitierung getrennt diskutiert. Dabei wird vorausgesetzt, dass weder eine Sauerstofflimitierung noch eine Metaboliteninhibierung vorliegt.

3.5.3.1 Zellspezifische Substrataufnahme- und Metabolitenproduktionsraten in der exponentiellen Wachstumsphase

Wie bereits erwähnt, beschrieben verschiedene Autoren, dass die zellspezifischen Substrataufnahme- und Metabolitenproduktionsraten im Verlauf der exponentiellen Wachstumsphase einer *batch*-Kultur sanken, obwohl die Wachstumsrate konstant blieb (Pörtner 1998). Pörtner et al. (1994) beobachteten bei *repeated batch*-Experimenten eine Abnahme der zellspezifischen Glucoseaufnahmerate im Verlauf einer *batch*-Phase mit zunehmender Zellzahl und abnehmender Glucosekonzentration. Zwischen der zellspezifischen Glucoseaufnahmerate und der Glucosekonzentration ergab sich keine zufriedenstellende Korrelation. Bei Auftragung der zellspezifischen Glucoseaufnahmerate als Funktion der Zellkonzentration zeigte sich für Zellzahlen von ca. $2 \cdot 10^5$ Zellen mL^{-1} bis 10^6 Zellen mL^{-1}, wie sie üblicherweise während der exponentiellen Wachstumsphase auftreten, eine gute Bündelung der Messwerte, in die sich auch Daten anderer Autoren einfügten. Der Zusammenhang zwischen zellspezifischer Glucoseaufnahmerate q_{Glc} (mmol Zelle^{-1} h^{-1}) und Zellkonzentration X_v (Zellen mL^{-1}) lässt sich nach Pörtner et al. (1994) im Bereich der maximalen Wachstumsrate durch die Gleichung

$$q_{Glc} = A_1 - A_2 \log\left(\frac{X_v}{Zellen\ mL^{-1}}\right) \tag{3.54}$$

beschreiben. In Gl. (3.54) beträgt $A_1 = 2{,}6 \cdot 10^{-9}$ mmol Zelle^{-1} h^{-1}, $A_2 = 3{,}8 \cdot 10^{-10}$ mmol Zelle^{-1} h^{-1}. Für die zellspezifische Glutaminaufnahmerate q_{Gln}, Metabolitenproduktionsraten (Laktat q_{Lac}, Ammonium q_{Amm}) und die Antikörperproduktionsrate q_{MAb} ergaben sich die folgenden Verhältnisgleichungen (Pörtner 1998):

$$\begin{aligned} &\frac{q_{Gln}}{q_{Glc}} = 0{,}25; \frac{q_{Lac}}{q_{Glc}} = 1{,}6 \\ &\frac{q_{Amm}}{q_{Gln}} = 0{,}7; \frac{q_{MAb}}{q_{Glc}} = 1{,}4\ mg\ mmol^{-1} \end{aligned} \tag{3.55}$$

Gl. (3.54) und (3.55) erlauben zwar eine Abschätzung der zellspezifischen Substrataufnahme- und

Metabolitenproduktionsraten während der exponentiellen Wachstumsphase, sie beschreiben jedoch nicht das beobachtete Phänomen (Pörtner et al. 1994, Zeng and Bi 2006). Aufnahme- und Produktionsraten werden in der Zellkulturtechnik üblicherweise auf die Zellzahl bezogen, die einfach und genau zu bestimmen ist. Diese Vorgehensweise impliziert ein konstantes Volumen der Zellen. Frame und Hu (1990) fanden jedoch in *batch*-Kulturen zunächst eine Zunahme des Zellvolumens innerhalb der ersten 20 Stunden, im weiteren Verlauf nahm das Volumen wieder ab. Die Autoren gaben für das Trockengewicht einer Zelle einen Wert von ca. $1{,}95 \cdot 10^{-10}$ mg μm^{-3} unabhängig vom Zellvolumen an. Für die massenspezifische Glucoseaufnahmerate ergibt sich somit in der exponentiellen Wachstumsphase ein konstanter Wert von ca. 1,4 mmol g_{Zellen}^{-1} h^{-1}. Daraus ist zu schließen, dass der Rückgang der zellspezifischen Substrataufnahme- bzw. der Metabolitenproduktionsraten während der exponentiellen Wachstumsphase z. T. auf eine Abnahme des Zellvolumens zurückzuführen ist.

3.5.3.2 Zellspezifische Glucose- und Glutaminaufnahmeraten bei Substratlimitierung

Zellspezifische Substrataufnahmeraten für Glucose und Glutamin wurden im Bereich der Substratlimitierung häufig durch eine Abhängigkeit der zellspezifischen Raten von der zellspezifischen Wachstumsrate beschrieben (vgl. Tab. 3.5, nach Pörtner und Schäfer 1996). Hierzu wurde vielfach, ähnlich wie bei vielen Mikroorganismen, das „Maintenance-Energy-Model" nach Gl. (3.12) herangezogen. Miller et al. (1988) konnten die Aufnahmeraten für Glucose und Glutamin bei hohen Wachstumsraten gut mit einem derartigen Ansatz beschreiben. Bei niedrigen Wachstumsraten waren die gemessenen Aufnahmeraten für beide Komponenten niedriger als die berechneten. Bree et al. (1988) sowie deTremblay et al. (1992) beschrieben die Glutaminaufnahmerate ebenfalls nach Gl. (3.12), wobei der Erhaltungsterm wie bei Miller et al. (1988) gleich null ist. De Tremblay et al. (1992) koppelten im Fall von Glucose den Erhaltungsterm mit einem Monodansatz für die Glucosekonzentration. Linardos et al. (1991) erweiterten Gl. (3.12) um einen Term, der die Absterberate enthält. Dieser Ansatz muss jedoch kritisch betrachtet werden, da die zugrunde liegenden Daten nur einen sehr begrenzten Bereich abdeckten.

Harigae et al. (1994) modellierten ihre in Perfusionskulturen mit Zellrückhaltung gewonnenen Ergebnisse ebenfalls streng nach Gl. (3.12). Im Gegensatz zu Miller et al. (1988c) zeigte sich hier eine gute Anpassung bei niedrigen Wachstumsraten, während die zellspezifischen Aufnahmeraten insbesondere im Bereich der maximalen Wachstumsrate nicht mehr linear zunahmen, sondern überproportional anstiegen. Frame und Hu (1991) definierten zur Beschreibung dieses Phänomens für die Glucoseaufnahmerate eine kritische Wachstumsrate, ab der sich der Ausbeutekoeffizient ändert. Zusätzlich berücksichtigten sie den zur Antikörpersynthese erforderlichen Glucoseumsatz.

Gaertner et al. (1993) sowie Pörtner et al. (1996) drückten die Substrataufnahmerate als Funktion der Substratkonzentration aus (vgl. Gl. 3.13). Bei Pörtner et al. (1996) war Glutamin die limitierende Komponente, sodass die Glutaminaufnahmerate als Funktion der Glutaminkonzentration ausgedrückt wurde. Das Verhältnis von Glucose- zu Glutaminaufnahmerate war bei ihnen konstant. Gaertner et al. (1993) beschrieben die Glucoseaufnahmerate als Funktion der Glucosekonzentration.

3.5.3.3 Ausbeutekoeffizienten für Laktat und Ammonium

Laktat stammt im Wesentlichen aus der Umsetzung von Glucose, nur zum geringeren Teil aus dem Glutaminstoffwechsel. Typische Werte für Hybridoma-Zellen liegen im Bereich 1,1-1,7 mol Laktat pro mol Glucose. Ammonium stammt im Wesentlichen aus der Umsetzung von Glutamin. Die scheinbare Ausbeute von Ammonium aus Glutamin schwankte bei den in der Literatur beschriebenen Zelllinien zwischen 0,46 und 0,85 mol Ammonium pro mol Glutamin (Pörtner 1998).

Tabelle 3.5 Modellansätze zur Beschreibung der zellspezifischen Aufnahmeraten für Glucose und Glutamin bei Hybridoma-Zellen (nach Pörtner und Schäfer 1996)

Literatur	Gleichung	Substrat	$Y_{X,S}$ [10^8 Zellen mmol^{-1}]	m_S [10^{-10} mmol Zelle^{-1}h^{-1}]
Miller et al. (1988)	$\frac{\mu}{Y_{X,S}} + m_s$	Glc	2,80	0,50
Harigae et al. (1994)		Gln	5,88	0,51
		Gln	3,44	0,08
Hiller et al. (1991)		Glc	1,02	–
		Glc	16,9	1,56
Linardos et al. (1991)	$\frac{\mu}{Y_{X,S}} + m_s - e \cdot \mu_D$	Glc	5,93	1,96
		Glc	6,30	0,29
Frame und Hu (1991b)	$\frac{\mu}{\frac{1}{Y_{X,S}} - \frac{\beta}{Y_{P,S}}} + \frac{\alpha}{Y_{P,S}} - \frac{\mu_{min}}{Y_{X,S}}$	Glc	(*)	–
de Tremblay et al. (1992)	$\frac{\mu}{Y_{X,S}}$	Gln	3,80	–

e_{Glc} = 13,65*10^{-9} mmol Zelle^{-1}, e_{Gln} = 2*10^{-9} mmol Zelle^{-1}
(*) α = 0,00672 mg MAb pro Zelle pro h, β = 9,31×10^{-9} mg MAb pro Zelle, μ_{min} = 0,013 h^{-1}
$Y_{P,S}$ = 73,4 µg MAb pro mmol Glc, m_{crit} = 0,0429 h^{-1}
$\mu < \mu_{crit}$: $Y_{X,S}$ = 1,82*10^8 Zellen pro mmol, $\mu > \mu_{crit}$: $Y_{X,S}$ = 0,52*10^8 Zellen pro mmol

Literatur	Gleichung	Substrat	a [10^{-10} mmol Zelle^{-1} h^{-1}]	b [mmol L^{-1}]
de Tremblay et al. (1992)	$\frac{\mu}{Y_{X,c_s}} + \frac{a\,c_s}{b + c_s}$	Glc	0,07	19
Glacken et al. (1989)	$\frac{a\,c_s}{b + c_s}$	Gln	3,140	4
Pörtner et al. (1996)		Gln	0,68	0,2
Gaertner et al. (1993)		Glc	2,70	0,34
Kurokawa et al. (1994)		Glc	2,11	0,75
Kurokawa et al. (1994)	$a + b\,c_s$	Gln	0,44	0,25 (**)

(**) [10^{-10} l pro Zelle pro h]

3.5.4 Zellspezifische Produktionsraten für monoklonale Antikörper

Die Antikörperproduktivität verschiedener Zellinien unterscheidet sich erheblich sowohl in Bezug auf die Produktivität als auch hinsichtlich des Einflusses der Kulturbedingungen. Häufig wurde die zellspezifische Produktivität in Relation zur Wachstumsrate betrachtet. Dabei war sie z. T. unabhängig von der Wachstumsrate, nahm mit sinkender Wachstumsrate ab, aber auch zu (siehe Pörtner und Schäfer 1996). Die Antikörperproduktivität wird wesentlich von der Substratkonzentration (Glucose, Glutamin) beeinflusst. In den meisten Fällen wurden konstante oder abnehmende Antikörperproduktivitäten bei sinkender Substratkonzentration gefunden, es wurde aber auch eine deutliche Zunahme der Antikörperproduktivität mit abnehmender Glucose- und Glutaminkonzentration beobachtet. Toxische Metaboliten (Laktat, Ammonium) beeinflussten die Antikörperproduktivität. Zum Teil stieg bei *batch*-Kulturen die Antikörperkonzentration in der Absterbephase überproportional an. Für die beschriebenen Phänomene wurden verschiedene unstrukturierte Modelle formuliert.

Neben diesen unstrukturierten Modellen wurde eine Reihe strukturierter Modelle entwickelt. Eine Übersicht zu Modellgleichungen für die zellspezifische Antikörperproduktionsrate findet sich bei Pörtner und Schäfer (1996) sowie Zeng und Bi (2006).

3.5.5 Schlussfolgerungen

Die Bandbreite der dargestellten Modelle zu Wachstum und Metabolismus suspendierter Hybridoma-Zellen verdeutlicht die mit der kinetischen Beschreibung verbundene Problematik. Aus Gründen der Einfachheit und Handhabbarkeit wurden die Modelle vielfach auf ein oder zwei Substrate (Glucose und/oder Glutamin) gestützt. Dennoch müssen diese Substanzen nicht zwangsläufig limitierend sein, wie Modelle mit einem „Schwellenwert“ (Nullwachstum bei verbleibender Restkonzentration an Glucose und/oder Glutamin) zeigen. Die vorliegenden Daten lassen den Schluss zu, dass die Mediumszusammensetzung einen erheblichen Einfluss auf den Metabolismus und somit zwangsläufig auch auf die Kinetik haben kann. Die Vielzahl der Modelle trägt dem unterschiedlichen Metabolismus verschiedener Zellen Rechnung. Die Formulierung eines „generalisierten Modells“, durch das sich das Stoffwechselverhalten einer Vielzahl von Hybridoma-Zellen zumindest annäherungsweise beschreiben ließe, ist bisher nicht gelungen.

Ein Vergleich der Modellansätze zeigt aber auch, dass eine zu geringe Datenbasis zu falschen Schlussfolgerungen führen kann und Modellgleichungen nicht extrapoliert werden sollten. Die Versuche waren oftmals nicht breit genug angelegt. So wurden bei Chemostatexperimenten häufig nur wenige Verdünnungsraten eingestellt. Insbesondere bei niedrigen Verdünnungsraten, d. h. bei langen Verweilzeiten, hatten sich nicht in allen Fällen stationäre Zustände eingestellt. Die Mediumszusammensetzung variierten nur einige Autoren. Wechselwirkungen zwischen einzelnen Substraten fanden nur wenig Beachtung. Eine Reihe von Modellen wurde als Mehrkomponenten-Kinetik formuliert, die sowohl Terme für Limitierung durch Glucose und/oder Glutamin als auch für Inhibierung durch Laktat und/oder Ammonium umfassten. Die Modellparameter wurden z. T. anhand einiger weniger Daten bestimmt. Insbesondere die auf diese Art und Weise ermittelten Inhibierungskonstanten für Laktat und Ammonium unterscheiden sich erheblich von denen, die in separaten Versuchen zur Inhibierung ermittelt wurden. Bislang fehlen Untersuchungen mit gezielter Überlagerung von Substratlimitierung und Metaboliteninhibierung.

Insgesamt sind Versuche gefordert, die ein größeres Spektrum von Versuchsbedingungen abdecken (sehr zeitintensiv). *batch*-Kulturen erlauben zwar die Bestimmung der maximalen Wachstumsrate, geben jedoch wenige Informationen zum Einfluss von Substratlimitierung und Metaboliteninhibierung auf die zellspezifischen Wachstums- und Absterberaten. Für kinetische Untersuchungen wurden überwiegend Chemostatversuche herangezogen, da sich unter stationären Bedingungen gesicherte Daten gewinnen lassen. Allerdings lässt sich hiermit nicht der gesamte Bereich an möglichen Wachstumsraten ($0 < \mu > \mu_{max}$) abdecken. Bei hohen Durchflüssen kommt es zum Auswaschen der suspendierten Zellen, bei sehr niedrigen sind lange Verweilzeiten erforderlich, um stationäre Zustände zu erzielen. Zudem kommt es hier häufig zu Instabilitäten. Daten bei sehr niedrigen Substratkonzentrationen lassen sich z. B. aus *fed-batch*-Kulturen gewinnen.

Auch wenn unstrukturierte Modelle im Gegensatz zu strukturierten nur bedingt Rückschlüsse auf den Metabolismus der Zellen erlauben, sind sie doch ein nützliches Werkzeug für die Prozessauslegung und -steuerung. Hierauf wird in Kap. 4 noch ausführlich eingegangen.

Symbolverzeichnis Kapitel 3

c	[g L^{-1}] / [mmol L^{-1}]	Konzentration
c_P	[g L^{-1}] / [mmol L^{-1}]	Produktkonzentration
c_S	[g L^{-1}] / [mmol L^{-1}]	Substratkonzentration
h	[E.H.M. L^{-1}]	rel. Hemmstoffkonzentration
$H_{\min}$	[E.H.M. L^{-1}]	unterer Schwellwert rel. Hemmstoffkonzentration
$H_{\max}$	[E.H.M. L^{-1}]	oberer Schwellwert rel. Hemmstoffkonzentration
k_d	[h^{-1}]	Absterbekonstante
$k_{I,P}$	[g L^{-1}]	Inhibierungskonstante für Produktinhibierung
$k_{I,S}$	[g L^{-1}]	Inhibierungskonstante für Substratinhibierung
k_S	[g L^{-1}]	Halbsättigungskonstante für Substratlimitierung (Monod-Kinetik)
$k_{S,Glc,aerob}$	[kg m^{-3}]	Halbsättigungskonstante (aerob, Glucoselimitierung)
$k_{S,Glc,crab}$	[kg m^{-3}]	Halbsättigungskonstante (aerob, Crabtree)
$k_{S,Glc,anaerob}$	[kg m^{-3}]	Halbsättigungskonstante (Glucose, anaerob)
$k_{S,O_2,aerob}$	[Vol-%]	Halbsättigungskonstante (aerob, Sauerstofflimitierung)
$k_{S,O_2,crab}$	[Vol-%]	Halbsättigungskonstante (aerob, Sauerstofflimitierung, Crabtee)
$k_{S,Eth,aerob}$	[kg m^{-3}]	Halbsättigungskonstante (aerob, Ethanol)
$k_{I,Eth,aerob}$	[kg m^{-3}]	Inhibierungskonstante (aerob, Ethanol)
$k_{I,Eth,crab}$	[kg m^{-3}]	Inhibierungskonstante (aerob, Ethanol, Crabtree)
$k_{I,O_2,anaerob}$	[kg m^{-3}]	Inhibierungskonstante (anaerob, Sauerstoff)
m_P	[g$_{TG}$ g^{-1}]	Produktbildung aus dem Erhaltungsstoffwechsel
m_S	[g$_{TG}$ g^{-1}]	Erhaltungsterm
q	[g g^{-1} h^{-1}] / [mol Zelle^{-1} h^{-1}]	spezifische Substrataufnahme- oder Produktbildungsrate
$q_{Glc,aerob}$	[g g^{-1} h^{-1}]	Glucoseaufnahmerate (aerob)
$q^{Glc}_{CO_2,aerob}$	[g g^{-1} h^{-1}]	Kohlendioxidbildungsrate (Glucose, aerob)
$q^{Glc}_{CO_2,aerob}$	[g g^{-1} h^{-1}]	Sauerstoffverbrauchsrate (Glucose, aerob)
$q^{Glc}_{H_2O,aerob}$	[g g^{-1} h^{-1}]	Wasserbildungsrate (Glucose, aerob)
$q^{Glc}_{Q,aerob}$	[J g^{-1} h^{-1}]	Wärmeproduktionsrate (Glucose, aerob)
$q_{Glc,crab}$	[g g^{-1} h^{-1}]	Glucoseaufnahmerate (aerob) unter Crabtree-Effekt
$q^{Glc}_{CO_2,crab}$	[g g^{-1} h^{-1}]	Kohlendioxidbildungsrate (Glucose, Crabtree)
$q^{Glc}_{O_2,crab}$	[g g^{-1} h^{-1}]	Sauerstoffverbrauchsrate (Glucose, Crabtree)
$q^{Glc}_{H_2O,crab}$	[g g^{-1} h^{-1}]	Wasserbildungsrate (Glucose, aerob, Crabtree)
$q^{Glc}_{p,Eth,crab}$	[g g^{-1} h^{-1}]	Ethanolbildungsrate (Glucose, aerob, Crabtree)
$q^{Glc}_{Q,crab}$	[g g^{-1} h^{-1}]	Wärmeproduktionsrate (Glucose, aerob, Crabtree)
$q_{Glc,anaerob}$	[g g^{-1} h^{-1}]	anaerobe Glucoseaufnahmerate (Glucose, anaerob)
$q^{Glc}_{CO_2,anaerob}$	[g g^{-1} h^{-1}]	Kohlendioxidbildungsrate (Glucose, anaerob)
$q^{Glc}_{p,Eth,anaerob}$	[g g^{-1} h^{-1}]	Ethanolbildungsrate (Glucose, anaerob)
$q^{Glc}_{Q,anaerob}$	[J g^{-1} h^{-1}]	Wärmeproduktionsrate (Glucose, anaerob)
$q_{Eth,aerob}$	[g g^{-1} h^{-1}]	Ethanolaufnahmerate (aerob)
$q^{Eth}_{CO_2,aerob}$	[g g^{-1} h^{-1}]	Kohlendioxidbildungsrate (Ethanol, aerob)
$q^{Eth}_{O_2,aerob}$	[g g^{-1} h^{-1}]	Sauerstoffverbrauchsrate (Ethanol, aerob)
$q^{Eth}_{H_2O,aerob}$	[g g^{-1} h^{-1}]	Wasserbildungsrate (Ethanol, aerob)
$q^{Eth}_{Q,aerob}$	[J g^{-1} h^{-1}]	Wärmeproduktionsrate (Ethanol, aerob)
RQ	[-]	Respirationskoeffizient
RQ^{Glc}_{aerob}	[g g^{-1}]	Respirationskoeffizient (Glucose, aerob)
RQ^{Glc}_{crab}	[g g^{-1}]	Respirationskoeffizient (Glucose, Crabtree)
RQ^{Eth}_{aerob}	[g g^{-1}]	Respirationskoeffizient (Ethanol, aerob)
r_d	[h^{-1}]	spezifische Deaktivierungskonstante
t	[h]	Zeit
t_D	[h]	Verdopplungszeit

T_1, T_2, T_3, T_4	[h]	Zeitkonstanten
X	[g_{TG} L^{-1}] / [Zellen L^{-1}]	Konzentration an Biotrockenmasse/Zellen
X_t	[Zellen L^{-1}]	Gesamtzellkonzentration
X_v	[Zellen L^{-1}]	Konzentration lebender Zellen
Y_{ATP}	[g g^{-1}]	produzierte Biomasse bezogen auf die Menge an gebildetem ATP
Y_{CS}	[g g^{-1}]	produzierte Menge an Kohlendioxid bezogen auf die verbrauchte Menge an Substrat
Y_{FG}	[g g^{-1}]	Ausbeute- oder Umsatzkoeffizienten bezogen auf Substanzen F und G
Y_{hx}	[–]	Hemmstoffbildungskoeffizienten
Y_{PS}	[g g^{-1}]	Ausbeutekoeffizient Produkt / Substrat
Y_{PX}	[g g^{-1}]	Ausbeutekoeffizient Produkt / Biomasse
Y_{XO}	[g g^{-1}]	Ausbeutekoeffizient Biomasse / Sauerstoff
Y_{XS}	[g g^{-1}]	Ausbeutekoeffizient Biomasse / Substrat
$Y_{X/Glc,aerob}$	[g g^{-1}]	Ausbeutekoeffizient für Biomasse aus Glucose (aerob)
$Y_{X/Glc,crab}$	[g g^{-1}]	Ausbeutekoeffizient für Biomasse aus Glucose (aerob, Crabtree)
$Y_{X/Glc,anaerob}$	[g g^{-1}]	Ausbeutekoeffizient für Biomasse aus Glucose (anaerob)
$Y_{X/Eth,aerob}$	[g g^{-1}]	Ausbeutekoeffizient für Biomasse aus Ethanol (aerob)
$Y'_{CO_2/Glc,aerob}$	[g g^{-1}]	spezifischer Ausbeutekoeffizient für Kohlendioxid aus Glucose (aerob)
$Y'_{CO_2/Glc,crab}$	[g g^{-1}]	spezifischer Ausbeutekoeffizient für Kohlendioxid aus Glucose (aerob, Crabtree)
$Y'_{CO_2/Glc,anaerob}$	[g g^{-1}]	spezifischer Ausbeutekoeffizient für Kohlendioxid aus Glucose (anaerob)
$Y'_{CO_2/Eth,aerob}$	[g g^{-1}]	spezifischer Ausbeutekoeffizient für Kohlendioxid aus Ethanol (aerob)
$Y_{Eth,Glc,anaerob}$	[g g^{-1}]	Ausbeutekoeffizient für Ethanol aus Glucose (anaerob)
$Y_{Eth,Glc,crab}$	[g g^{-1}]	Ausbeutekoeffizient für Ethanol aus Substrat (aerob, Crabtree)
$Y'_{H_2O/Glc,aerob}$	[g g^{-1}] / [mol mol^{-1}]	Ausbeutekoeffizient für Wasser aus Glucose (aerob)
$Y'_{H_2O/Glc,crab}$	[g g^{-1}] / [mol mol^{-1}]	Ausbeutekoeffizient für Wasser aus Glucose (aerob, Crabtree)
$Y'_{H_2O/Glc,aerob}$	[g g^{-1}] / [mol mol^{-1}]	Ausbeutekoeffizient für Wasser aus Ethanol (aerob)
$Y'_{Q,Glc,aerob}$	[J kg^{-1}]	spezifischer Wärmeausbeutekoeffizient (Glucose, aerob)
$Y'_{Q,Glc,crab}$	[J kg^{-1}]	spezifischer Wärmeausbeutekoeffizient (Glucose, aerob, Crabtree)
$Y'_{Q,Glc,anaerob}$	[J kg^{-1}]	spezifischer Wärmeausbeutekoeffizient (Glucose, anaerob)
$Y'_{Q,Eth,aerob}$	[J kg^{-1}]	spezifischer Wärmeausbeutekoeffizient (Ethanol, aerob)
μ	[h^{-1}]	spezifische Wachstumsrate
μ_D	[h^{-1}]	spezifische Absterberate
μ_{aerob}^{Glc}	[h^{-1}]	spezifische Wachstumsrate zur Bildung von Biomasse (aerob, Glucoselimitierung)
μ_{crab}^{Glc}	[h^{-1}]	spezifische Wachstumsrate zur Bildung von Biomasse (aerob, Crabtree-Effekt)
$\mu_{anaerob}^{Glc}$	[h^{-1}]	spezifische Wachstumsrate zur Bildung von Biomasse (anaerob, Glucoselimitierung)
$\mu_{max,aerob}^{Glc}$	[h^{-1}]	maximale spezifische Wachstumsrate zur Bildung von Biomasse (aerob, Glucoselimitierung)
$\mu_{max,crab}^{Glc}$	[h^{-1}]	maximale spezifische Wachstumsrate zur Bildung von Biomasse (aerob, Crabtree)
$\mu_{max,anaerob}^{Glc}$	[h^{-1}]	maximale spezifische Wachstumsrate zur Bildung von Biomasse (Glucose, anaerob)
$\mu_{max,aerob}^{Eth}$	[h^{-1}]	maximale spezifische Wachstumsrate zur Bildung von Biomasse (Ethanol, aerob

Indizes

crab	Crabtree-Effekt
CO_2	Kohlendioxid
H_2O	Wasser
Amm	Ammonium
Eth	Ethanol
Glc	Glucose
Gln	Glutamin
I	Index für Inhibierung
i	Index für Substrat
j	Index für Produkt/Metabolit
Lac	Laktat
MAb	monoklonale Antikörper
max	maximal
min	minimal
NH_3	undissoziierter Anteil des Ammoniums
NH_4^+	dissoziierter Anteil des Ammoniums
O_2	Sauerstoff
P	Produkt
S	Substrat
TG	Trockengewicht
*	Gleichgewicht

4 Betriebsweisen für Bioreaktoren

Bei der Auslegung eines biotechnologischen Produktionsprozesses ist neben der Auswahl eines geeigneten Bioreaktorsystems für die Fermentation die Betriebsweise bzw. die Art der Prozessführung ein wesentlicher Aspekt (ausführlich diskutiert bei Bailey und Ollis 1986, Doran 2003). Man unterscheidet prinzipiell zwischen einer diskontinuierlichen (*batch* bzw. Satzbetrieb oder *fed-batch* bzw. Zulaufsatzbetrieb) und einer kontinuierlichen Prozessführung (Chemostat, Turbidostat, Perfusion mit Zellrückhaltung), bei der kontinuierlich frisches Medium zu- bzw. abgeführt wird und wobei das Flüssigkeitsvolumen konstant bleibt (Abb. 4.1). Weitere Varianten der Prozessführung ergeben sich durch die Kopplung des Bioreaktors mit einer Dialysestufe zur selektiven Zuführung oder Abtrennung niedermolekularer Substanzen. Die Entscheidung für eine bestimmte Art der Prozessführung hat einen wesentlichen Einfluss auf die erzielbaren Zell- und Produktausbeuten sowie die Umsatzraten an Substrat und Bildungsraten für Metabolite, aber auch auf anlagentechnische Aspekte wie die Anfälligkeit für Kontaminationen und die Zuverlässigkeit des Prozesses.

Im Folgenden werden die grundlegenden Prinzipien der Betriebsweisen nur kurz angesprochen, da diese ausführlich etwa bei Doran (2003) und Chmiel (2006) beschrieben sind. Ausführlich wird auf verschiedene Varianten bei *fed-batch*- bzw. Zulauf-Satz-Prozessen eingegangen, die in der industriellen Praxis eine große Bedeutung haben.

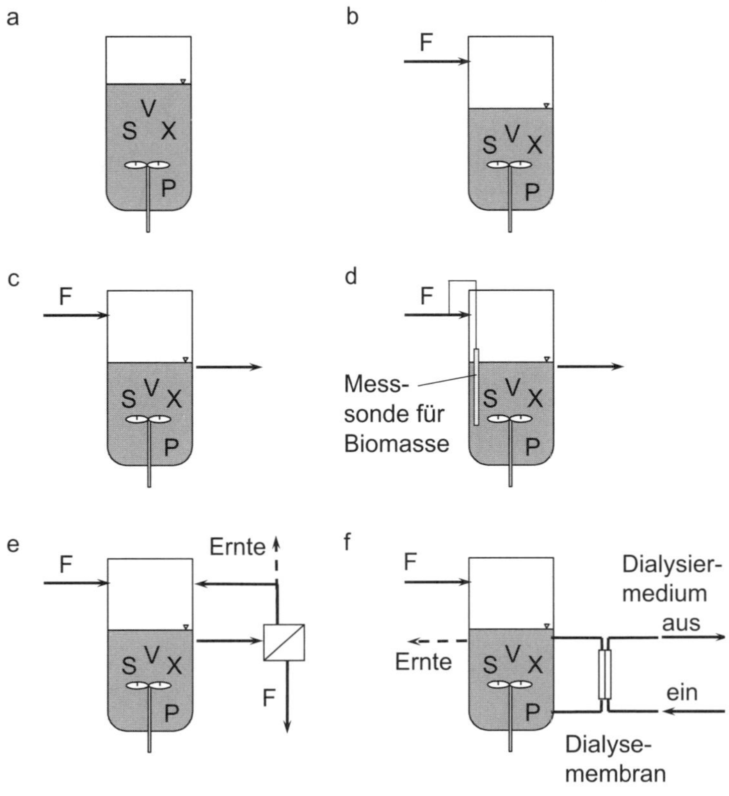

Abb. 4.1 Prinzipien für die Prozessführung an Bioreaktoren a) *batch* (Satz), b) *fed-batch* (Zulauf-Satz), c) Chemostat (kontinuierlich ohne Biomasserückhaltung), d) Turbidostat (kontinuierlich ohne Biomasserückhaltung, mit Regelung der Biomassekonzentration), e) Perfusion (kontinuierlich mit Biomasserückhaltung), f) Dialyse mit Zell- und Produktrückhaltung
X: Zellkonzentration, F: Zulaufstrom, V: Volumen, S: Substrat, P: Produkt

4.1 Satz-Betrieb (*batch*)

Der *batch*-Prozess oder auch Satz-Betrieb (Abb. 4.1a), wie bereits in Kap. 3.2.1 und Abb. 3.1 dargestellt, ist charakterisiert durch das Wachstum von Mikroorganismen ohne zusätzliche Zugabe von Substrat. Das Substrat wird während der Kultivierung in Biomasse und Produkt umgesetzt. Der Prozess wird gestoppt, wenn entweder das Zellwachstum zum Erliegen kommt, weil Substrate verbraucht sind oder das Wachstum durch akkumulierte Metaboliten inhibiert wird, oder wenn die maximale Produktkonzentration erreicht ist. Anschließend wird der Reaktor gereinigt und für den nächsten *batch* sterilisiert. Während des Prozesses werden eine Reihe von Komponenten zugegeben, z. B. Luft oder Sauerstoff zur Begasung aerober Mikroorganismen, Säuren oder Laugen zur pH-Regelung oder Antischaummittel zur Unterdrückung von Schaumbildung, sodass ein *batch*-Reaktor streng genommen nicht als geschlossenes System bezeichnet werden kann. *batch*-Prozesse sind einfach, zuverlässig und daher in der industriellen Praxis weit verbreitet. Die Produktivität eines *batch*-Ansatzes ist einerseits durch die maximal mögliche Anfangskonzentration an Substrat, die zu einer Substrathemmung führen kann, limitiert. Andererseits führen gerade hohe Substratkonzentrationen teilweise zu einer überhöhten Produktion an inhibierenden Metaboliten. Des Weiteren arbeitet ein *batch*-Prozess nur für einen relativ kurzen Zeitraum mit hoher volumenspezifischer Produktivität, nämlich zum Ende hin bei hohen Biomassekonzentrationen. Dem stehen die lange Anwachsphase bei geringer volumenspezifischer Produktivität und die erforderlichen Rüstzeiten für Reinigung und Sterilisation gegenüber (Krahe 2003).

Ein erster Schritt hin zu einer Verbesserung der Effektivität ist im so genannten *repeated batch* zu sehen. Dabei wird am Ende nicht der gesamte Inhalt des Bioreaktors abgeerntet, sondern ein Teil verbleibt im Reaktor als Inokulum für den nächsten Ansatz. Der Bioreaktor wird dann mit frischem, sterilem Medium aufgefüllt und der Prozess unverzüglich neu gestartet. Die langen Rüstzeiten für Reinigung und Sterilisation entfallen. Dieser Vorgang kann mehrere Male wiederholt werden. Probleme ergeben sich bei dieser Prozessführung im industriellen Maßstab im Hinblick auf die Validierung des Prozesses, da die Startbedingungen nicht klar definiert sind und nicht ausgeschlossen werden kann, dass Rückstände aus dem vorherigen Ansatz einen Einfluss auf die Kultivierung haben (Krahe 2003).

4.2 Zulauf-Satz-Betrieb (*fed-batch*)

Eine weitere Möglichkeit, die Wachstumslimitierung eines *batch*-Prozesses zu überwinden, ist der *fed-batch*- oder Zulauf-Satz-Betrieb (siehe Abb. 4.1b, Abb. 4.2b, Bilanzgleichungen in Gl. 4.1–4.4). Dabei wird der Bioreaktor zunächst nur zu 1/3 bis zu 1/2 gefüllt. Der Prozess wird als *batch* gestartet. Sobald Substrat/e verbraucht ist/sind oder die Substratkonzentration/en limitierende Werte erreicht hat/haben, wird frisches Medium (Zulaufstrom oder *feed*), meist in konzentrierter Form, zugefüttert. Die Zufütterung des frischen Mediums kann nach verschiedenen Strategien erfolgen, etwa bei konstanter oder vorgegebener Wachstumsrate, bei konstanter Substratkonzentration, bei Substratlimitierung oder Sauerstoff-kontrolliert. Verschiedene Strategien zur Bestimmung des Zulaufstromes werden in Kap. 4.6 diskutiert. Der Vorteil des *fed-batch*-Betriebes gegenüber dem *batch* ist in der verlängerten Wachstumsphase und der meist höheren Produktkonzentration und Produktausbeute zu sehen. Auf der anderen Seite ist der apparative Aufwand höher, da zumindest ein zusätzlicher Vorlagetank für den konzentrierten Zulauf erforderlich und ein größerer regelungstechnischer Aufwand für die Steuerung des Zulaufstromes zu erwarten ist.

Die Bilanzgleichungen für einen *fed-batch*-Prozess lauten folgendermaßen (mit X: Zellkonzentration, F: Zulaufstrom, V: Volumen, c_S: Substratkonzentration, $c_{S,0}$: Substratkonzentration im Zulauf, μ: spezifische Wachstumsrate, Y_{XS}: Ausbeutekoeffizient Biomasse / Substrat, m_S : Erhaltungsterm, q_S: Substrataufnahmerate):

Biomasse / Zellkonzentration

$$\frac{dX}{dt} = \left(\mu - \frac{F}{V}\right)X, \tag{4.1}$$

Substrat

$$\frac{dc_S}{dt}=\frac{F}{V}\left(c_{S,0}-c_S\right)-\left(\frac{\mu}{Y_{XS}}+m_S\right)X \tag{4.2}$$

oder

$$\frac{dc_S}{dt}=\frac{F}{V}\left(c_{S,0}-c_S\right)-q_S X\,, \tag{4.3}$$

Volumen

$$\frac{dV}{dt}=F\,. \tag{4.4}$$

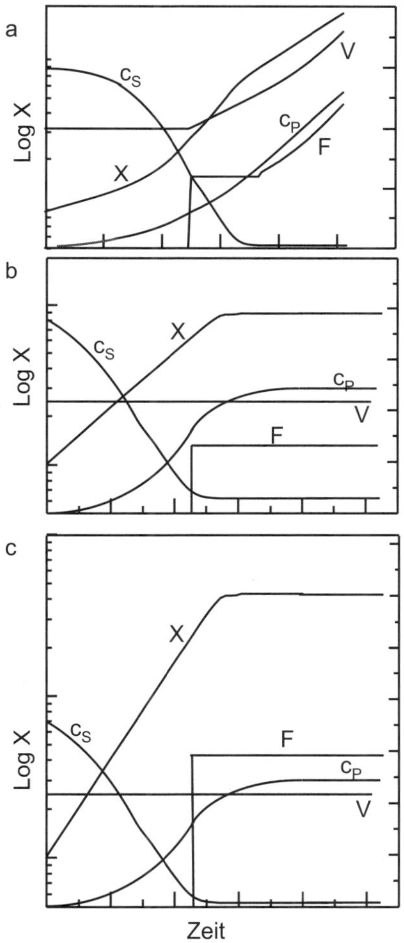

Abb. 4.2 Prinzipskizze und zeitlicher Verlauf verschiedener diskoninuierlicher und kontinuierlicher Varianten der Prozessführung. Mit X: Zellkonzentration, F: Zulaufstrom (*feed*-Rate), V: Volumen, c_S: Substratkonzentration, c_P: Produkt- bzw. Metabolitenkonzentration; a) *fed-batch*- oder Zulauf-Satz-Betrieb. Bei „Start" Beginn der Fütterung, b) Chemostat (kontinuierlich ohne Zellrückhaltung), c) Perfusion (kontinuierlich mit Zellrückhaltung)

4.3 Kontinuierlicher Betrieb ohne Zellrückhaltung

Bei einer kontinuierlichen Prozessführung ohne Zellrückhaltung, auch bezeichnet als *continuous stirred tank reactor* (CSTR), wird kontinuierlich frisches Medium zu- und verbrauchtes abgepumpt (Abb. 4.1c und d). Auf der Ausflussseite ist das System offen, d. h. alle Mediumskomponenten (insbesondere die Biomasse) werden mit abgezogen. Geht man von einem homogen durchmischten Reaktor aus, so sind die Konzentrationen an Mediumskomponenten und Biomasse im Ausfluss identisch mit denen im Reaktor. Bei konstanten Pumpraten auf der Zu- und Ablaufseite stellen sich nach einer bestimmten Zeit im Reaktor im Mittel konstante Werte für die Konzentrationen an Mediumskomponenten und Biomasse ein, man spricht von einem *steady-state.* Die Einstellung eines *steady-state* kann nach mehreren Strategien erfolgen. Beim **Chemostat** bleibt das Flüssigkeitsvolumen auf Grund gleicher Mediumsströme auf Zu- und Ablaufseite konstant. Dabei stellt sich die *steady-state*-Konzentration entsprechend der Mediumsströme selbstständig ein. Beim so genannten **Turbidostat** wird die Biomassekonzentration (oder eine hierfür repräsentative Größe wie z. B. die Sauerstoffaufnahmerate oder der Verbrauch an Lauge zur pH-Regelung) gemessen und durch Veränderung des Zulaufstromes konstant gehalten. Demnach stellen sich beim Turbidostat zu der vorgegebenen Biomassekonzentration korrespondierende Zu- und Ablaufraten ein. Da der Turbidostat naturgemäß einen höheren Mess- und Regelungsaufwand erfordert als der Chemostat, gibt es hierfür kaum industrielle Anwendungen. Daher konzentriert sich die nachfolgende Diskussion auf den Chemostat.

Der zeitliche Verlauf einer Chemostat-Kultur ist in Abb. 4.2b dargestellt, die wesentlichen Beziehungen zur Beschreibung eines Chemostaten in Gl. (4.5–4.10) (s. u.). Der Prozess wird zunächst als *batch* gestartet (s. o.). Wenn die Substratkonzentration auf kritische Werte abgesunken ist, wird der Zulauf mit einer konstanten Pumprate gestartet. Um das Volumen im Bioreaktor konstant zu halten, muss mit gleichem Volumenstrom abgesaugt werden. Nach einer gewissen Zeit stellen sich (zumindest im Mittel) konstante Werte für alle Prozessgrößen ein, sofern man von einer homogenen Durchmischung des Bioreaktors ausgehen kann (stationärer Zustand, *steady state*). Erfahrungsgemäß muss das Volumen im Reaktor ca. 3- bis 5-mal ausgetauscht werden, bevor sich nach einer Prozessänderung wieder ein stationärer Zustand (*steady-state*) einstellt.

Je nach eingestellter Zu- und Ablaufrate, ausgedrückt durch die so genannte Verdünnungsrate *D* (Gl. 4.5) ergeben sich bestimmte stationäre Werte für die Konzentrationen an Biomasse (Zellen), Substraten und Produkten (Abb. 4.3a). Sofern die Mikroorganismen kein ausgeprägtes Absterbeverhalten zeigen, sind ausgehend von niedrigen Verdünnungsraten zunächst nahezu konstante Biomassekonzentrationen zu beobachten. Bei weiterer Erhöhung der Verdünnungsrate nimmt die Biomassekonzentration im stationären Zustand stark ab und sinkt bei einem als „kritische Verdünnungsrate" oder „Auswaschpunkt" (s. u.) bezeichneten Wert auf null ab. Bei höheren Verdünnungsraten können die Mikroorganismen das Auswaschen nicht mehr durch Zellwachstum kompensieren und werden ausgetragen. Zeigen die Zellen ein ausgeprägtes Absterbeverhalten (z. B. tierische und humane Zellen, Pörtner 1998), sind die Zellkonzentrationen bei niedrigen Verdünnungsraten gering, steigen dann bis zu einem Maximum an und sinken dann bei weiterer Erhöhung der Verdünnungsrate zum „Auswaschpunkt" hin ebenfalls stark ab. Die Konzentration an Substrat liegt bei geringen Verdünnungsraten sehr niedrig und steigt zum „Auswaschpunkt" („kritische Verdünnungsrate", s. u.) hin stark an. Bei Verdünnungsraten über der „kritischen Verdünnungsrate" entspricht die Konzentration derjenigen im Zulauf. Für die stationäre Produktkonzentration ergibt sich ein ähnlicher Verlauf wie bei der Biomassekonzentration ohne Berücksichtigung des Absterbeverhaltens.

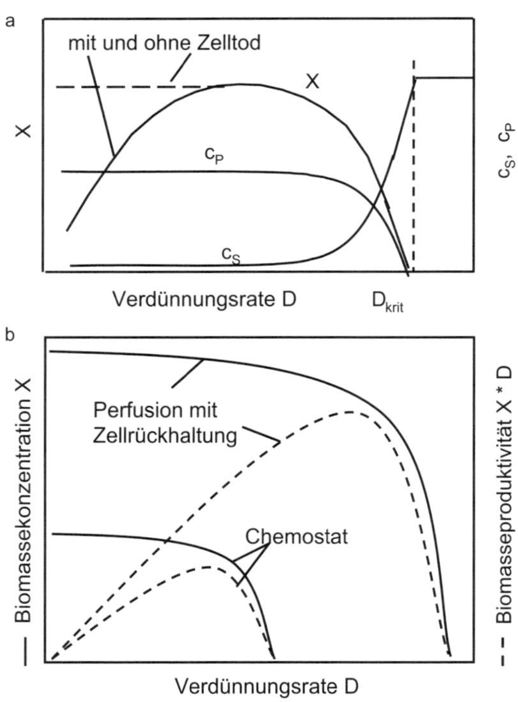

Abb. 4.3 Charakteristika kontinuierlicher Chemostat- und Perfusionsprozesse
a) Chemostat-Prozess – Stationäre Werte der wichtigsten Prozessgrößen als Funktion der Verdünnungsrate. Symbole wie Abb. 4.2
b) Qualitativer Verlauf von Biomassekonzentration X und Biomasseproduktivität X·D in Abhängigkeit von der Verdünnungsrate D für Chemostat und Perfusion mit Zellrückführung

Beim Chemostat ist nach Gl. (4.9) im stationären Zustand die Wachstumsrate μ gleich der Verdünnungsrate *D*. Daraus folgt, dass die „maximale oder kritische Verdünnungsrate" D_{krit} nicht mit der maximalen Wachstumstate μ_{max}, sondern nach Gl. (4.10) mit der Wachstumsrate, bei der Substratkonzentration im Zulauf $c_{S,0}$ gleich zu setzen ist. Nachfolgend sind die Bilanzgleichungen für einen Chemostat-Prozess aufgeführt.

Verdünnungsrate *D*

$$D=\frac{F}{V}, \tag{4.5}$$

Biomasse / Zellkonzentration

$$\frac{dX}{dt}=(\mu-D)X, \tag{4.6}$$

Substrat

$$\frac{dc_S}{dt}=\left(c_{S,0}-c_S\right)D-\left(\frac{\mu}{Y_{XS}}+m_S\right)X, \tag{4.7}$$

$$\frac{dc_S}{dt}=\left(c_{S,0}-c_S\right)D-q_S X, \tag{4.8}$$

stationärer Zustand ($dX/dt=0$; $dc_S/dt=0$)

$$\mu = D \,, \tag{4.9}$$

max. Verdünnungsrate

$$D_{krit.} = \mu_{max} \frac{c_{S,0}}{k_S + c_{S,0}} \,. \tag{4.10}$$

Ein Chemostat eignet sich sehr gut zur Bestimmung kinetischer Parameter, insbesondere zur Wachstumskinetik, da sich durch einfache Variation der Zu- und Abflussströme ganz gezielt eine bestimmte Wachstumsrate einstellen lässt. Insbesondere der kritische Bereich niedriger Wachstumsraten lässt sich durch den Chemostat sehr viel besser abbilden als durch einen *batch*-Versuch. Zudem sind die aus stationären Zuständen ermittelten Daten verlässlicher.

Für industrielle Prozesse eignet sich der Chemostat aus mehreren Gründen nur bedingt. So ist die maximal zu erwartende Biomassekonzentration meist gering und in einem ähnlichen Bereich wie beim *batch*-Betrieb. Für die Produktion von Sekundärmetaboliten eignet sich der Chemostat generell nicht. Die kontinuierliche Prozessführung erfordert einen erhöhten Installationsaufwand und stellt deutlich höhere Anforderungen an die Steriltechnik als ein *batch*. Aus diesen Gründen finden sich Chemostat-Prozesse überwiegend in der Umwelttechnik, etwa bei der aeroben Abwasserreinigung.

4.4 Kontinuierlicher Betrieb mit Zellrückhaltung (Perfusion)

Um das Problem der geringen Biomassekonzentrationen beim Chemostat zu überwinden, müssen die Mikroorganismen auf geeignete Art und Weise im Bioreaktor zurückgehalten werden (Abb. 4.1e). Da die Verdünnungsrate dann nicht mehr durch die Wachstumsrate begrenzt ist, lassen sich höhere Volumenströme einstellen. Es ist zu erwarten, dass die Produktivität einer solchen Prozessführung deutlich höher liegt als beim Chemostaten. Der zeitliche Verlauf eines Perfusionsprozesses (Abb. 4.2c) ähnelt dem des Chemostaten. Wiederum wird der Prozess als *batch* gestartet. Nach einer gewissen Zeit werden die Zu- und Ablaufpumpen angeschaltet, sodass sich nach einer gewissen Zeit stationäre Zustände für die Konzentrationen an Biomasse, Substraten und Produkten einstellen. Häufig wird noch ein zusätzlicher Erntestrom mit Biomasse abgezogen (Purge, ca. 10 % des Ablaufstromes), um die Biomassekonzentration im Reaktor zu stabilisieren.

Auch für den Perfusionsbetrieb können die stationären Größen als Funktion der Verdünnungsrate dargestellt werden (Abb. 4.3b). In Bezug auf die Biomassekonzentration ist das Niveau bei niedrigen Verdünnungsraten im Vergleich zum Chemostat deutlich höher. Aber auch bei der Perfusion kommt es bei sehr hohen Verdünnungsraten zu einem Auswaschen der Mikroorganismen. Die kritische Verdünnungsrate

$$D_{krit,Perfusion} = D_{krit,Chemostat} \frac{1}{1 + \alpha - \alpha\beta} \tag{4.11}$$

lässt sich durch die kritische Verdünnungsrate im Chemostaten, die Rezyklisierungsrate bei der Perfusion α (Verhältnis von Zulauf und rezyklisiertem Volumenstrom) und dem Konzentrierungsfaktor β (Verhältnis von Biomassekonzentration im Fermeter und im rezyklisierten Volumenstrom) berechnen (Doran 2003). Neben der Biomassekonzentration ist in Abb. 4.3b als Indikator für die Produktivität das Produkt aus Biomassekonzentration und Verdünnungsrate dargestellt. In beiden Fällen ergibt sich ein Maximum der Produktivität bei Verdünnungsraten knapp unterhalb der kritischen, wobei das Maximum bei der Perfusion naturgemäß deutlich höher liegt.

Technisch lässt sich die Zellrückhaltung durch verschiedenste Aggregate realisieren. So lassen sich Suspensionsreaktoren (Rührreaktor, Blasensäule, Air-Lift-Reaktor, vgl. Pörtner 2005) mit Filtrationseinheiten, Zentrifugen oder Sedimentern koppeln. Bei bestimmten Typen von Bioreaktoren (Festbett, Wirbelschicht) ist die Zellrückhaltung systemimmanent. Da in den meisten Fällen lediglich die Biomasse zurückgehalten wird, sind die Produktkonzentrationen im Erntestrom meist in einer ähnlichen Größenordnung wie beim *batch* oder Chemostat. In der industriellen Praxis finden sich die meisten Anwendungen für Perfusionssysteme mit Zellrückhaltung bei der Produktion von Wirkstoffen mit tierischen Zellen (Ozturk und Hu 2006, Schlegel et al. 2007, Pörtner 1998).

4.5 Dialysekultur

Eine simultane Anreicherung von Zellen und hochmolekularen Produkten erlauben Dialysemembranen. Nach Strathmann (1979) ist die Dialyse in einem flüssigen Medium definiert als der Transport einer gelösten Komponente von einer homogenen Phase durch eine Membran in eine andere homogene Phase unter der treibenden Kraft eines Konzentrationsgradienten (Abb. 4.4). Bei der Permeation einer Substanz durch eine Dialysemembran, ein Vorgang, der auch als Lösungs-Diffusions-Prozess bezeichnet wird, lösen sich die Moleküle in der homogenen Membranphase, diffundieren durch sie hindurch und desorbieren wieder.

Der Stofftransport durch die Membran (siehe Abb. 4.4) wird u. a. von den stofflichen Eigenschaften der Membran und der permeierenden Substanz sowie von Betriebsgrößen (z. B. Druck, Temperatur, Strömungsverhältnisse) beeinflusst. Da die Wechselwirkungen der einzelnen Größen untereinander nur schwer zu erfassen sind, wird der Stofftransport durch den phänomenologischen, in Analogie zum 1. Fick´schen Gesetz formlierten Ansatz

$$S_m = P_{ges} A_m (c_1 - c_2) \tag{4.12}$$

beschrieben. Der Molenstrom S_m wird durch einen treibenden Konzentrationsgradienten $c_1 - c_2$ über die Membran hervorgerufen und ist proportional zur Austauschfläche A_m und zum Permeationskoeffizienten P_{ges}, der die Durchlässigkeit der Membran für eine bestimmte Mediumkomponente beschreibt. Analog zum Ohm´schen Gesetz bzw. zu Transportvorgängen in der Wärmeübertragung kann er als reziproker Gesamt-Transportwiderstand aufgefasst werden, der sich additiv aus den Teilwiderständen von Membran ($1/P_m$) und den Grenzschichten ($1/k_1$, $1/k_2$) zusammensetzt:

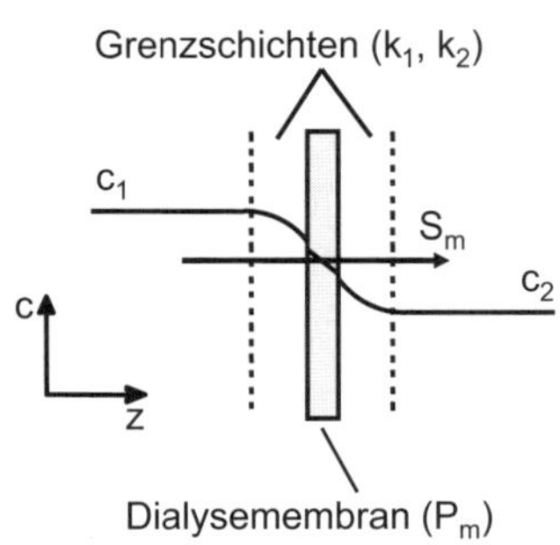

Abb. 4.4 Stofftransport durch eine Dialysemembran
c_1, c_2: Konzentrationen in der umgebenden Flüssigkeit; k_1, k_2: Transportkoeffizienten in den Grenzschichten; P_m: Transportkoeffizient in der Membran; z: Weg; S_m: Molenstrom durch die Membran

$$\frac{1}{P_{ges}} = \frac{1}{k_1} + \frac{1}{P_m} + \frac{1}{k_2}. \tag{4.13}$$

Die Einzelwiderstände k_1 und k_2 der Grenzschichten sind von der Turbulenz auf der jeweiligen Seite der Membran abhängig, während der Wert P_m als membran- und substanzspezifische Größe hiervon unabhängig ist. Der Permeationskoeffizient ist nur für einen Betriebszustand, eine Membran und einen permeierenden Stoff charakteristisch. Bei konstanten Betriebsbedingungen wird zwischen Permeationskoeffizient und Molekulargewicht der permeierenden Substanz ein ähnlicher Zusammenhang beobachtet wie für den Diffusionskoeffizienten. D. h., dass mit steigendem Molekulargewicht der Permeationskoeffizient deutlich abnimmt. Bei hohen Molekulargewichten kommt der Stoffstrom fast völlig zum Erliegen. Man spricht dann vom *cut-off* der Membran (Daten bei Pörtner und Märkl 1998).

Suspensions-Perfusionssysteme mit integrierter Dialysemembran wurden im industriellen Maßstab bis zu 1000 L eingesetzt. Märkl und Mitarbeiter verwendeten für den Laborbetrieb einen Membran-Dialyse-Reaktor (Abb. 4.5) für verschiedenste Mikroorganismen- und Zellkulturen (Ogbonna und Märkl 1993, Pörtner und Märkl 1998, Pörtner 1998).

Eine Massenbilanz über den Membran-Dialyse-Reaktor führt zu den folgenden Gleichungen:
Kulturkammer :

$$\frac{dc_2}{dt} = D_2(c_{2,0} - c_2) + \frac{P_{ges} A_m}{V_2}(c_1 - c_2) \pm q \tag{4.14}$$

Dialysekammer :

$$\frac{dc_1}{dt} = D_1(c_{1,0} - c_1) - \frac{P_{ges} A_m}{V_1}(c_1 - c_2) \tag{4.15}$$

mit A_m: Membranfläche, $c_{1,0}$, $c_{2,0}$: Substrat- oder Produktkonzentration im Zulauf der Dialyse- (1) bzw. Kulturkammer (2), c_1, c_2: Substrat- oder

Abb. 4.5 Membran-Dialyse-Reaktor (Bioengineering AG [Wald, Schweiz], Prof. Märkl [TU Hamburg-Harburg]). In diesem Reaktor ist eine integrierte Kulturkammer (Arbeitsvolumen ca. 1,5 L) durch eine Dialysemembran (Cuprophan, cut-off 10 000 Dalton) von einer äußeren Dialysekammer (Arbeitsvolumen ca. 4,5 L) getrennt. Die Zellen werden in der Kulturkammer gezüchtet. Beide Kammern sind mit jeweils zwei Scheibenrührern ausgerüstet.

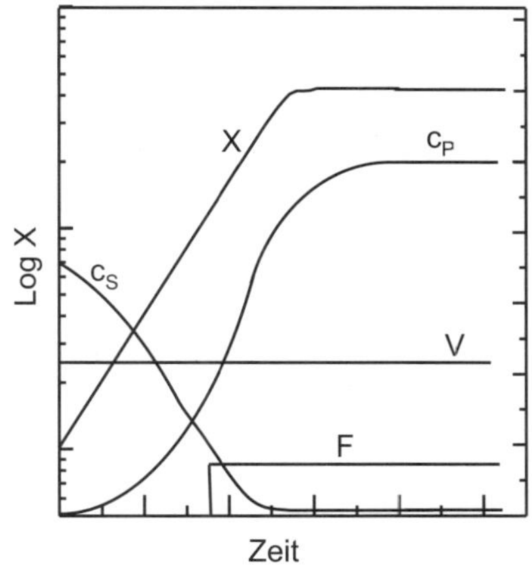

Abb. 4.6 Zeitlicher Verlauf eines Dialyseprozesses zur simultanen Anreicherung von Zellen und höhermolekularen Produkten. Symbole wie Abb. 4.2, F : Zulaufstrom für Kulturkammer

Produktkonzentration in der Dialyse- (1) bzw. Kulturkammer (2), D_1, D_2: Verdünnungsrate Dialyse- (1) bzw. Kulturkammer (2), P_{ges}: Permeationskoeffizient, V_1, V_2:Volumen von Dialyse- (1) bzw. Kulturkammer (2), q: Substrataufnahme- bzw. Produktbildungsrate. Die Verdünnungsraten D_1 und D_2 ergeben sich aus dem jeweiligen Verhältnis von Zulaufstrom und Volumen.

Abb. 4.6 zeigt den zeitlichen Verlauf der wichtigsten Prozessgrößen bei Dialysekulturen. Generell ermöglichen diese eine Entkopplung der Stoffströme für nieder- und hochmolekulare

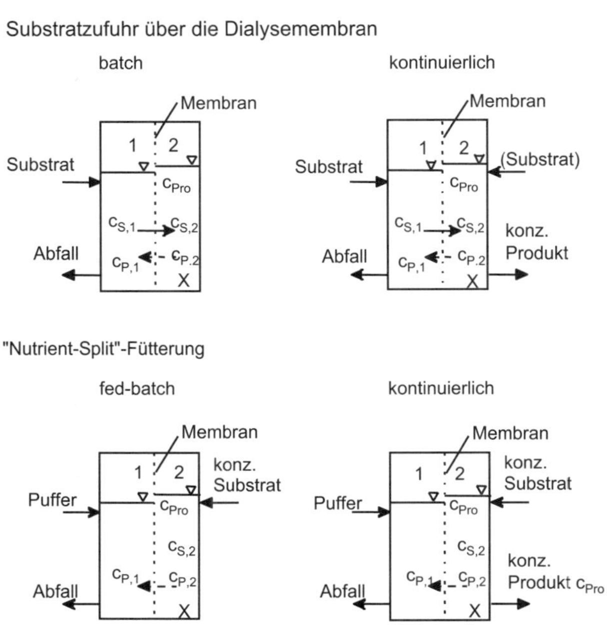

Abb. 4.7 Verfahrensvarianten für Dialyseprozesse. 1: Dialysekammer, 2: Kulturkammer, c_S: Konzentration Substrat, c_P: Konzentration Produkt (niedermolelular), c_{Pro}: Konzentration Produkt (hochmolekular), X: Zellen

Substrate, niedermolekulare Metabolite und hochmolekulare Produkte (z. B. monoklonale Antikörper) (Ogbonna und Märkl 1993, Pörtner und Märkl 1998). Es lassen sich Prozessführungen realisieren, die hohe Zell- und Produktausbeuten bei sehr effizienter Mediumausnutzung erlauben (Abb. 4.7). Im Folgenden werden diese anhand experimenteller Ergebnisse für die Kultivierung einer Hybridoma-Zelle diskutiert.

In den ersten Arbeiten, die sich mit der Kopplung von Dialysemembranen mit Suspensionsreaktoren befassten (siehe Pörtner Märkl 1998), wurden die Zellen, ähnlich wie in Hohlfasermodulen, über die Dialysemembran mit Nährstoffen versorgt. Der Dialysatstrom muss hierbei nicht nur die niedermolekularen Metabolite entsorgen, sondern auch frisches Substrat in ausreichender Menge nachliefern. Auf der Dialysatseite wird das Medium meist kontinuierlich ausgetauscht. Die Kulturkammer kann als *batch* oder kontinuierlich abgeerntet werden.

In Abb. 4.8 ist beispielhaft die Kultur einer Hybridom-Zellinie im Membran-Dialyse-Reaktor mit Fütterung über die Membran dargestellt. Die höchsten Zell- und Antikörperausbeuten im Erntestrom stellten sich bei Verdünnungsraten von 0,22 d^{-1} in der Kulturkammer und 1,8 d^{-1} in der Dialysekammer ein (Zeitraum 370–500 Stunden). Die Konzentration lebender Zellen stieg bis auf $1{,}5 \cdot 10^7$ Zellen mL^{-1}, die Antikörperkonzentration im Erntestrom auf 936 mg L^{-1}. Zum Vergleich – in der *batch*-Kultur liegen die erreichbaren Zellkonzentrationen in den hier verwendeten Medien bei ca. $2 \cdot 10^6$ Zellen mL^{-1} und die Antikörperkonzentrationen bei ca. 30 mg L^{-1}.

Das Beispiel belegt eindrucksvoll, dass sich mit Dialysekulturen erheblich höhere Zell- und Produktkonzentrationen erzielen lassen als mit anderen Betriebsweisen. Betrachtet man jedoch die Mediumausnutzung, so zeigt sich ein Nachteil dieses Verfahrens: Der über die Membran transportierte Stoffstrom muss zum überwiegenden

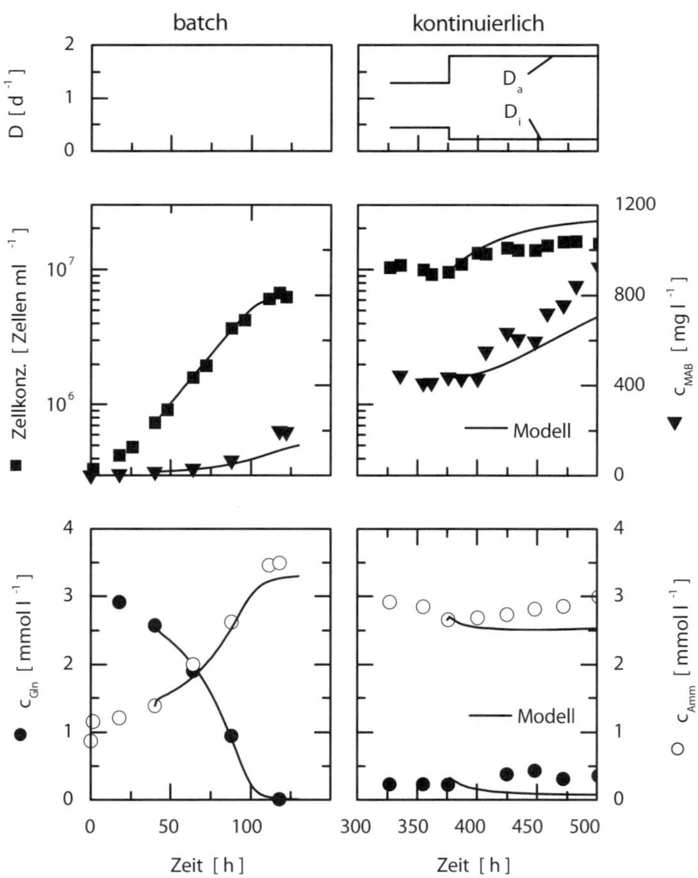

Abb. 4.8 Kultur der Hybridom-Zellinie IV F 19.23 im Membran-Dialyse-Reaktor, gekoppelte Substratver- und Metabolitenentsorgung über die Dialysemembran (Pörtner 1998). Zeitlicher Verlauf der Verdünnungsraten D in Kultur- (D_i) und Dialysekammer (D_a) sowie der Konzentrationen an lebenden Zellen, monoklonalen Antikörpern c_{MAb}, Glutamin c_{Gln} und Ammonium c_{Amm} in der Kulturkammer. Berechnungen mit dem Modell von Pörtner et al. (1996).

Teil den Substratbedarf der Zellen decken. Aufgrund des hohen Transportwiderstandes der Dialysemembran ist hierfür bei hohen Zelldichten eine entsprechend große transmembrane Konzentrationsdifferenz erforderlich. Die verbleibende hohe Restkonzentration auf der Dialysatseite bedingt hohe Mediumsverluste. Einer Vergrößerung der Membranfläche sind konstruktive Grenzen gesetzt. Eine Aufkonzentrierung des Mediums auf der Dialysatseite, kann dieses Problem nur bedingt lösen, da mit dem Dialysestrom auch die Metabolite abgeführt werden müssen.

Märkl und Mitarbeiter (Ogbonna und Märkl 1993, Lüdemann et al. 1995, 1996) entwickelten für Dialysekulturen eine Fütterungsstrategie, bei der den suspendierten Zellen direkt ein Mediumkonzentrat zugefüttert wurde, während niedermolekulare toxische Metabolite über die Dialysemembran in ein Dialysiermedium perfundieren („Nutrient-Split"-Fütterungsstrategie). Auch diese Strategie wird beispielhaft für einen Zellkulturprozess (Hybridoma-Zellen) erläutert. In diesem Fall wurde das Standardmedium, eine 1:1-Mischung aus IMDM und Ham's F12, in eine Substratlösung, die die essenziellen Substrate 10-fach konzentriert enthielt, und in eine Pufferlösung aus allen anorganischen Bestandteilen zerlegt. Die Pufferlösung war 1,24-fach konzentriert, um im Membran-Dialyse-Reaktor die gleiche Salzkonzentration wie bei Verwendung von Standardmedium zu gewährleisten.

In Abb. 4.9 ist eine kontinuierliche Dialysekultur mit suspendierten Zellen dargestellt, die mit der „Nutrient-Split"-Fütterungsstrategie betrieben wurde (Lüdemann 1996). Die Konzentration lebender Zellen erreichte nach 140 Stunden einen maximalen Wert von $1{,}1 \cdot 10^7$ Zellen mL^{-1} und pendelte sich dann bei $7{,}5 \cdot 10^6$ Zellen mL^{-1} ein. Die Antikörperkonzentration im Erntestrom der Kulturkammer stieg bis auf ca. 650 mg L^{-1} an. Die maximale Zellkonzentration und die Antikörperkonzentration waren demnach geringer als bei der Substratzufuhr über die Membran. Der große Vorteil der „Nutrient-Split"-Fütterung zeigt sich bei einem Vergleich der verbrauchten Mediummenge pro g Antikörper, die bei der „Nutrient-Split"-Fütterung bei 7,3 L g_{MAb}^{-1}, bei der Substratzufuhr über die Membran bei 37,9 L g_{MAb}^{-1} lag.

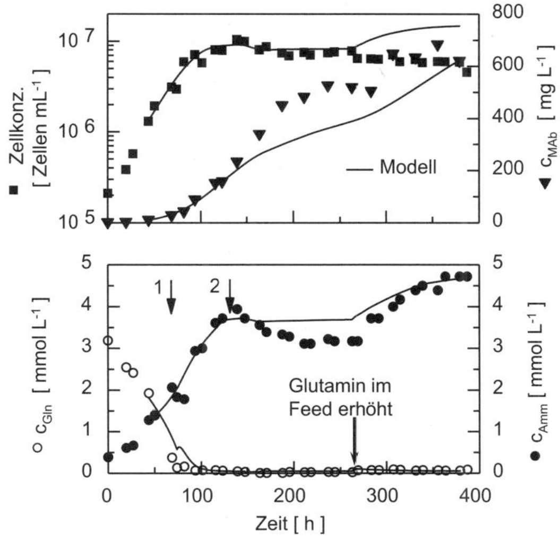

Abb. 4.9 Kontinuierliche Suspensionskultur mit der Hybridom-Zellinie IV F 19.23 im Membran-Dialyse-Reaktor nach „Nutrient-Split"-Fütterungsstrategie (Lüdemann 1996).
Lebendzellkonzentration, Glutaminkonzentration c_{Gln}, Ammoniumkonzentration c_{Amm} und Antikörperkonzentration c_{MAb} in der Kulturkammer als Funktion der Zeit.
(1): Start der Perfusion in der Kulturkammer (Verdünnungsrate $D_i = 0{,}11\ d^{-1}$ bis t = 163 h, dann $0{,}145\ d^{-1}$)
(2): Start der Perfusion in der Dialysekammer (Verdünnungsrate $D_a = 0{,}163\ d^{-1}$)
Rechnungen mit dem Modell von Pörtner et al. 1996, weitere Erläuterungen siehe Text.

4.6 Varianten der *fed-batch*-Steuerung

Prinzipiell wird bei der *fed-batch*-Kultivierung gemäß Kap. 4.2 durch satzweise oder kontinuierliche Zugabe von Nährstoffen der Inhalt des Reaktors supplementiert und vordergründig die Konzentration an Nährstoffen gesteuert. Dabei ergibt sich eine Reihe von spezifischen Problemen:

- Aufgrund des exponentiellen Wachstums der Zellen steigt auch der Bedarf an Nährstoffen und Sauerstoff (bei aeroben Organismen) in ähnlicher Weise. Bei der Wahl der Steuerung für die Zufütterung von Substraten und Sauerstoff (siehe Kap. 5) muss dies berücksichtigt werden. Ggf. kann es zu einer Sauerstofflimitierung kommen.

- Häufig treten Veränderungen im Metabolismus von Mikroorganismen oder Zellen während einer Kultivierung (siehe Kap. 3) oder zwischen aufeinander folgenden Kultivierungen auf.
- Beim *fed-batch* wird üblicherweise mit konzentrierten Substratlösungen gefüttert. Dies verstärkt die Bildung und Anreicherung inhibierender Metabolite, insbesondere dann, wenn der Prozess bei hohen Substratkonzentrationen gefahren wird (z. B. Essigsäure bei *Escherichia coli*, Ethanol bei Hefen, Ammonium oder Laktat bei Zellkulturen).
- Während des Prozesses stehen nur wenige Größen als *online*–Messgrößen zur Verfügung, was die Konzeption von Steuerungs- bzw. Regelstrategien erschwert.
- Eine Kontrolle des Prozesses bei niedrigen Substratkonzentrationen verspricht Vorteile in Bezug auf erreichbare Zell- und Produktkonzentrationen bzw. die Raum-Zeit-Ausbeute, allerdings kann es dabei zu einem verringerten Zellwachstum oder zum Absterben der Zellen kommen (z. B. Apoptose durch Substratlimitierung bzw. Metaboliteninhibierung bei Zellkulturen).

Wesentliches Ziel bei der Substratzufütterung ist die Aufrechterhaltung von ausreichenden, möglichst konstanten und niedrigen Konzentrationen an Substraten, um die Zellen in einem möglichst effektiven Metabolismus (Vermeidung von „Überschussstoffwechsel") zu halten und die Bildung inhibierender Metabolite zu unterdrücken. Dabei sollen gleichzeitig Wachstum und Produktivität hoch sein. Generelle Übersichten zu verschiedenen *fed-batch*-Techniken finden sich bei Krahe (2003), Wlaschin und Hu (2006) sowie Pörtner et al. (2004). Die folgende Diskussion verschiedener *fed-batch*-Strategien basiert auf Ausführungen von Krahe (2003) und wurde punktuell ergänzt:

- Zur Einstellung einer **konstanten oder vorgegebenen Wachstumsrate** muss die zugegebene Menge an Substrat exponentiell ansteigen. Durch einen konstanten Zulaufstrom wird lediglich eine annähernd lineare Zunahme der Biomassekonzentration erzielt.
- Zur Aufrechterhaltung **konstanter Substratkonzentrationen** im Kulturmedium müssen die entsprechenden Konzentrationen gemessen oder geschätzt und die Zulaufströme entsprechend angepasst werden. Dies kann manuell oder auch automatisch erfolgen, sofern entsprechende *online*-Messungen oder -Schätzungen in Verbindungen mit geeigneten Reglern zur Verfügung stehen. Allerdings sind entsprechende Messungen bzw. Schätzungen schwierig und komplex (s. o.).
- Vielfach müssen *fed-batch*-Prozesse unter **Substratlimitierung** gefahren werden, etwa um die Bildung inhibierender Metabolite zu unterdrücken. Hierzu sind zunächst definierte, konzentrierte Medien (möglichst ohne komplexe Zusätze wie Hefeextrakt oder Serum) erforderlich. Bei einer **manuellen** Steuerung der Zulaufströme lässt sich eine Substratlimitierung erreichen, wenn die zugefütterte(n) Menge(n) an Substrate(n) unterhalb der maximal umsetzbaren Mengen bleiben. Zur Überprüfung einer Substratlimitierung wird die Zufütterung zeitweise gestoppt. Kommt es schlagartig zu einem starken Anstieg der Sauerstoffkonzentration (bei aeroben Prozessen), ist der Prozess substratlimitiert. Setzt dieser Anstieg erst später ein, war noch Substrat vorhanden. Aufgrund der gemachten Beobachtungen können die Zulaufströme manuell angepasst werden. Allerdings erfordert dies große Erfahrungen mit dem spezifischen Prozess.
- Zur **automatisierten** Prozessführung von *fed-batch*-Prozessen unter **Substratlimitierung** sind die oben angesprochenen Regelungsstrategien auf der Basis von *online*-Messungen nur bedingt geeignet, da Limitierungen vielfach erst bei Substratkonzentrationen am unteren Rand des Messbereiches auftreten. Daher werden hierzu bei aeroben Prozessen Sauerstoffkontrollierte Fütterungsstrategien eingesetzt. Bei Einhaltung gewisser Randbedingungen lässt sich aus dem Anstieg der Sauerstoffkonzentration bei Substratlimitierung bzw. dem Abfall bei bedarfsgerechter Zufütterung der erforderliche Zustrom automatisch abschätzen und einstellen.
- Eine **Optimierung der Raum-Zeit-Ausbeute** ist durch die beschriebenen Strategien nur bedingt möglich. Hierzu sind modellgestützte, möglichst adaptive Prozessführungsstrategien auf der Basis kinetischer Modelle oder rech-

nergestützter *online*-Beobachter erforderlich, die es ermöglichen, aus Prozessdaten und parallel durchgeführter Simulation die Zulaufströme so zu steuern, dass in einem vorgegebenen Zeitintervall eine maximale Menge an Biomasse oder Produkt erzeugt wird.

Im Folgenden werden einige Strategien exemplarisch dargestellt.

4.6.1 Fütterungsstrategien ohne zusätzliche Messdaten aus dem Prozess

Bei der folgenden Diskussion werden, sofern möglich, einfache Gebrauchsformeln angegeben, die sich in Tabellenkalkulationsprogrammen nutzen lassen und die in den in Kap. 5 beschriebenen Beispielen angewandt werden. Komplexere Lösungsalgorithmen für die Differentialgleichungssysteme werden nicht ausführlich diskutiert.

4.6.1.1 *repeated-batch* (Impulszugabe)

Beim *repeated-batch* wird in vorab festgelegten Zeitabständen ein bestimmtes Volumen mit konzentriertem Substrat zugegeben (Abb. 4.10). Die Festlegung des Zeitpunktes der ersten Zugabe sowie der Zeitabstände für die folgenden kann anhand von Daten aus einem *batch*-Experiment erfolgen, der mit den gleichen Anfangswerten (Animpfkonzentration, Substratkonzentration im vorgelegten Medium etc.) wie der geplante *repeated-batch* gestartet wurde.

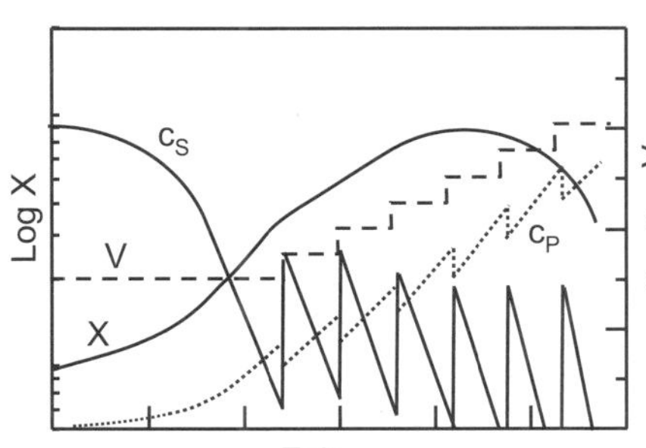

Abb. 4.10 Prinzipskizze und zeitlicher Verlauf eines *repeated-batch* (Impulszugabe). Symbole wie Abb. 4.2, für Zellkonzentration X Ausgleichsfunktion

Der Zeitpunkt der ersten Konzentratzugabe sollte am Ende der exponentiellen Wachstumsphase bei einer noch nicht limitierenden Substratkonzentration erfolgen. D. h., die Konzentration an Substrat soll im Reaktor auf einen Minimalwert $c_{S,\min}$ abfallen. Dann erfolgt die Zugabe eines vorausberechneten Volumens V_{zu} mit konzentriertem Substrat $c_{S,0}$, um die Substratkonzentration im Reaktor wieder auf einen vorgegebenen Sollwert $c_{S,neu}$ anzuheben. Geht man davon aus, dass nur ein Substratkonzentrat zugegeben wird, lautet die Bilanz:

$$V_{neu} \cdot c_{S,neu} = V_{alt} \cdot c_{S,\min} + V_{zu} \cdot c_{S,0}\,; \tag{4.16}$$

mit

$$V_{neu} = V_{alt} + V_{zu} \tag{4.17}$$

ergibt sich für das zuzugebende Volumen V_{zu}:

$$V_{zu} = V_{alt} \frac{c_{S,neu} - c_{S,\min}}{c_{S,0} - c_{S,neu}}\,. \tag{4.18}$$

Die Zeit, nach der die zugegebene Menge an Substrat voraussichtlich verbraucht ist, lässt sich folgendermaßen abschätzen:

$$\frac{\Delta c_S}{\Delta t} = -q_S\,\bar{X}\,. \tag{4.19}$$

Daraus ergibt sich:

$$\Delta t = \frac{c_{S,neu} - c_{S,\min}}{q_S\,\bar{X}}\,. \tag{4.20}$$

Zur Berechnung von V_{zu} und Δt nach den obigen Gleichungen sind einige Annahmen erforderlich:

- Die zellspezifische Substrataufnahmerate q_S lässt sich aus der exponentiellen Wachstumsphase eines *batch*-Experimentes ermitteln (Beispiele in Kap. 5).
- Als minimale Konzentration $c_{S,\min}$ kann die Konzentration zum Ende der exponentiellen Wachstumsphase aus dem *batch*-Experiment gewählt werden.
- Die Konzentration $c_{S,neu}$ sollte einerseits so hoch sein, dass sich bis zum nächsten Zugabezeitpunkt ein praktikabler Zeitraum ergibt. Andererseits sollte die Konzentration nicht zu hoch sein, um die Bildung inhibierender Metabolite zu reduzieren. Als Richtwert kann ein Wert von 30–50 % des Anfangswertes zu Beginn der Fermentation dienen.

- Als erste Abschätzung für die mittlere Zellkonzentration $\bar{X}$ kann die maximale Konzentration aus dem *batch*-Experiment dienen. Da zu erwarten ist, dass die Zellkonzentration im *repeated-batch* ansteigt, kann auch mit einem höheren Wert gerechnet werden.
- Die Anzahl n der Zugabezyklen ergibt sich aus

  $$V_{end} = V_{batch} + n \cdot V_{zu}\,, \tag{4.21}$$

  mit dem Endvolumen V_{end} zu

  $$n = \frac{V_{end} - V_{batch}}{V_{zu}}\,, \tag{4.22}$$

  mit dem Anfangsvolumen V_{batch} und dem Endvolumen V_{end}, das naturgemäß kleiner als das maximal mögliche Füllvolumen $V_{\max}$ sein muss.

Diese groben Abschätzungen sollten lediglich für erste *repeated-batch* Experimente dienen. Sobald hieraus weitere Daten vorliegen, können die erforderlichen Parameter angepasst werden. Liegen zudem während des Prozesses Daten zur Zellkonzentration X, zu $c_{S,\min}$ bzw. zu $c_{S,neu}$ vor, kann das erforderliche Volumen V_{zu} zu jedem Zeitpunkt genauer berechnet werden. Werden mehrere Substratkonzentrate zugegeben, muss dieses entsprechend berücksichtigt werden (siehe Kap. 5).

Die Nachteile dieser Strategie sind offensichtlich. Durch die relativ hohen Substratkonzentrationen werden vermehrt inhibierende Metabolite gebildet. Ferner kann es im Laufe der Fütterungsphase zu einer immer früher einsetzenden Limitierung kommen, sodass die Organismen zum Ende hin immer stärker im Wachstum limitiert sind. Bei Zellkulturen kann hierdurch bereits Apoptose induziert werden, sodass es trotz wiederholter Zugabe von frischem Substrat zum Absterben der Zellen kommen kann. Eine signifikante Verbesserung dieser Strategie erlaubt die Messung der Substratkonzentration und basierend hierauf die Bestimmung der verbrauchten Substratmenge (siehe Kap. 4.6.2.1).

4.6.1.2 Fester Zulaufstrom

Eine technisch ebenfalls sehr einfache Strategie besteht darin, während des gesamten Fütterungszeitraumes nur einen vorgegebenen Zulaufstrom konstant zu halten. Die Schwierigkeit besteht darin, die zugegebene Menge an Substrat so einzustellen, dass es möglichst erst zum Ende der Zufütterungsphase hin, also bei Erreichen des maximalen Volumens, zu einer Substratlimitierung kommt. Eine erste Abschätzung des Zulaufstromes anhand eines *batch*-Versuches kann nach folgendem Schema erfolgen:

- Für das mittlere Volumen V_{mitt} während der Fütterungsphase gilt:

  $$V_{mitt} = V_{batch} + \frac{V_{end} - V_{batch}}{2}\,. \tag{4.23}$$

- Die Zellzahl wird für die gesamte Fütterungsphase als konstant angenommen ($\bar{X}$).
- Die Konzentration an Substrat soll während der Fütterungsphase konstant bleiben ($\bar{c}_S$), d. h. $dc_S/dt = 0$.
- Für das Substrat gilt näherungsweise:

  $$\frac{F}{V_{mitt}}\left(c_{S,0} - \bar{c}_S\right) = q_S\,\bar{X}\,. \tag{4.24}$$

  Daraus ergibt sich:

  $$F = \frac{q_S\,\bar{X}\,V_{mitt}}{(c_{S,0} - \bar{c}_S)}\,. \tag{4.25}$$

  Die gesamte Fütterungszeit t_F ergibt sich dann zu

  $$t_F = \frac{V_{end} - V_{batch}}{F}\,. \tag{4.26}$$

Auch hier sind einige Annahmen erforderlich:

- Die Vorgabe des Startvolumens V_{batch} hängt auch von dem Grad der Aufkonzentrierung im Zulaufmedium ab. Je höher die Substratkonzentration $c_{S,0}$ ist, desto niedriger wird der erforderliche Zulaufstrom sein und umso größer kann das Startvolumen sein oder desto länger die Fütterungsphase. Üblicherweise wird mit V_{batch} = 0,3 bis 0,5 $V_{\max}$ gestartet.
- Die zellspezifische Substrataufnahmerate q_S lässt sich wiederum aus der exponentiellen Wachstumsphase eines *batch*-Experimentes ermitteln.
- Als erste Abschätzung für die mittlere Konzentration $\bar{X}$ kann ebenfalls die maximale Konzentration aus dem *batch*-Experiment dienen. Da zu erwarten ist, dass die Zellkonzentration im *fed-batch* ansteigt, kann auch mit einem höheren Wert gerechnet werden.
- Die mittlere Konzentration des Substrates $\bar{c}_S$ muss abgeschätzt werden, z. B. die Konzen-

tration im *batch* am Ende der exponentiellen Wachstumsphase.

Auch diese Strategie hat Nachteile. Die Annahme eines mittleren Volumens kann zu großen Fehlern führen, wenn viel frisches Substrat zugefüttert wird. Damit eine Substratlimitierung möglichst erst gegen Ende der Fütterungsphase einsetzt, muss zu Beginn mehr Substrat als erforderlich gefüttert werden. Aufgrund der vergleichsweise hohen Substratkonzentrationen werden ggf. vermehrt inhibierende Metabolite gebildet.

4.6.1.3 Lineare Zunahme des Zulaufstromes

Um die zu erwartende Limitierung im Laufe der Kultivierung einzudämmen, kann der Zulaufstrom während der Fermentation sukzessive erhöht werden. Ein erster Schritt hierzu ist eine lineare Steigerung des Zulaufstromes. Abb. 4.11 zeigt ein Beispiel für eine Hybridom-Zelllinie. Eine Abschätzung der Steigung kann folgendermaßen erfolgen:

$$F(t) = a + b \cdot t \tag{4.27}$$

Mit den Annahmen $dc_S/dt = 0$ und $c_S = 0$ ergeben sich:

$$F(t_1) = \frac{q_S\, X_1\, V_1}{c_{S,0}} \tag{4.28}$$

und

$$F(t_{end}) = \frac{q_S\, X_{end}\, V_{end}}{c_{S,0}}\,. \tag{4.29}$$

Somit erhält man

$$b = \frac{q_S}{c_{S,0}} \frac{(X_{end}\, V_{end} - X_1\, V_1)}{(t_{end} - t_1)} \tag{4.30}$$

und

$$a = \frac{q_S\, X_1\, V_1}{c_{S,0}} - b\, t_1\,. \tag{4.31}$$

Der Endzeitpunkt der Fütterung t_{end} muss so festgelegt werden, dass das Endvolumen V_{end} kleiner als das maximal mögliche V_{max} ist. Die maximale Fütterungszeit t_{end}, zu dem das maximale Volumen V_{end} erreicht ist, berechnet sich aus

$$\frac{dV}{dt} = F(t) \tag{4.32}$$

und entsprechend

$$\int_{V_1}^{V_{end}} dV = \int_{t_1}^{t_{end}} (a + b\,t)\, dt\,. \tag{4.33}$$

Nach Integration und Umformung ergibt sich

$$V_{end} = V_1 + \frac{1}{2a}\left[\left(a\,t_{end} + b\right)^2 - (a\,t_1 + b)^2\right] \le V_{max}\,. \tag{4.34}$$

Voraussetzung zur Lösung obiger Gleichungen ist natürlich, dass für die Prozessgrößen sinnvolle Vorgaben bzw. Abschätzungen getroffen werden:

- Die Vorgabe des Startvolumens V_1 hängt auch von dem Grad der Aufkonzentrierung im Zulauf ab. Je höher die Substratkonzentration $c_{S,0}$

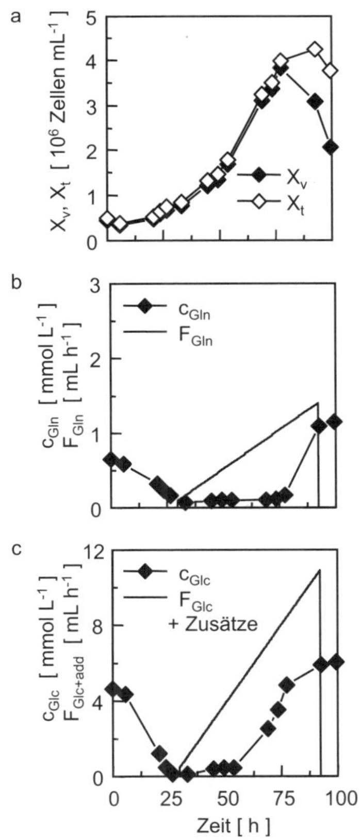

Abb. 4.11 *fed-batch*-Kultivierung einer Hybridoma-Zelllinie mit linearen Zulauftrajektorien (aus Schwabe 2000), a) Konzentration lebender Zellen X_v und Gesamtzellkonzentration X_t, b) Konzentration an Glutamin c_{Gln} und Zulaufstrom für Glutaminkonzentrat F_{Gln}, c) Konzentration Glucose c_{Glc} und Zulaufstrom für Konzentrat Glucose + Additive

ist, desto niedriger wird der erforderliche Zulaufstrom sein und um so größer kann das Startvolumen sein oder desto länger die Fütterungsphase.

- Die zellspezifische Substrataufnahmerate q_S lässt sich wiederum aus der exponentiellen Wachstumsphase eines *batch*-Experimentes ermitteln.
- Der Zeitpunkt t_1 als Startpunkt der Fütterung und die für diesen Zeitpunkt zu erwartende Zellkonzentration X_1 können aus einem *batch*-Experiment abgeleitet werden (z. B. Ende der exponentiellen Wachstumsphase).
- Das Volumen V_{end} entspricht dem maximalen Füllvolumen.
- Als erste Abschätzung für die Zellkonzentration X_{end} kann ebenfalls die maximale Konzentration aus dem *batch*-Experiment, ggf. mit einem Zuschlag dienen.

Wie schon bei den vorhergehenden Strategien sollten diese groben Abschätzungen lediglich für erste *fed-batch*-Experimente verwendet werden, aus denen dann exaktere Annahmen getroffen werden können (vgl. Kap. 5).

Trotz der etwas komplexeren Fütterungsstrategie lässt sich auch hier das tatsächliche Verhalten der Fermentation aufgrund der fehlenden Rückkopplung der prozessbegleitend ermittelten Daten nicht voraussagen. Es kann je nach gewählter Steigung der Fütterungsrate zu einer Unter- oder Überversorgung kommen, wobei eine lineare Trajektorie eher zu einer Unterversorgung führt. Der Aufwand für eine experimentelle oder simulationsgestützte Ausarbeitung einer derartigen Fütterungsstrategie erfordert gute Kenntnisse vom Zellwachstum und eine hohe Anzahl von Experimenten. Sie eignet sich insbesondere für häufig wiederholte Prozesse nach festgelegten Rezepturen.

4.6.1.4 Exponentielle Zunahme des Zulaufstromes

Ein exponentiell zunehmender Zulaufstrom soll dem exponentiellen Wachstum der Zellen Rechnung tragen (Lee et al. 1997). Der Zulaufstrom als Funktion der Zeit kann basierend auf Gl. (4.3) und Annahme von exponentiellem Zellwachstum formuliert werden, wenn wiederum $c_S = 0$ gilt

$$\frac{dc_S}{dt} = \frac{F(t_F)}{V(t_F)} c_{S,0} - q_S X_1 e^{\mu t_F} = 0, \tag{4.35}$$

mit der Fütterungszeit t_F (Startzeitpunkt Fütterung: $t_F = 0$ h). Dabei wird angenommen, dass die Konzentration an Substrat während der Fütterungsphase annähernd konstant ist. Zur Lösung dieser Gleichung müsste streng genommen das sich verändernde Volumen nach Gl. (4.32) berücksichtigt werden. Da sich hierdurch der mathematische Aufwand zur Lösung des Differenzialgleichungssystems erhöhen würde (z. B. Lösung durch Runge-Kutta-Algorithmus), wird hier für das Volumen ein konstanter Wert von $\bar{V}$ angenommen (siehe unten). Die als konstant angenommene Wachstumsrate μ sollte unterhalb der maximalen Wachstumsrate aus der exponentiellen Wachstumsphase im *batch* liegen, um eine Verdünnung der Zellen zu vermeiden (Empfehlung: 0,8 μ_{max}).

In der Praxis wird die Zulaufpumpe mit einer entsprechenden Steuerfunktion von einem Rechner aus angesteuert oder manuell bedient. Eine vergleichsweise einfache Steuerfunktion besteht z. B. darin, die Pumprate in definierten Zeitabständen Δt_F zu erhöhen. Für ein solches Zeitintervall $t_{F,i}$ bis $t_{F,i+1}$ gilt für die Zellkonzentration $X(t_{F,i})$ zum Zeitpunkt $t_{F,i}$ mit $F(t_{F,0})$ und $X(t_{F,0}) = X_{batch}$ für $i = 1$ bis n, sofern $F(t_{F,i})$ konstant ist:

$$X\left(t_{F,i}\right) = X\left(t_{F,i-1}\right) e^{\left(\mu - \frac{F\left(t_{i-1}\right)}{\bar{V}\left(t_{F,i-1}, t_{F,i}\right)} \Delta t_F\right)}. \tag{4.36}$$

Das mittlere Volumen $\bar{V}(t_{F,i-1}, t_{F,i})$ lässt sich hierbei näherungsweise abschätzen:

$$\bar{V}(t_{F,i-1}, t_{F,i}) = V(t_{F,i-1}) + 0{,}5\,\Delta V = V(t_{F,i-1}) + 0{,}5\,F(t_{F,i-1})\,\Delta t. \tag{4.37}$$

Mit

$$V(t_{F,i}) = V(t_{F,i-1}) + 0{,}5\,F(t_{F,i-1})\,\Delta t \tag{4.38}$$

ergibt sich

$$F(t_{F,i}) = \frac{V(t_{F,i})}{\left(\frac{1}{C} - 0{,}5\,\Delta t_F\right)}, \tag{4.39}$$

mit

$$C = \frac{q_S\,X\left(t_{F,i}\right)}{c_{S,0}}\, e^{0{,}5\mu\,\Delta t_F}. \tag{4.40}$$

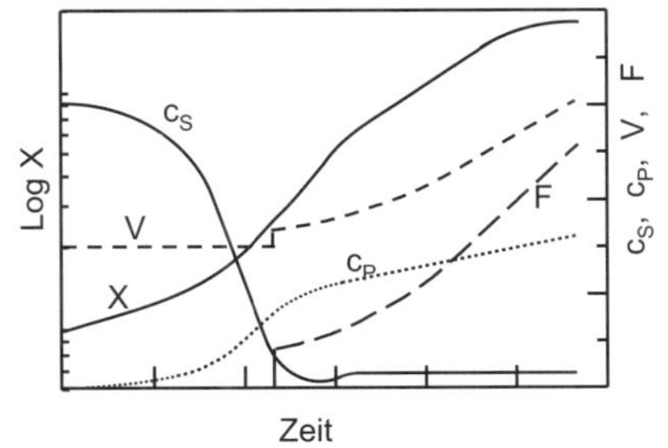

Abb. 4.12 Prinzipskizze und zeitlicher Verlauf eines *fed-batches* mit exponentieller Fütterung. Symbole wie Abb. 4.2

Naturgemäß ist der Fehler bei der Abschätzung von $\bar{V}$ umso kleiner, je kleiner das Zeitintervall Δt ist. Es muss selbstverständlich auch hier geprüft werden, dass das zugegebene Volumen das maximale Füllvolumen nicht übersteigt. Der Verlauf einer exponentiellen Fütterung ist schematisch in Abb. 4.12 dargestellt. Eine exponentielle Fütterungstrajektorie trägt zwar dem exponentiellen Wachstum der Zellen Rechnung, allerdings besteht hierbei im Gegensatz zur linearen Trajektorie eher die Gefahr einer Überfütterung, wenn die gewählte Wachstumsrate zu hoch ist.

4.6.2 Strategien mit zusätzlichen Informationen aus dem Prozess

Der wesentliche Nachteil der vorab beschriebenen Fütterungsstrategien ist darin zu sehen, dass es keine Rückkopplung zum Prozess gibt, d. h. die ermittelten Zulaufströme werden nicht an ungewünschte oder unvorhergesehene Prozessbedingungen (Substratlimitierung, Überfütterung, Metabolitenanreicherung etc.) angepasst. Somit eignen sich diese Strategien insbesondere für gut analysierte, häufig wiederholte Prozesse. Effektivere Fütterungsstrategien, die möglichst wenig experimentellen Aufwand während der Entwicklung erfordern, müssen den auftretenden Änderungen im Zellmetabolismus innerhalb einer Kultivierung und zwischen aufeinander folgenden Kultivierungen Rechnung tragen. Hierbei ist zu berücksichtigen, dass *online*-Messgrößen nur begrenzt verfügbar sind. Weitere Schwierigkeiten bestehen in dem großen Aufwand zur *online*- und *offline*-Messung bestimmter Größen bei der Probenahme und dem Kontaminationsrisiko bei der Probenahme selbst, sodass hier eine niedrige Probenahmefrequenz wünschenswert ist. Ziel der nachfolgend beschriebenen Strategien ist es, den physiologischen Status einer Zell- oder Mikroorganismenkultur *online* zu erfassen und möglichst zu steuern, indem

- einfach und sicher zu ermittelnde *online*-Messgrößen genutzt werden (Substratkonzentration, Sauerstoff, pH, Säure/Laugezugabe, Trübung etc.),
- basierend auf diesen Messungsgrößen der physiologische Status der Zellen charakterisiert wird,
- Substratlimitierungen detektiert werden,
- der vorangegangene Substratverbrauch abgeschätzt und ersetzt wird.

Im Folgenden werden entsprechende Strategien diskutiert. Auch hier wird auf eine vertiefte Darstellung mathematisch komplexer Lösungsalgorithmen sowie auf die Formulierung von Regelungsstrategien (siehe Kap. 6) verzichtet.

4.6.2.1 Fütterung anhand direkter Messung des Substratverbrauches

Eine direkte Messung der Substratkonzentrationen ist die unkomplizierteste Methode zur Bestimmung der erforderlichen Substratmenge und der optimalen Zeitpunkte für die Zugabe des Fütterungsmediums. Basierend auf der momentanen Konzentration an Substrat lässt sich errechnen, welche Menge an Substrat zugegeben werden muss, um die verbrauchte zu ersetzen und um ein Zellwachstum bis zur nächsten Substratzugabe aufrecht zu erhalten.

Vom zeitlichen Verlauf her ist diese Strategie mit dem in Kap. 4.6.1.1 diskutierten *repeated-batch* vergleichbar, wobei jetzt die gemessenen Substratkonzentrationen dazu genutzt werden, die Werte für das zuzugebende Volumen V_{zu} und die Zeit, nach der die zugegebene Menge an Substrat voraussichtlich verbraucht ist, während des Prozesses den veränderten Prozessbedingungen (Zellkonzentration, spezifische Substrataufnahmerate etc.) anzupassen. Die in einem Zeitintervall $t_i \rightarrow t_{i+1}$ verbrauchte Menge an Substrat ΔS errechnet sich bei konstantem Volumen zu

$$\Delta S = V(t_i)\left(c_S(t_i) - c_S(t_{i+1})\right). \qquad (4.41)$$

Diese muss durch das zugegebene Volumen V_{zu} mit der Konzentration $c_{S,0}$ ersetzt werden:

$$V_{zu} = \frac{V(t_i)\left(c_S(t_i) - c_S(t_{i+1})\right)}{c_{S,0}} \,. \tag{4.42}$$

Es empfiehlt sich, die Substratkonzentration direkt nach Zugabe $c_S(t_{i+1,neu})$ erneut zu messen und nicht rechnerisch zu ermitteln, da üblicherweise eine gewisse Zeit zwischen erster Probenahme für $c_S(t_{i+1})$, Berechnung der erforderlichen Menge, Zupumpen des Zulaufvolumens und erneuter Probenahme für $c_S(t_{i+1,neu})$ vergeht. Mithilfe von $c_S(t_{i+1,neu})$ lässt sich nun in Analogie zu Gl. (4.20) (Kap. 4.6.1.1) das Zeitintervall Δt abschätzen, in dem die Konzentration im Reaktor wieder auf einen vorgegebenen Minimalwert $c_{S,\min}$ gefallen sein wird. Dabei wird davon ausgegangen, dass die Steigung für die Abnahme der Substratkonzentration (also die volumenspezifische Substrataufnahmerate $X \cdot q_S$) konstant bleibt.

$$\Delta t = \frac{\left(V(t_i) + V_{zu}\right)\left(c_S(t_{i+1,neu}) - c_{S,\min}\right)}{V(t_i)\left(c_S(t_i) - c_S(t_{i+1})\right)}\left(t_{i+1} - t_i\right). \tag{4.43}$$

Naturgemäß wird bei dieser Abschätzung vernachlässigt, dass die Zellkonzentration im folgenden Zeitintervall und somit die volumenspezifische Substrataufnahmerate ansteigt. Es empfiehlt sich daher, für die minimale Konzentration $c_{S,\min}$ einen Wert anzusetzen, der eine mögliche Substratlimitierung unwahrscheinlich macht.

Die Messung der Substratkonzentration kann prinzipiell *offline* nach Probenahme oder *online* erfolgen, wobei die *offline*-Bestimmung für diese vergleichsweise einfache und mit wenig instrumentellem und regelungstechnischem Aufwand verbundene Strategie angemessener ist. Dabei ist natürlich zu berücksichtigen, dass die Zeit für die Durchführung der Messung möglichst kurz im Vergleich zur Wachstumsgeschwindigkeit der Zellen oder Mikroorganismen ist. Ein Richtwert könnte bei < 5 % der Verdopplungszeit der Zellen oder Mikroorganismen liegen. Analyseverfahren, die eine längere Zeitverzögerung nach sich ziehen (z. B. HPLC oder enzymatische Test-Kits), sind unter diesem Gesichtspunkt ungeeignet. Ferner ist bei dieser Strategie als nachteilig anzusehen, dass eine relativ hohe Probenahmefrequenz erforderlich ist, verbunden mit einem hohen Kontaminationsrisiko.

4.6.2.2 Regelung auf vorgegebener Substratkonzentration

Sofern eine zuverlässige, kontinuierliche *online*-Messung der Substratkonzentration zur Verfügung steht (z. B. für Glucose), kann die Substratkonzentration durch einen Regler (vgl. Kap. 6) in einem gewünschten Bereich gehalten werden. Dies setzt voraus, dass der Regelbereich nicht zu eng gesetzt wird und dass der Sollwert deutlich über dem unteren Ende des Messbereiches liegt. Darüber hinaus muss bei der Festlegung des Sollwertes berücksichtigt werden, ob es bei den zu kultivierenden Mikroorgansimen oder Zellen zu konzentrationsabhängigen Veränderungen im Zellmetabolismus kommt (z. B. Sekundärmetabolitenproduktion, Ethanolproduktion mit Hefen, tierische Zellen). Die Zulaufströme sollten in sehr kleinen Intervallen angepasst werden, um eine Überfütterung oder eine Substratlimitierung durch übergroße Schwingungen zu vermeiden.

Im Folgenden wird diese Strategie an einem von Buchmann (2006) diskutiertem Beispiel vorgestellt. Dabei wurde während einer Fermentation von *Escherichia coli* die Glucosekonzentration im Medium mittels eines *online*-Analysators bestimmt (Abb. 4.13). Basierend auf diesem Messsignal wurde die Glucosekonzentration mithilfe eines Minimalvarianzreglers geregelt (Köster 2002, Wedy 1992). Für die Berechnung des Zulaufstroms F_i zum Zeitpunkt t_i, welche notwendig ist, um den Sollwert der Glucosekonzentration $c_{S,soll}$ zu halten, werden neben dem Startvolumen V_0, des vorherigen Zulaufstromes F_{i-1}, auch die aktuelle Glucosekonzentration $c_{S,i}$ sowie die vorherige $c_{S,i-1}$ für das Messintervall t_m benötigt:

$$F_i = \frac{c_{S,0}\, t_m^2\, F_{i-1} + c_{S,0}\, t_m\, V_0\left(c_{S,i-1} + c_{S,soll} - 2\,c_{S,i}\right)Q^2\, F_{i-1}\, V_0^2}{c_{S,0}^2\, t_m^2 + Q^2\, V_0^2} \,. \tag{4.44}$$

Die Herleitung der Reglergleichung findet sich bei Köster (2002). Die Dämpfung Q muss für das jeweilige Reaktorsystem angepasst werden. Buchmann (2006) gibt für den von ihm verwendeten Bioreaktor (2 L) einen Wert von $Q = 40$ an.

Ein großer Vorteil dieser Fütterungsstrategie besteht darin, dass die Substratkonzentration durch die Rückkopplung mit dem Prozess wäh-

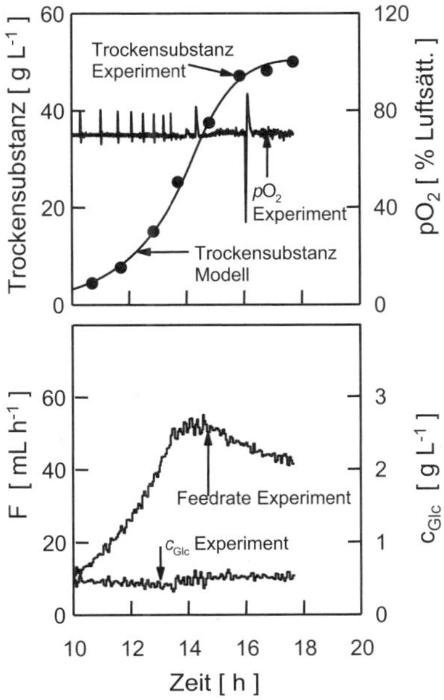

Abb. 4.13 *fed-batch*-Kultivierung eines rekombinanten *Escherichia coli* unter Verwendung eines Glucoseminimalvarianzreglers (aus Buchmann [2006], mit freundlicher Genehmigung). Typische Verläufe von Trockensubstanz, Sauerstoffgehalt pO_2, Zulaufvolumenstrom F und Glucosekonzentration (c_{Glc}) eines auf 0,5 g L^{-1} Glucose geregelten *fed-batches* in einem 2-L-Rührreaktor

rend der gesamten Fermentation konstant gehalten werden kann, ohne Reglerparameter verändern zu müssen. Nachteilig ist, dass häufig nur für wenige Substrate (z. B. Glucose) eine schnelle und zuverlässige *online*-Analytik existiert. Die Fütterungsstrategie ist somit nicht substratunabhängig und es kann zu Problemen bei Medien mit mehreren essenziellen Komponenten kommen. Zudem wird ein weiteres Messgerät mit einer zusätzlichen Sonde im Bioreaktor benötigt. Dadurch steigt der Aufwand für die Durchführung und das Kontaminationsrisiko während der Kultivierung. Häufig ist zudem die niedrigste einzuregelnde Konzentration aufgrund des Messbereiches des *online*-Analysators noch vergleichsweise hoch. Bei bestimmten Prozessen (z. B. *Escherichia coli*) kann es von Vorteil sein, eine extrem niedrige Substratkonzentration einzuhalten, um eine Metabolitenbildung zu unterdrücken. Ferner müssen die Reglerparameter an das jeweilige Reaktorsystem angepasst werden.

4.6.2.3 Proportional-Fütterung auf Basis der zugegebenen Menge an Lauge oder Säure

Die Regelung des pH-Wertes in einem Bioreaktor erfolgt üblicherweise durch Zugabe von Lauge oder Säure. Da bei vielen Prozessen ein Absinken des pH-Wertes aufgrund von sauren Metaboliten kompensiert werden muss, erfolgt die pH-Regelung in den meisten Fällen durch Zugabe von Lauge. Sofern sich die sauren Metaboliten gut identifizieren lassen und diese eng an den Umsatz bestimmter Substrate gekoppelt sind, lässt sich aus der zugegebenen Menge an Base auf die verbrauchte Menge an Substrat schließen. Beispielsweise erfüllen Prozesse mit tierischen Zellen diese Kriterien, da hier ein Großteil der verbrauchten Glucose zu Laktat umgesetzt wird ($Y_{Lac/Glc} \sim 1{,}1 - 1{,}7$, vgl. Kap. 3.5). Diese Laktatbildung ist im Wesentlichen für das Absinken des pH-Wertes verantwortlich. Generell wird 1 mol Lauge zur Neutralisation von 1 mol Laktat benötigt. Wenn die Ausbeute von Laktat aus Glucose sowie die Verbrauchsraten anderer Substrate (z. B. Glutamin, Aminosäuren) in etwa proportional zu diesen sind, kann die so berechnete Laktatproduktionsrate zur Abschätzung des Substratverbrauches herangezogen werden. Unter Zuhilfenahme der in Kap. 4.6.2.1 vorgestellten Gleichungen kann dann die zuzugebende Menge an Substrat berechnet werden.

Allerdings ist diese Strategie nicht sehr präzise, da Zellkulturmedien sehr stark gepuffert sind (z. B. Natriumhydrogenkarbonat, HEPES) und somit Veränderungen im pH-Wert nur stark verzögert einsetzen. Es empfiehlt sich daher, die Pufferkapazität des Mediums zu senken, um die Sensitivität dieser sehr einfachen Strategie zu erhöhen.

4.6.2.4 Proportional-Fütterung mittels Trübungsmessung (Zellzahlbestimmung)

Die *online*-Messung der Trübung, wie sie heutzutage durch entsprechende Messsonden möglich ist, bietet eine akkurate Möglichkeit zur Abschätzung der Zellkonzentration im Bioreaktor und zur Anwendung von Fütterungsstrategien, die die Zellkonzentration mit einbeziehen. Hierzu ist eine gute Korrelation zwischen der Konzentration lebender Zellen oder Mikroorganismen und der Trübung erforderlich. Sofern die zellspezifischen Substrataufnahmeraten als konstant angenommen werden können, lässt sich mithilfe der durch Trübungsmessung ermittelten Zellkonzentration die verbrauchte Menge an Substrat abschätzen und für die oben beschriebenen Strategien einsetzen. Liegen zudem noch *online*- oder *offline*-Daten zur Substratkonzentration vor, können die tatsächlichen, im Prozess veränderlichen Substrataufnahmeraten verwendet werden. Dies führt zu einer substanziellen Verbesserung dieser Strategien.

Die proportionale Fütterung mittels Trübungsmessung funktioniert sehr gut während der exponentiellen Wachstumsphase, solange der Anteil toter Zellen vergleichsweise gering bzw. konstant ist. Gegen Ende einer Kultivierung nehmen üblicherweise die Konzentration lebender Zellen und die metabolische Aktivität der Zellen ab, sodass die Korrelation zwischen Zellkonzentration und Trübung angepasst werden muss.

4.6.2.5 Proportional-Fütterung mittels Sauerstoffaufnahme (*OUR*)

Unter den *online* zugänglichen Messgrößen ist die volumenspezifische Sauerstoffaufnahmerate mit am besten geeignet, die zellulären Bedürfnisse akkurat abzuschätzen und Änderungen in der metabolischen Aktivität von aeroben Zellen oder Mikroorganismen anzuzeigen. Die Sauerstoffaufnahmerate ist ein wahrer physiologischer Indikator und wird nicht, wie z. B. der pH-Wert, durch andere Größen wie die Pufferkapazität des Mediums maskiert. Zudem reagiert die Sauerstoffaufnahmerate aerober Mikroorganismen sehr sensitiv auf wechselnde Milieubedingungen, etwa eine Substratlimitierung. Bei der proportionalen Fütterung mittels *OUR* wird anhand der *online* ermittelten volumenspezifischen Sauerstoffaufnahme der Bedarf an Nährstoff abgeschätzt. Hierzu muss naturgemäß das Verhältnis von zellspezifischer Substrat- zu Sauerstoffaufnahmerate bekannt sein. Die Einstellung der Fütterungsrate kann dann nach den oben beschriebenen Strategien erfolgen.

Die volumenspezifische Sauerstoffaufnahmerate *OUR* lässt sich grundsätzlich aus einer Bilanz über die Gas- oder die Flüssigphase bestimmen.

Bei einer Bilanz über die ein- und ausgehenden Gasströme errechnet sich *OUR* nach

$$OUR = \frac{\dot{V}_G\left(c_{O_2,g}^{ein} - c_{O_2,g}^{aus}\right)}{V}\,, \qquad (4.45)$$

mit den Sauerstoffkonzentrationen in der Zuluft $c_{O_2,g}^{ein}$ und im Abgas des Reaktors $c_{O_2,g}^{aus}$ sowie dem Gasvolumenstrom $\dot{V}_G$, (siehe Kap. 2). Zur Auswertung dieser Beziehung müssen die exakten Zusammensetzungen der Zu- und Abluft (Abgasanalytik) bekannt sein. Häufig ist die Differenz zwischen den Sauerstoffanteilen in Zu- und Abluft zu gering, um eine zuverlässige Bestimmung der Sauerstoffaufnahmerate zu ermöglichen. Dies ist insbesondere bei Laborreaktoren und/oder Prozessen mit niedrigen Zelldichten bzw. niedrigen zellspezifischen Sauerstoffaufnahmeraten (z. B. Zellkulturprozessen) der Fall. Dagegen empfiehlt sich diese Methode bei größeren Reaktoren im industriellen Maßstab, da hier ausreichend große Differenzen zwischen den Sauerstoffanteilen in Zu- und Abluft auftreten und die erforderliche Analytik außerhalb der Sterilgrenzen des Bioreaktors installiert werden kann.

Eine Bilanz über die Flüssigphase basiert auf folgender Gleichung (vgl. Kap. 2):

$$\frac{dc_{O_2}}{dt} = k_L a\left(c_{O_2}^* - c_{O_2}\right) - OUR\,, \qquad (4.46)$$

mit: flüssigkeitsseitiger Stoffübergangskoeffizient $k_L a$, Sauerstoffkonzentration c_{O_2}, Sauerstoff-Sättigungskonzentration $c_{O_2}^*$ im Gleichgewicht zur Gasphase. Voraussetzung ist die akkurate Messung der Sauerstoffkonzentration in der Flüssigphase. Hier müssen für die eingesetzten Messsonden bestimmte Eigenschaften wie ein möglicher Drift der Kalibrierung oder verzögertes Ansprechverhalten bei sehr schnellen Konzentrationsänderungen berücksichtigt werden.

Unter bestimmten Voraussetzungen lässt sich Gl. (4.46) vereinfachen und ohne großen Aufwand zur Bestimmung der Sauerstoffaufnahmerate während eines Kultivierungsprozesses heranziehen (siehe Abb. 4.14). Unter der Annahme, dass entweder die Konzentration im Reaktor mit der Gasphase im Gleichgewicht steht ($c_{O_2} \approx c_{O_2}^*$) oder dass der $k_L a$-Wert vernachlässigbar klein wird, reduziert sich Gl. (4.46) zu

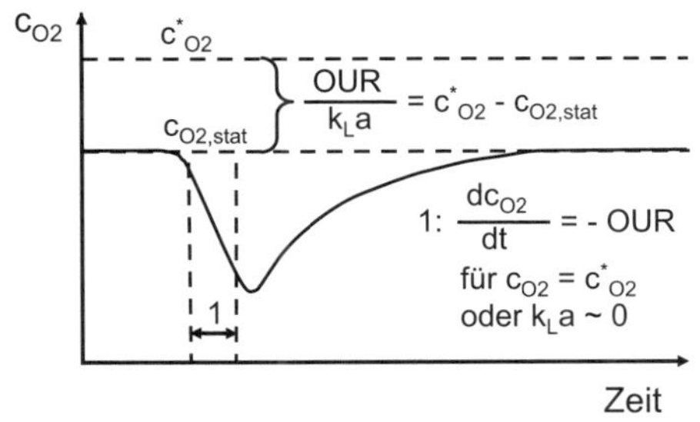

Abb. 4.14 Darstellung verschiedener Methoden zur Bestimmung der volumenspezifischen Sauerstoffaufnahmerate OUR. Mit: c_{O2}: Sauerstoffkonzentration, $c^*_{O_2}$: Sauerstoffsättigungskonzentration, $c_{O_2,stat}$: Sauerstoffkonzentration im stationären Zustand, k_La: flüssigkeitsseitiger Stoffübergangskoeffizient, 1: Zeitintervall, in dem die Begasung unterbrochen wird.

$$\frac{dc_{O_2}}{dt} \approx -OUR\,. \tag{4.47}$$

Der k_La-Wert kann z. B. dann als vernachlässigbar angenommen werden, wenn etwa bei einer Fermentation aerober Mikroorgansimen (z. B. *Escherichia coli*) der Bioreaktor normalerweise durch eine Blasenbegasung begast und diese zur Bestimmung von dc_{O_2}/dt abgeschaltet wird. Der verbleibende Sauerstofftransport über die Flüssigkeitsoberfläche kann in diesem Fall als gering angesehen werden. *OUR* kann dann aus der Anfangssteigung des zeitlichen Verlaufes der Sauerstoffkonzentration bestimmt werden (Phase 1 in Abb. 4.14).

Alternativ wird der Term dc_{O_2}/dt vernachlässigbar, wenn in einem betrachteten Zeitintervall die Konzentration an Sauerstoff $c_{O_2,stat}$ und der Molanteil an Sauerstoff in der Begasungsluft in etwa konstant bleiben. Diese Randbedingungen sind bei langsam wachsenden Organismen (z. B. Zellkulturen) zumindest bei niedrigen Zelldichten oder bei kontinuierlichen Prozessen (Chemostat, Perfusion) im stationären Zustand näherungsweise erfüllt. Somit vereinfacht sich Gl. (4.46) unter den getroffenen Annahmen zu

$$OUR \approx k_La\left(c^*_{O_2} - c_{O_2}\right). \tag{4.48}$$

Unter Annahme eines bekannten und konstanten k_La-Wertes, einer bekannten Gleichgewichtskonzentration $c^*_{O_2}$ und konstanter Sauerstoffkonzentration $c_{O_2,stat}$ in der Flüssigphase erlaubt Gl. (4.48) eine Berechnung des *OUR*.

Die zur Auswertung von Gl. (4.47) bzw. Gl. (4.48) notwendigen Voraussetzungen lassen sich meist nur unter bestimmten Bedingungen (kleine Bioreaktoren, langsam wachsende Zellen oder Mikroorganismen, spezielle Anforderungen an die Art der Begasung bzw. die Regelung der Begasung) erfüllen. So ist bei einer Regelung der Sauerstoffkonzentration über Rührerdrehzahl und/oder Begasungsrate oder bei Prozessen mit veränderlichen Volumina (*fed-batch*) oder stark zunehmender Viskosität (z. B. Myzelien) nicht mehr davon auszugehen, dass der k_La-Wert bzw. der Sauerstoffanteil in der Begasungsluft konstant sind. In diesem Fall muss Gl. (4.46) als ganzes gelöst werden, was mit erheblich höherem mathematischem Aufwand verbunden ist. So kann der k_La-Wert vorab als Funktion von Prozessgrößen wie z. B. Flüssigkeitsvolumen, Rührerdrehzahl oder Begasungsrate bestimmt werden. Unter bestimmten Voraussetzungen lässt sich der k_La-Wert während des Prozesses ermitteln (vgl. Kap. 2). Alternativ bietet sich die Abschätzung der Sauerstoffaufnahmerate aus der Gasbilanz (s. o. und Kap. 2.) an.

Die proportionale Fütterung mittels *OUR* soll im Folgenden am Beispiel einer von Schwabe (2000) beschriebenen *fed-batch*-Strategie für eine tierische Zelle (Hybridoma-Zelllinie) erläutert werden. Dabei werden die Fütterungsraten für ein Glucose-Aminosäurenkonzentrat mit Glucose als messtechnisch gut zugänglicher Leitkomponente und ein Glutaminkonzentrat anhand der aktuellen volumenspezifischen Sauerstoffaufnahmerate bestimmt. Zur Vorbereitung wurden in einem *batch*-Experiment die Sauerstoffaufnahmerate OUR und der Umsatzkoeffizient Sauerstoff zu Glucose $\alpha_{O_2/Glc}$ experimentell ermittelt. Abb. 4.15 zeigt den erwarteten Anstieg der Sauerstoffaufnahmerate während der exponentiellen Wachs-

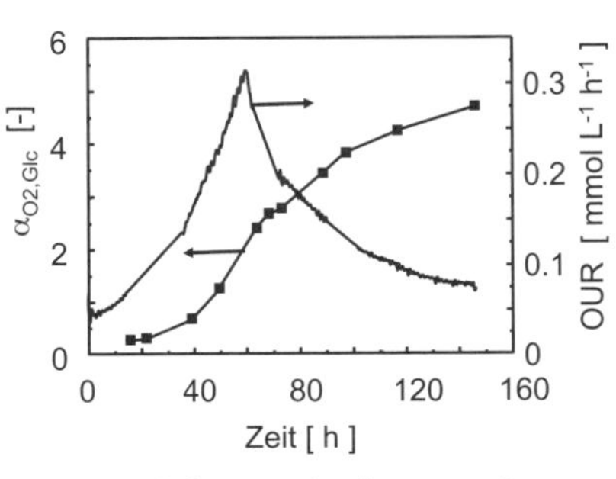

Abb. 4.15 Zeitlicher Verlauf von volumenspezifischer Sauerstoffaufnahmerate OUR und Umsatzverhältnis Sauerstoff/Glucose $\alpha_{O_2,Glc}$ während der Batch-Kultur einer Hybridoma-Zelllinie

tumsphase und den steilen Abfall bei einsetzender Substratlimitierung (hier speziell Glutamin, nicht gezeigt). Es wird aber auch deutlich, dass der Umsatzkoeffizient $\alpha_{O_2/Glc}$ nicht konstant ist, sondern während der Kultivierung ansteigt. Somit kann nicht von einem konstanten Umsatzverhältnis Sauerstoff/Glucose ausgegangen werden. Vielmehr muss der Umsatzkoeffizient während der Kultivierung angepasst werden.

Bei der in Abb. 4.16 dargestellten *fed-batch*-Kultivierung wurde die Fütterung automatisch gestartet, nachdem die *OUR* am Ende der exponentiellen Wachstumsrate deutlich abfiel. Die Fütterungsrate für den Glucose-Aminosäuren-Zulauf $F_{Glc}(t_i)$ wurde in zeitlichen Abständen von $\Delta t_{i-1,i} = 30$ min nach

$$F_{Glc}(t_i) = \frac{\int\limits_{t_{i-1}}^{t_i} OUR\, V_i\, dt}{\alpha_{O_2,Glc,j}\, c_{Glc,0}\,(t_{i-1} - t_i)} \tag{4.49}$$

berechnet und über ein Prozessleitsystem an die Pumpensteuerung übergeben. Der Umsatzkoeffizient $\alpha_{O_2/Glc}$ wurde in größeren Zeitabständen von $\Delta t_{j-1,j} = 8\text{-}10$ h aus *offline* gemessenen Glucosewerten nach

$$\alpha_{O_2/Glc,j} = \frac{\int\limits_{t_{i-1}}^{t_i} OUR\, V_i\, dt}{c_{Glc}(t_j) V_i(t_j) - c_{Glc}(t_{j-1}) V_i(t_{j-1}) - c_{Glc,0} \int\limits_{t_{j-1}}^{t_j} F_{Glc}\, dt} \tag{4.50}$$

angepasst. Der Zulaufstrom für das Glutaminkonzentrat wurde auf der Basis eines vorab ermittelten Umsatzkoeffizient Glutamin- zu Glucoseaufnahme $\beta_{Gln,Glc}$ nach

$$\beta_{Gln,Glc} = \frac{q_{Gln}}{q_{Glc}} = 0{,}25 \tag{4.51}$$

zu

$$F_{Gln}(t_i) = F_{Glc}(t_i) \frac{c_{Glc,0}}{c_{Gln,0}} \beta_{Gln,Glc} \tag{4.52}$$

ermittelt. Aus Abb. 4.16 lässt sich ableiten, dass die hier gewählte Strategie sehr gut funktioniert, solange das Zellwachstum substratlimitiert ist. Erst bei einsetzender Metaboliteninhibierung durch Akkumulation von Ammonium nach etwa 100 h kommt es zu einem starken Einbruch der Zellkonzentration.

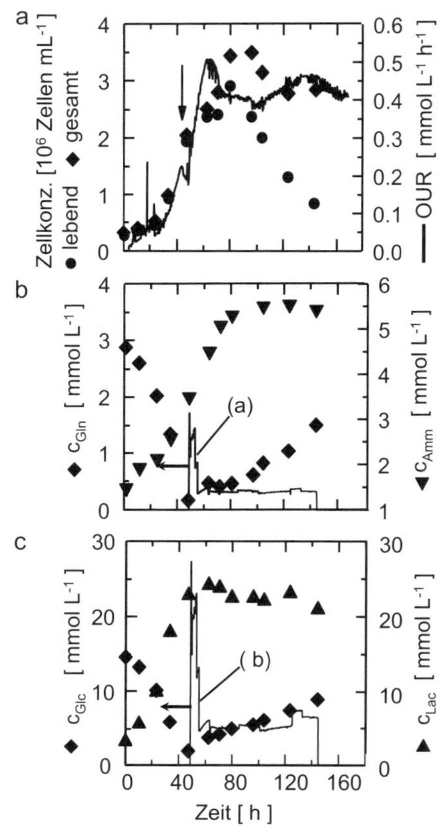

Abb. 4.16 Zeitlicher Verlauf der *fed-batch*-Kultur einer Hybridoma-Zelllinie mit Steuerung des Zulaufstromes mittels gemessener volumenspezifischer Sauerstoffaufnahmerate OUR (nach Schwabe 2000)
a) Konzentration lebender Zellen und Gesamtzellkonzentration, *OUR*
b) Konzentration an Glutamin und Ammonium, Zulaufstrom Glutamin (a)
c) Konzentration an Glucose und Laktat, Zulaufstrom Glucose + Additive (b)

Zusammenfassend erfordert die proportionale Fütterung mittels *OUR* gut definierte und möglichst konstante Prozessgrößen (z. B. Gaszusammensetzung, k_La-Wert), die Kopplung des Bioreaktors mit einem leistungsfähigen Prozessleitsystem sowie eine möglichst ausgewogene Mediumsformulierung. Eine Metaboliteninhibierung wird nicht berücksichtigt. Probleme bei der *OUR*-Bestimmung ergeben sich häufig im großtechnischen Maßstab, die sich ggf. mittels Abgasanalytik lösen lassen.

4.6.2.6 *Oxygen probing*

Die nachfolgenden Ausführungen zum pO_2-*probing* basieren auf Buchmann (2006, mit freundlicher Genehmigung). Beim pO_2-*probing* handelt es sich um eine rückgekoppelte, indirekte Fütterungsstrategie, die das Signal der Sauerstoffsonde nutzt, um daraus die erforderliche Fütterungsrate abzuschätzen. Während die vorher beschriebenen Strategien die tatsächliche Sauerstoffaufnahmerate nutzen und somit auch auf eine exakte Messung der Sauerstoffkonzentration angewiesen sind, ist dies beim pO_2-*probing* nicht der Fall. Daher wird hier nicht die Sauerstoffkonzentration c_{O_2} verwendet, sondern das Signal der Sauerstoffsonde pO_2 Beim pO_2-*probing* wird die Systemantwort im pO_2 auf Rechteckpulse in der Fütterung genutzt, um den Zulaufstrom dem Substratbedarf der Mikroorganismen anzupassen (Åkesson 1999). Die sich einstellende Substratkonzentration ist damit nicht die Regelgröße, sondern lediglich ein Resultat der Kombination aus eingestelltem Zulaufstrom und Substrataufnahmerate der Mikroorganismen.

Um die Regelung durchzuführen, werden zwei Zeitintervalle definiert: eine Wartezeit t_W (bei Buchmann [2006] 330 s im 2-L- und 300 s im 30-L-Maßstab) und eine Kontrollzeit t_K (bei Buchmann [2006] 84 s im 2-L- und 100 s im 30-L-Maßstab). Während der Wartezeit wird der pO_2 auf den Sollwert $pO_{2,\text{soll}}$ geregelt. Begasungssprünge werden nur in den ersten 15 s der Wartezeit zugelassen, um einen sicheren Einlauf des pO_2 auf den Sollwert vor der nachfolgenden Kontrollzeit zu gewährleisten.

Während der Kontrollzeit ist die pO_2-Regelung inaktiv, um die Antworten auf Änderungen im Zulaufstrom möglichst nicht zu verfälschen. Die Rührerdrehzahl, über die die Sauerstoffkonzentration geregelt wird, bleibt auf dem letzten Wert der Wartezeit stehen. Während der Kontrollzeit wird der bisherige Zulaufstrom F um den Wert $\kappa_{Puls}F_{alt}$ erhöht bzw. verringert (Vorzeichenfaktor $f = 1$ oder $f = -1$):

$$F = F_{alt}\left(1 + f\,\kappa_{Puls}\right). \tag{4.53}$$

Sowohl der Pulsfaktor κ_{Puls} als auch der Inkrementfaktor κ_{Ink}, welcher die Höhe des Zulaufstromes in der Wartezeit festlegt, sind von der Begasungszusammensetzung abhängig. Mit steigendem Sauerstoffanteil nimmt ihre Größe ab, da der Gleichgewichtswert pO_2^* im Laufe einer Fermentation durch die notwendige Zugabe von Sauerstoff ansteigt. Die Berechnung von κ_{Puls} und κ_{Ink} erfolgt nach

$$\kappa = \psi \cdot \frac{\Delta pO_2}{pO_2^* - pO_{2,\text{soll}}} \tag{4.54}$$

Folgende Antworten des pO_2 auf eine Änderung des Zulaufstromes sind dabei möglich (aus Buchmann [2006], mit freundlicher Genehmigung):

„I. Der Zulaufstrom wird in der Kontrollzeit erhöht ($\Delta F = \kappa_{Puls}F_{alt}$).

I.a. Der pO_2 fällt deutlich unter die zuvor definierte Grenze ($pO_{2,\text{soll}} - \Delta pO_2$), was ein Indikator dafür ist, dass die Mikroorganismen bezüglich des Substrates stark limitiert sind, und es damit einer Steigerung des Zulaufstromes bedarf. Der Regler beendet sofort das Kontrollintervall und beginnt mit der Wartezeit. Der Zulaufstrom bleibt in dieser erhöht ($\Delta F = \kappa_{Ink}F_{alt}$). Der nächste Puls hat wieder ein positives Vorzeichen ($f = 1$).

I.b. Der pO_2 fällt nicht innerhalb der Kontrollzeit unter die Grenze. Der Zulaufstrom wird in der nachfolgenden Wartezeit wieder auf das vorherige Niveau abgesenkt ($F = F_{alt}$). Der nächste Puls hat ein negatives Vorzeichen ($f = -1$).

II. Der Zulaufstrom wird in der Kontrollzeit verringert ($\Delta F = -\kappa_{Puls}F_{alt}$).

II.a. Der pO_2 steigt deutlich über die zuvor definierte Grenze ($pO_{2,\text{soll}} + \Delta pO_2$), was ein Indikator dafür ist, dass die Mikroorganismen bezüglich des Substrates bereits stark limitiert sind und es keiner weiteren Absenkung des Zulaufstromes bedarf. Die Regelung geht analog i. A. sofort in die Wartezeit über. Der Zulaufstrom wird hier wieder auf das vorherige Niveau erhöht ($F = F_{alt}$). Der nächste Puls hat ein positives Vorzeichen ($f = 1$).

II.b. Der pO_2 steigt innerhalb der Kontrollzeit nicht ausreichend an. Der Zulaufstrom bleibt daher in der nachfolgenden Wartezeit abgesenkt ($\Delta F = -\kappa_{Ink}F_{Ink}$). Der nächste Puls hat wieder ein negatives Vorzeichen ($f = -1$).“

Abb. 4.17 verdeutlicht das Funktionsprinzip des pO_2-*probings* anhand eines Ausschnitts aus einer

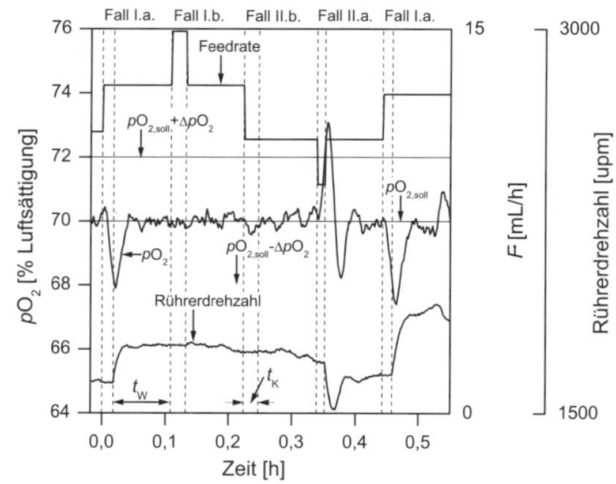

Abb. 4.17 Funktionsprinzip des pO_2-*probing* (nach Buchmann 2006, mit freundlicher Genehmigung) Dargestellt sind die Verläufe des Gelöstsauerstoffs in % Luftsättigung, des Zulaufvolumenstromes (*feed-Rate*) F und der Rührerdrehzahl. Die vertikalen, gestrichelten Linien markieren die Grenzen der jeweiligen Kontroll- und Wartezeitintervalle (t_K bzw. t_W). Die horizontalen, gestrichelten Linien markieren die zu über- bzw. zu unterschreitenden Gelöstsauerstoffkonzentrationen. Ebenso ist der Sollwert der Gelöstsauerstoffkonzentration durch eine horizontale, gestrichelte Linie markiert

Fermentation im 30-L-Maßstab. Hier sind alle oben beschriebenen Fälle zu erkennen.

In Abb. 4.18 ist das Ablaufschema des pO_2-*probings* dargestellt, wie es von Buchmann (2006) in einem Prozessleitsystem umgesetzt worden ist. Da es sich hierbei um eine Programmierung auf der SPS-Ebene handelte (Echtzeitprogrammierung), wurde das Programm im Sekundentakt durchlaufen. Ein Zähler summiert die Schleifendurchläufe auf. Nachdem er den Wert $t_K + t_W$ erreicht hat, wird er genullt und fängt von vorne an.

Als Eingangsgrößen für den Regler dienen der Start-Zulaufstrom F_{start}, die Schwelle ΔpO_2 und die zur Berechnung des Puls- bzw. Inkrementfaktors κ nötigen Werte für ψ_{Puls} und ψ_{Ink}. Der typische Verlauf einer eigenen Fermentation im 2-L-Folien-Bioreaktor unter Verwendung des pO_2-*probings* ist in Abb. 4.19 dargestellt.

Mit dem pO_2-*probing* können wesentlich niedrigere Substratkonzentrationen als z. B. mit dem Glucoseminimalvarianzregler erreicht werden ($<0{,}25\ g\,L^{-1}$). Ferner benötigt das pO_2-*probing* keine zusätzlichen Sonden im Bioreaktor sondern greift auf die ohnehin in jedem aerob betriebenen

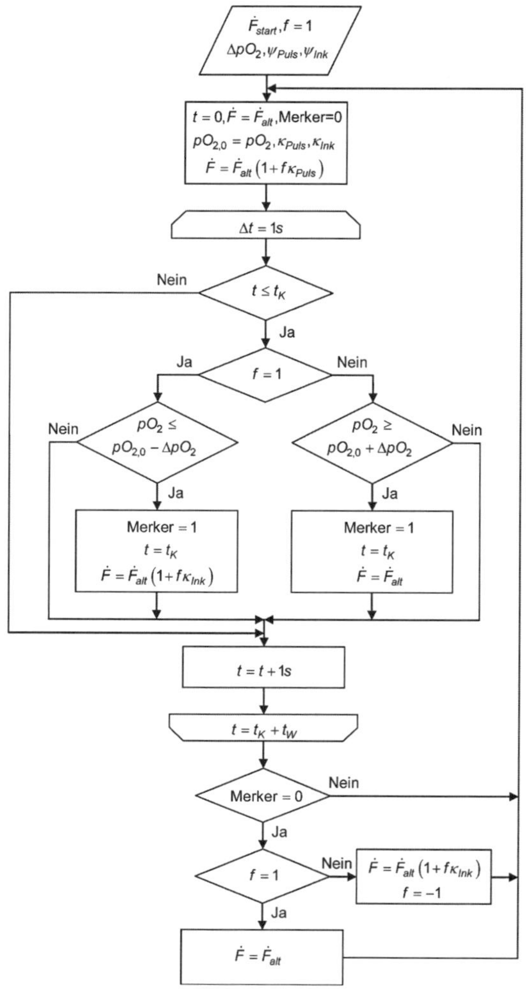

Abb. 4.18 Programmablaufschema des pO_2-*probing* (nach Buchmann 2006, mit freundlicher Genehmigung). Symbole siehe Text

Bioreaktor vorhandene Messtechnik zurück. Damit ist es anspruchsloser als der Glucoseminimalvarianzregler und substratunabhängig. Durch die niedrigen Substratkonzentrationen kann im Falle von *Escherichia coli* die Bildung von Essigsäure durch den sogenannten Overflow-Metabolismus weitestgehend vermieden werden. Nachteilig ist jedoch die Nutzung einer Messgröße in der Flüssigphase des Bioreaktors. Eine Maßstabsvergrößerung ist dadurch problematisch. Zur Lösung dieses Problems stellt Buchmann (2006) eine modifizierte pO_2-*probing*-Strategie auf der Basis einer Sauerstoffgasbilanz vor.

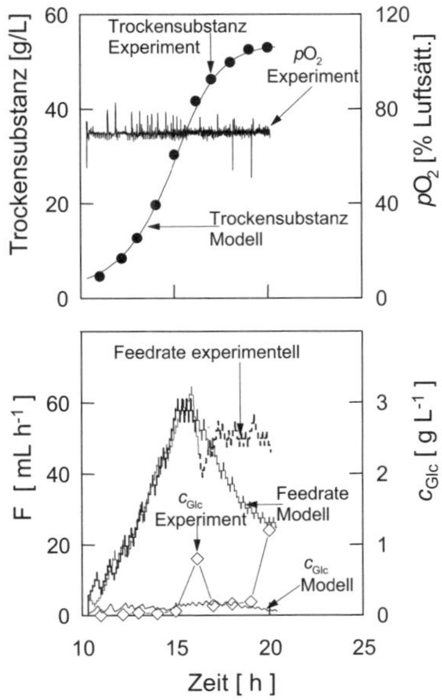

Abb. 4.19 *fed-batch*-Fermentation eines rekombinanten *Escherichia coli* mittels des pO_2-*probing* (nach Buchmann 2006, mit freundlicher Genehmigung). Vergleich zwischen den modellierten und experimentellen Verläufen der Trockensubstanz (TS), Zulaufstrom (*feed*-Rate, F) und der Glucosekonzentration (s_{Glu}) eines pO_2-*probing-fed-batches* im 2-L-Bioreaktor.

4.6.3 Modellgestützte Prozessführungsstrategien

4.6.3.1 „a priori"-Berechnung des Zulaufstromes anhand eines kinetischen Modells

Sofern für den zu kultivierenden Mikroorganismuns ein kinetisches Modell zur Verfügung steht, das Zellwachstum sowie Substrataufnahme- und Produktbildungsraten hinreichend gut beschreibt (vgl. Kap. 3), können mithilfe des Differentialgleichungssystems für einen *fed-batch* (Gl. 4.1–4.4) verschiedene Fütterungsstrategien vorausberechnet und anhand dieser Modellrechnungen eine geeignete Strategie ausgewählt werden. Im Folgenden wird dies am Beispiel einer Kultivierung mit Hybridoma-Zellen diskutiert. Das verwendete, unstrukturierte Modell sowie der Lösungsansatz für das DGL-System wurden bei Pörtner et al. (1996) ausführlich beschrieben.

Abb. 4.20 zeigt eine *fed-batch*-Kultur mit einer Hybridoma-Zelllinie, bei der anhand einer Modellrechnung der geeignete Startzeitpunkt zum Anschalten der Mediumspumpe und die Pumprate „a priori" bestimmt wurden. In einem gerührten 2-L-Reaktor wurde 1 L Medium vorgelegt und mit einer Zelldichte von $2 \cdot 10^5$ Zellen mL^{-1} beimpft. Die nach 24 Stunden bestimmten Konzentrationen an Zellen, Glutamin und Ammonium dienten als Startwerte für die Simulation, da die Lag-Phase der Zellen üblicherweise ca. 24 Stunden andauert. Die Berechnung der Konzentrationsverläufe für monoklonale Antikörper als gewünschtes Produkt sowie für Glucose und Laktat (nicht gezeigt) erfolgte im Anschluss an die Kultivierung. Bei einer berechneten Glutaminkonzentration von 1 mmol L^{-1} (t = 50 h) wurde die Mediumspumpe mit einer niedrigen, aber konstanten Pumprate von 12 mL h^{-1} gestartet. Ab einer berechneten Glutaminkonzentration von 0,04 mmol L^{-1} (t = 73 h) wurde die Pumprate entsprechend der Modellvorgabe kontinuierlich erhöht, um diese Glutaminkonzentration zu halten. Das Endvolumen betrug 1,8 L.

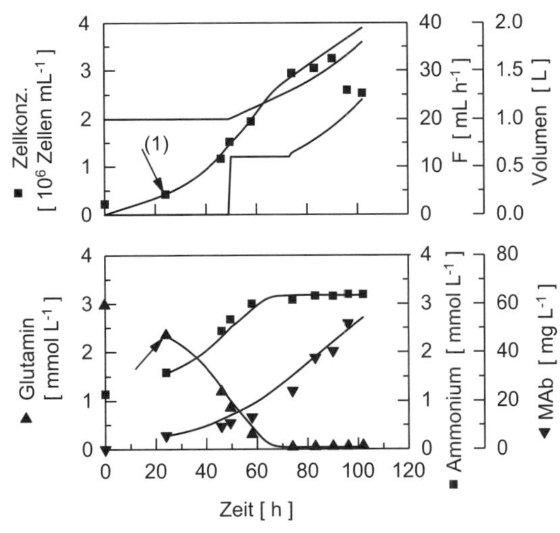

Abb. 4.20 Modellgestützte *fed-batch*-Kultur einer Hybridom-Zellinie mit „a priori"-Berechnung des Zulaufstromes (mit Standardmedium als *feed*) (Pörtner 1998)

Lebendzellkonzentration, Zulaufstrom F, Volumen, Glutaminkonzentration, Ammoniumkonzentration und Konzentration an monoklonalen Antikörpern (MAb)

— : „a priori"-Berechnung; die nach t = 24 h ermittelten Daten dienten als Startwerte; 1: konstanter Zulaufstrom; 2: steigender Zulaufstrom, um die Glutaminkonzentration bei 0,04 mmol L^{-1} zu halten

Die „a priori"-Berechnung konnte den Verlauf der Kultivierung sehr gut vorhersagen, und zwar nicht nur die in Abb. 4.20 dargestellten Konzentrationen an Zellen, Glutamin, Ammonium und monoklonalen Antikörpern, sondern auch die Glucose- und Laktatkonzentration. Lediglich am Ende der Kultivierung, zwischen t = 95 h und 102 h, lag die gemessene Zellkonzentration unterhalb der berechneten.

Das Beispiel belegt, dass diese Strategie sehr gute Resultate liefert, sofern ein hinreichend gutes kinetisches Modell zur Verfügung steht. Allerdings erfordert die „a priori"-Berechnung von Fütterungsprofilen anhand eines kinetischen Modells umfangreiche kinetische Untersuchungen, erlaubt keine Einflussnahme während des Prozesses und berücksichtigt keine metabolischen Schwankungen.

4.6.3.2 Modellgestützte, rückgekoppelte, adaptive Prozesssteuerung

Die vorab beschriebene „a priori"-Bestimmung von Fütterungstrajektorien basierend auf einem kinetischen Modell hat den großen Nachteil, dass Veränderungen in metabolischen Kennwerten zwischen verschiedenen Kultivierungen oder auch während einer Kultivierung nicht erfasst werden und somit keine Rückkopplung zum Prozess erfolgt. Hier bieten sich alternativ modelgestützte, rückgekoppelte, adaptive Prozessführungsstrategien wie z. B. Kalman-Filter, Open-Loop-Optimal-Control etc. an (Dubach und Märkl 1992, Lübbert und Simutis 1998, Pörtner et al. 2004, Biener et al. 1995).

Die grundlegende Funktionsweise einer modelgestützten, rückgekoppelten, adaptiven Prozesssteuerung ist in Abb. 4.21 dargestellt. Die Steuerung enthält drei Hauptelemente: Ein Prozessmodell, einen Modellparameteridentifikationsteil und einen Optimierungsteil. Liegen Prozessdaten aus der laufenden Kultivierung vor, so variiert der **Parameteridentifikationsteil** die Modellparameter derart, dass die Simulation basierend auf dem **Prozessmodell** die bisherigen Prozessdaten möglichst gut beschreibt. Im **Optimierungsteil** wird, basierend auf der Vorhersage des adaptierten Modells, der weitere Soll-Prozessverlauf optimiert. Dazu werden Zulaufprofile berechnet, die ein vorgegebenes Regel- oder Optimierungskriterium, z. B. Einhaltung der Substratkonzentrationen in vorgegebenen Bereichen oder

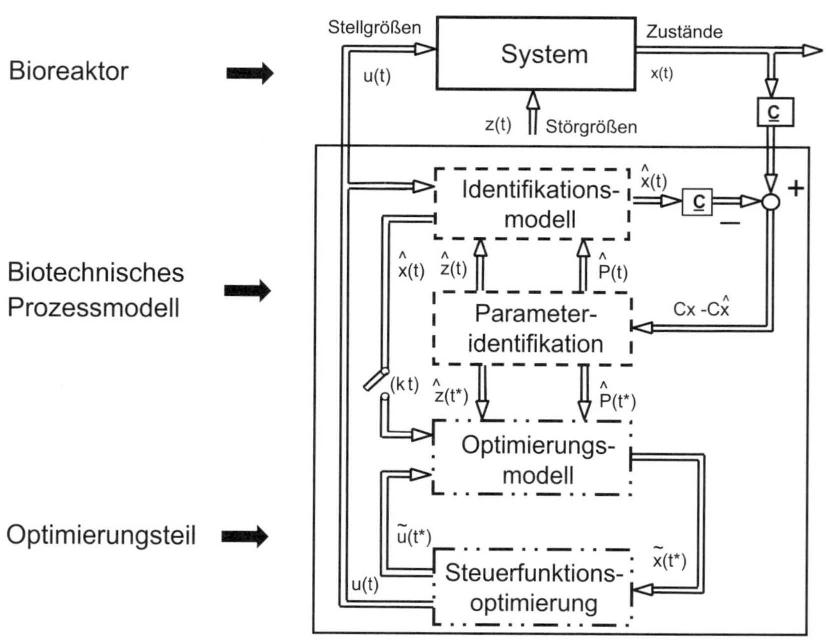

Abb. 4.21 Schaubild einer modellgestützten, adaptiven Steuerung eines biotechnologischen Prozesses (nach Witte 1996, modifiziert)

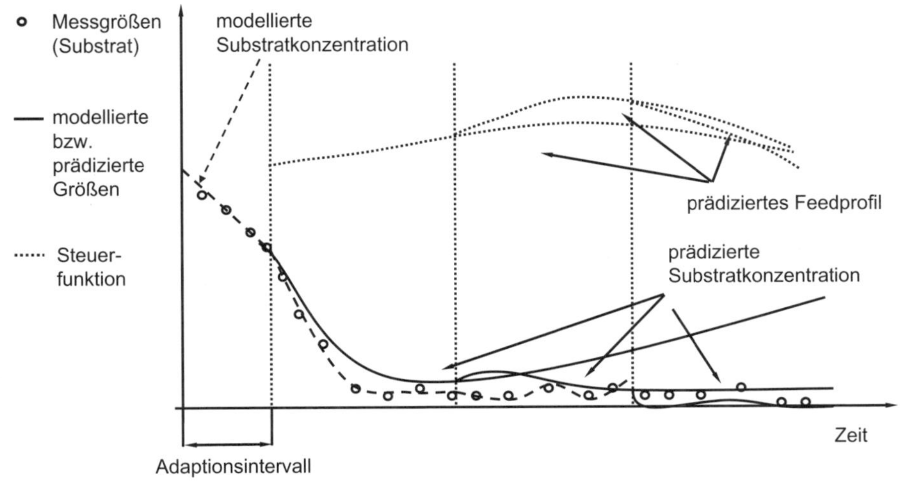

Abb. 4.22 Prinzipieller zeitlicher Verlauf einer modellgestützten, adaptiven Steuerung

Steigerung der Raum-Zeit-Ausbeute an Zellen oder Produkt, erfüllen. Diese Zulaufprofile werden in der fortschreitenden Kultivierung umgesetzt. Sobald neue Prozessdaten vorliegen, dienen diese dazu, die Modellparameter zu überprüfen, gegebenenfalls an die geänderten Bedingungen anzupassen (adaptiver Charakter) und neue Zulaufprofile zu erzeugen (Abb. 4.22). Diese Strategie wird im Folgenden an zwei Beispielen zur *fed-batch*-Kultivierung einer Hybridoma-Zelllinie für die Antikörperproduktion diskutiert, wobei auf eine Darstellung der kinetischen Modelle sowie der prozesstechnischen Umsetzung verzichtet wird (siehe Schwabe 2000, Frahm 2003).

Iterative Anpassung der Zulaufströme im *fed-batch*

Im ersten, von Schwabe (2000) vorgestellten Fall wurden während der Kultivierung manuell zweimal die Parameter des zugrunde liegenden Modells basierend auf den vorliegenden Messwerten neu bestimmt und aus verschiedenen Fütterungstrajektorien iterativ eine für den weiteren Prozessverlauf geeignete ausgewählt. Wie Abb. 4.23 zeigt, konnten Fütterungstrajektorien für die *fed-batch*-Phase definiert werden, die eine zufriedenstellende Vorhersage wesentlicher Prozessgrößen sowie von Start und Ende der Fütterungsphase erlaubte. Lediglich die Glutaminaufnahme sowie die Bildungsrate für Laktat wurden als zu hoch angesetzt. Zu diesen Größen lagen während des Prozesses allerdings auch keine ausreichenden Messdaten vor, die eine Anpassung der Modellparameter erlaubt hätte. Eine nachträglich durchgeführte Analyse der Aminosäurekonzentrationen im Medium bestätigte, dass hier keine Limitierungen aufgetreten waren.

Modellgestützte, rückgekoppelte adaptive Prozessführung mit optimierter Raum-Zeit-Ausbeute

Die Optimierung der Raum-Zeit-Ausbeute ist bei Zellkulturprozessen aus verschiedensten Gründen interessant: Durch eine gezielte Zudosierung lassen sich die Konzentrationen der Substrate Glucose und Glutamin, und damit die Ausbeuten des daraus gebildeten Laktats bzw. Ammoniums, niedrig halten. Bei niedrigen Substratkonzentrationen sinken die zellspezifischen Substrataufnahmeraten deutlich ab, wodurch die zudosierten Substrate besser ausgenutzt werden können. Ferner kann durch die geringere Akkumulation der Metabolite Ammonium und Laktat verhindert werden, dass sich inhibierende Konzentrationen einstellen, die zum Absterben der Zellen und damit zum Ende der Kultivierung führen würden. Dadurch wird eine erhöhte End-Konzentration an Zellen und Produkt ermöglicht. Allerdings führen niedrige Substratkonzentrationen zu reduzierten Wachstums- und Produktbildungsraten. Zudem besteht die Gefahr, dass es zu irreversibler Apoptose aufgrund einer zu starken Sub-

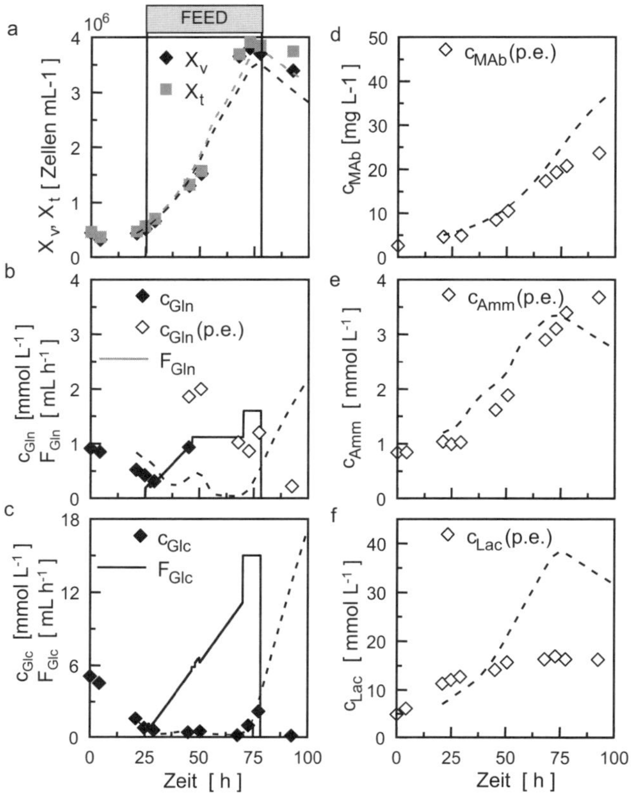

Abb. 4.23 *fed-batch*-Kultivierung einer Hybridom-Zelllinie mittels modellgestützter, adaptiver Steuerung (Schwabe 2000). Die Zulaufströme für den Fütterungszeitraum wurden nach 28 h und 46 Stunden nach Parameteridentifikation im kinetischen Modell und Simulationsrechnungen zu geeigneten Fütterungstrajektorien angepasst.
a) Konzentration lebender Zellen X_v, Gesamtzellkonzentration X_t
b) Konzentration und Zulaufstrom für Glutamin (c_{Gln}, F_{Gln})
c) Konzentration und Zulaufstrom für Glucose (c_{Glc}, F_{Glc})
d) Antikörperkonzentration c_{MAb}
e) Ammoniumkonzentration c_{Amm}
f) Laktatkonzentration c_{Lac}.
Offene Symbole – die Werte wurden nach dem Experiment (post experimentum: abgekürzt p.e.) ermittelt. Gestrichelte Linie – Simulation zum Ende der Kultivierung (t= 94.5 h)

stratlimitierung und damit zum Absterben der Kultur kommt.

Damit bedeutet die Optimierung der Raum-Zeit-Ausbeute einen Kompromiss zwischen noch tolerierbaren minimalen Substratkonzentrationen, tolerierbaren Konzentrationen an Ammonium und Laktat und einer längeren Kultivierungszeit. Ferner bedeuten geringere Zulaufströme an Nährlösungen eine geringe Verdünnung der Produktkonzentration im Reaktor und ein späteres Erreichen des reaktorbedingten maximalen Kulturvolumens. Somit stellt die Optimierung der Raum-Zeit-Ausbeute ein mathematisch anspruchsvolles Optimalsteuerungsproblem dar.

Von Frahm et al. (2005) wurde die Anwendung einer Kollokationsmethode zur Optimierung der Raum-Zeit-Ausbeute über den gesamten Kultivierungsverlauf vorgestellt. Diese erfolgt auch über die Steuerung der Substratkonzentrationen per Berechnung entsprechender Zulaufströme zweier Nährlösungen bei jedem Steuerungszyklus wie in dem oben dargestellten Beispiel. Die optimalen Verläufe der Substratkonzentrationen können jedoch beliebige stetige Funktionen sein. Die Kollokationsmethode ist also nicht daran gebunden, die Substratkonzentrationen abschnittsweise auf konstante Niveaus zu steuern.

Das verwendete Modell (Frahm et al. 2002, 2003) beschreibt die für eine Optimierung der Raum-Zeit-Ausbeute essenziellen Phänomene wie die Abhängigkeit der spezifischen Wachstumsrate und der spezifischen Verbrauchs- bzw. Produktionsraten für Glucose, Glutamin, Laktat und Ammonium von den Konzentrationen an Glucose und Glutamin. Allerdings sind in diesem Modell keine Ausdrücke enthalten, die die Inhibierung durch Ammonium und Laktat beschreiben. Eine sinnvolle Formulierung der Optimierung der Raum-Zeit-Ausbeute auf der Basis dieses Modells ist dennoch möglich, da für die Konzentrationen an Ammonium und Laktat Obergrenzen als Ungleichungs-Nebenbedingungen vorgegeben wurden. Das Modell besteht aus 18 Gleichungen und 15 Modellparametern. Die Zustandsgrößen des Modells sind die Konzentrationen der lebenden Zellen X_v und gesamten Zellen X_t, der Hauptsubstrate Glucose c_{Glc} und Glutamin c_{Gln}, deren jeweilige Stoffwechselprodukte Laktat c_{Lac} und Ammonium c_{Amm}, der monoklonalen Antikörper c_{MAb} sowie das Kulturvolumen V. Dabei erfolgte die Bestimmung von X_v, X_t, c_{Glc} und c_{Lac} *offline* während der Kultivierung und von c_{Gln}, c_{Amm} und c_{MAb} *offline* nach der Kultivierung. Als Startwerte der Simulation werden für c_{Gln}, c_{Amm} und c_{MAb} Messwerte aus abgeschlossenen Kultivierungen herangezogen.

Zur Lösung des Optimalsteuerungsproblems wurde die Software DIRCOL eingesetzt. Das Optimierungsproblem besteht grundsätzlich also darin, den Endzeitpunkt der Kultivierung und die Profile zweier Zuläufe (Glucose+Konzentrat und Glutamin, s. u.) so zu wählen, dass die Raum-Zeit-Ausbeute maximiert wird, wobei bestimmte Ungleichungs-Nebenbedingungen zu berücksichtigen sind. Diese dienen bei der Optimierung zum einen dazu, physikalische Einschränkungen widerzuspiegeln. Somit werden die maximalen Zulaufraten der Pumpen und das reaktorbedingte maximale Kulturvolumen berücksichtigt. Zum anderen dienen die Nebenbedingungen dazu, die Berechnungen auf den Gültigkeitsbereich des Modells einzuschränken – durch die Vorgabe von zulässigen Konzentrationsbereichen für Glucose, Glutamin, Ammonium und Laktat.

Eine nach dieser Strategie durchgeführte Kultivierung ist in Abb. 4.24 dargestellt. Insgesamt wurden während der Fütterungsphase 6 Steuerungszyklen durchlaufen. Ein Vergleich des Verlaufes von Glucose und Glutamin mit dem vorher von der Steuerung optimierten Soll-Verlauf zeigt eine weitgehende Übereinstimmung. Dies ist insbesondere für Glutamin hervorzuheben, für das die Messwerte erst nach Abschluss der Kultivierung vorlagen.

Die dargestellte Steuerung und Optimierung eines Zellkultur-*fed-batch*-Prozesses mittels Kollokationsmethode zeigt, dass derart komplexe Prozesse im Sinne eines „Prozessbeobachters" während des Kultivierungsverlaufs optimiert werden können. Das präsentierte Beispiel veranschaulicht, dass die Optimierung während der Kultivierung immer neue Zulaufprofile liefert, die einerseits logisch sind und offensichtlich zu dem jeweiligen Zeitpunkt Verbesserungen des Prozesses hervorrufen. Andererseits waren diese Profile weder trivial noch vor Beginn des Prozesses vorhersehbar, d. h., die Optimierung war jeweils wirklich erforderlich. Durch den adaptiven Charakter eignet sich die Steuerung besonders zur Kultivierung nicht gut untersuchter Zelllinien, bei denen Strategien ohne Rückkopplung im Prozess Schwächen zeigen (Pörtner et al. 2004).

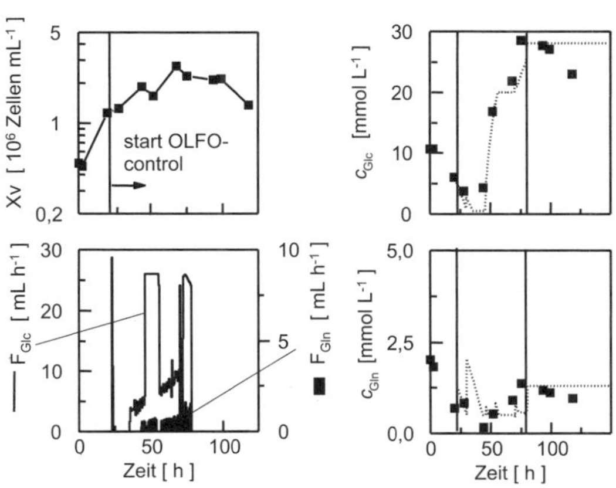

Abb. 4.24 *fed-batch*-Kultivierung einer Hybridoma-Zelllinie mittels Open-Loop-Optimal-Feedback (OLOF)-Steuerung und Berechnung optimierter Zulaufprofile mit der Kollokationsmethode (Frahm et al. 2005). Um eine maximale Raum-Zeit-Ausbeute an Zellen zu ermöglichen, werden die Verläufe der Substratkonzentrationen an Glucose und Glutamin im Reaktor bei jedem Vorliegen von neuen Prozessdaten bis zum Ende der Kultivierung optimiert.
Mit: Konzentration lebender Zellen X_v, Zulaufvolumenströme Glucose F_{Glc} und Glutamin F_{Gln}, Konzentration an Glucose c_{Glc} und Glutamin c_{Gln}.
Glucosekonzentration (c_{Glc}) und Glutaminkonz. (c_{Gln}): Jeweils Verlauf der Messwerte (Symbole) und die zugehörigen, bei jedem Steuerungszyklus der Prozesssteuerung optimierten Zielkonzentration (gestrichelte Linien) über der Kultivierungszeit. Der markierte Bereich kennzeichnet den Zeitraum, in dem die Modellparameter während der Steuerungszyklen (insgesamt 6) adaptiert wurden

Symbolverzeichnis Kapitel 4

a		Koeffizient
A_m	$[m^2]$	Membranfläche bei Dialyse
b		Koeffizient
c	$[g\ L^{-1}]$ / $[mmol\ L^{-1}]$	Konzentration
C		Koeffizient
c_1, c_2	$[g\ L^{-1}]$ / $[mmol\ L^{-1}]$	Konzentrationen auf beiden Seiten einer Dialysemembran bzw. in Dialyse- (1) bzw. Kulturkammer (2) eines Membrandialysereaktors
$c_{1,0}, c_{2,0}$	$[g\ L^{-1}]$ / $[mmol\ L^{-1}]$	Substrat- oder Produktkonzentration im Zulauf der Dialyse- (1) bzw. Kulturkammer (2) eines Membrandialysereaktors
c_{Glc}	$[mmol\ L^{-1}]$	Glucosekonzentration
c_{Gln}	$[mmol\ L^{-1}]$	Glutaminkonzentration
c_{Amm}	$[mmol\ L^{-1}]$	Ammoniumkonzentration
c_{Lak}	$[mmol\ L^{-1}]$	Laktatkonzentration
c_{MAb}	$[mg\ L^{-1}]$	Antikörperkonzentration
c_{Pro}	$[mg\ L^{-1}]$	Proteinkonzentration
c_{O_2}	$[mmol\ L^{-1}]$	Sauerstoffkonzentration
$c^*_{O_2}$	$[mmol\ L^{-1}]$	Sauerstoff-Sättigungskonzentration im Gleichgewicht zur Gasphase
$c^{ein}_{O_{2,g}}$	$[mmol\ L^{-1}]$	Sauerstoffkonzentration in der Zuluft
$c^{aus}_{O_{2,g}}$	$[mmol\ L^{-1}]$	Sauerstoffkonzentration im Abgas
c_S	$[g\ L^{-1}]$ $[mmol\ L^{-1}]$	Substratkonzentration
$c_{S,0}$	$[g\ L^{-1}]$ $[mmol\ L^{-1}]$	Substratkonzentration im Zulauf (*feed*)
$c_{S,min}$	$[g\ L^{-1}]$ $[mmol\ L^{-1}]$	minimale Substratkonzentration im *fed-batch*
$c_{S,neu}$	$[g\ L^{-1}]$ $[mmol\ L^{-1}]$	Substratkonzentration nach Zugabe von frischem Medium im *fed-batch*
D	$[h^{-1}]$	Verdünnungsrate bei Chemostat- oder Perfusionskultur
D_{krit}	$[h^{-1}]$	kritische (maximale) Verdünnungsrate
D_1, D_2	$[h^{-1}]$	Verdünnungsrate Dialyse- (1) bzw. Kulturkammer (2) beim Dialyseprozess
F	$[L\ h^{-1}]$	Zulaufstrom (*feed*-Rate)
F_{Glc}	$[L\ h^{-1}]$	Zulaufstrom Glucose
F_{Gln}	$[L\ h^{-1}]$	Zulaufstrom Glutamin
$F_{G,ein}$	$[L\ h^{-1}]$	Gasstrom Zuluft
$F_{G,aus}$	$[L\ h^{-1}]$	Gasstrom Abluft
k_1, k_2	$[cm\ min^{-1}]$	Transportwiderstände in der Grenzschicht einer Membran
k_La	$[h^{-1}]$	flüssigkeitsseitiger Stoffübergangskoeffizient
k_S	$[g\ L^{-1}]$	Halbsättigungskonstante (Monod-Kinetik)
m_S	$[g_{TG}\ g^{-1}]$	Erhaltungsterm
OUR	$[mmol\ L^{-1}\ h^{-1}]$	volumenspezifische Sauerstoffaufnahmerate
P	[g] / [mol]	Produkt
P_m	$[cm\ min^{-1}]$	Permeabilitätskoeffizient (membranspezifisch)
P_{ges}	$[cm\ min^{-1}]$	Permeabilitätskoeffizient über eine Dialysemembran
pO_2	[-]	Signal Sauerstoffsonde
pO^*_2	[-]	Signal Sauerstoffsonde im Gleichgewicht mit Gasphase
q	$[g\ Zelle^{-1}\ h^{-1}]$ / $[mmol\ Zelle^{-1}\ h^{-1}]$	Substrataufnahme- bzw. Produktbildungsrate
Q	[-]	Dämpfung beim Glucoseminimalvarianzregler
q_{Glc}	$[mmol\ Zelle^{-1}\ h^{-1}]$	zellspezifische Glucoseaufnahmerate
q_{Gln}	$[mmol\ Zelle^{-1}\ h^{-1}]$	zellspezifische Glutaminaufnahmerate
q_S	$[g\ Zelle^{-1}\ h^{-1}]$ / $[mmol\ Zelle^{-1}\ h^{-1}]$	Substrataufnahmerate

S_m	$[\text{mmol L}^{-1}\text{ h}^{-1}]$	Stoffstrom durch eine Dialysemembran
t	[h]	Zeit
t_F	[h]	Fütterungszeit beim *fed-batch*
t_K	[s]	Kontrollzeit beim *oxygen probing*
t_m	[s]	Messintervall beim Glucoseminimalvarianzregler
t_W	[s]	Wartezeit beim *oxygen probing*
V	[L]	Volumen
V_{alt}	[L]	Volumen vor Zugabe von frischem Medium im *fed-batch*
$\dot{V}_G$	$[\text{L h}^{-1}]$	Gasvolumenstrom
V_{batch}	[L]	Anfangsvolumen beim *fed-batch*
$V_{\max}$	[L]	maximal mögliches Füllvolumen
V_{mitt}	[L]	mittleres Volumen beim *fed-batch*
V_{neu}	[L]	Volumen nach Zugabe von frischem Medium im *fed-batch*
V_{zu}	[L]	zugegebenes Volumen an frischem Medium im *fed-batch*
V_0	[L]	Startvolumen beim Glucoseminimalvarianzregler
V_1, V_2	[L]	Volumen von Dialyse- (1) bzw. Kulturkammer (2)
X	$[\text{g}_{\text{TG}}\text{ L}^{-1}]$ $[\text{Zellen L}^{-1}]$	Konzentration an Biotrockenmasse / Zellen
$\bar{X}$	$[\text{g}_{\text{TG}}\text{ L}^{-1}]$ $[\text{Zellen L}^{-1}]$	mittlere Konzentration an Biotrockenmasse / Zellen
X_t	$[\text{Zellen L}^{-1}]$	Gesamtkonzentration an Zellen
X_v	$[\text{Zellen L}^{-1}]$	Konzentration an lebenden Zellen
Y_{XS}	$[\text{g g}^{-1}]$	Ausbeutekoeffizient Biomasse / Substrat
$Y_{Lac/Glc}$	$[\text{mol mol}^{-1}]$	Ausbeutekoeffizient Laktat / Glucose
α	[-]	Rezyklisierungsrate bei der Perfusionskultur, Verhältnis von Zulaufstrom und rezyklisiertem Volumenstrom
$\alpha_{O_2/Glc}$	[-]	Umsatzkoeffizient Sauerstoff / Glucose
β	[-]	Konzentrierungsfaktor bei der Perfusionskultur, Verhältnis von Biomassekonzentration im Bioreaktor und Biomassekonzentration im rezyklisierten Volumenstrom
$\beta_{Gln,Glc}$	[-]	Umsatzkoeffizient Glutamin- zu Glucoseaufnahme
κ	[-]	Koeffizient beim pO_2-*probing*
ψ	[-]	Koeffizient beim pO_2-*probing*
μ	$[\text{h}^{-1}]$	Wachstumsrate
$\mu_{\max}$	$[\text{h}^{-1}]$	maximale Wachstumsrate

5 Experimente zu Prozessführung, Kinetik und Modellbildung

5.1 Grundlagen und Randbedingungen zu den Beispielorganismen

Beispielhaft werden in diesem Kapitel Aufgaben zu Kultivierungen mit

- der Hefe *Saccharomyces cerevisiae*,
- *Escherichia coli* sowie
- einer Hybridoma-Zelllinie zur Produktion eines monoklonalen Antikörpers

angeboten. Die verwendeten Beispielorganismen haben nicht nur eine große wirtschaftliche Bedeutung, sie decken auch eine Fülle der bei Mikroorganismen oder Zellen zu beobachtenden metabolischen Effekte ab. Grundlagen hierzu finden sich in Kap. 3. Für die Simulationsexperimente im **BioProzessTrainer** wurden basierend auf Daten aus der Literatur „Organismus academii" kreiert, die wesentliche metabolischen Effekte der Beispielorganismen wiedergeben und die es erlauben, realitätsnahe Prozesse (*batch*, *fed-batch*, Chemostat) durchzuführen und eine erste kinetische Analyse und Modellbildung durchzuführen.

Soweit erforderlich, werden die grundlegenden Formeln aus Kap. 3 und 4 wiederholt, damit dieses Kap. 5 in sich verständlich und der Leser nicht auf ständiges Zurückblättern angewiesen ist. Die Grundgleichungen wurden zu Gebrauchsgleichungen aufgearbeitet, die sich mit gängigen Tabellenkalkulationsprogrammen umsetzen lassen. Auf komplexere mathematische Ansätze, etwa zur Lösung gekoppelter Differentialgleichungssysteme, wurde bewusst verzichtet.

Zur Durchführung der nachfolgenden Experimente finden sich auf der beiliegenden DVD die Auswahl-Buttons

- „Hefe"
- „*Escherichia coli*"
- „Hybridoma"

Grundsätzlich lassen sich die Experimente auch „real" durchführen.

Bei Mikroorganismen-Kulturen wird die Konzentration an Mikroorganismen versuchsbegleitend häufig als optische Dichte bestimmt, da dies messtechnisch während des Prozesses einfach durchführbar ist. Im Nachgang wird dann oft die Biotrockenmasse bestimmt. Hier wird für die Konzentration an Mikroorgansimen die Biotrockenmasse in [g_{TG} L^{-1}] verwendet. Bei Durchführung realer Experimente sollte in jedem Fall geprüft werden, ob es zwischen der optischen Dichte und der Biotrockenmasse eine eindeutige Korrelationsbeziehung gibt. Wie in vielen Publikationen zu *Saccharomyces cerevisiae* und *Escherichia coli* üblich, werden die Substrat- und Metabolitenkonzentrationen (Glucose, Ethanol, Essigsäure) in [g L^{-1}] angegeben.

Wie in vielen Publikationen zu Zellkulturen üblich, werden die Konzentrationen an Zellen (lebend, gesamt) in [Zellen L^{-1}] angegeben, da diese Unterscheidung bei Zellkulturen messtechnisch relevant und analytisch einfach durchführbar ist. Substrat- und Metabolitkonzentrationen (Glucose, Glutamin, Laktat und Ammonium) werden hier in [mmol L^{-1}] angegeben. Als weiteres Produkt wird die Konzentration an produzierten monoklonalen Antikörpern in [mg L^{-1}] dargestellt.

Ausführliche Musterlösungen finden sich zu einigen wichtigen Experimenten mit Hefe sowie bei Experimenten für Hybridoma-Zellen.

5.1.1 *Saccharomyces cerevisiae*

Hefe wird in der Regel mit einem zuckerhaltigen Substrat produziert. Das Wachstum von *Saccharomyces cerevisiae* erfolgt hier auf Glucose als Kohlenstoffquelle. Wie in Kap. 3.4 ausführlich dargestellt, gewinnt *S. cerevisiae* die zum Wachstum benötigte Energie entweder aus der aeroben Veratmung der Glucose oder seiner anaeroben Vergärung. Bei der anaeroben Vergärung entsteht neben Kohlendioxid auch Ethanol (Crabtree-Effekt). Unter aeroben Bedingungen kann Ethanol als Substrat dienen, wenn nicht genügend Glucose zur Verfügung steht (Diauxie).

Das kinetische Modell im **BioProzessTrainer** „Hefe" beschreibt in Anlehnung an die in Kap. 3.4 dargestellten Phänomene die folgenden Effekte:

- Wachstumskinetik (Glucose- und Sauerstofflimitierung, Ethanolinhibierung) unter aeroben Bedingungen (niedrige Glucosekonzentrationen, Crabtree-Effekt bei hohen Glucosekonzentrationen) und anaeroben Bedingungen
- Glucose- und Ethanolaufnahmerate
- Ethanolproduktionsrate
- Sauerstoffverbrauchsrate
- Kohlendioxidbildungsrate
- Wärmeproduktionsrate

Bei Aufruf der verschiedenen Experimente zur Hefe im **BioProzessTrainer** werden automatisch wichtige **Grundeinstellungen** vorgenommen, wie sie nachfolgend exemplarisch angegeben sind:

- Simulationsgeschwindigkeit 5-15fach
- Reaktorvolumen V_R : 5-10 L
- Rührerdrehzahl: 200 min^{-1}
- Begasungsrate für Luft: 3-10 L min^{-1}
- Temperaturregelung „on", Setpoint : 35 °C (Regelung ein)
- Thermal Fluid – Flow rate: 2-10 L min^{-1}

Es wird von einer funktionstüchtigen pH-Wert-Regelung ausgegangen, so dass pH-Effekte unberücksichtigt bleiben können.

Zusätzlich einstellbare Größen im **BioProzessTrainer** „Hefe" sind z.B.

- die Animpfkonzentration an Biotrockenmasse (Inokulum)
- die Anfangs-Glucosekonzentration sowie
- die Glucosekonzentration im Zulaufstrom.

Hierzu werden bei den jeweiligen Experimenten Empfehlungen gegeben.

5.1.2 *Escherichia coli*

Für die Kultivierung von *Escherichia coli* werden häufig Minimalmedien verwendet, die außer einer Kohlenstoffquelle (Glucose oder Glyzerin) lediglich eine Vielzahl von Salzen enthält (siehe Kap. 3.3). Hier wird Glucose als Hauptkohlenstoffquelle angesehen. Es wird davon ausgegangen, dass andere Komponenten nicht limitierend wirken. Bei der Umsetzung von Glucose wird u.a. Essigsäure produziert, die in hohen Konzentrationen eine toxische Wirkung auf die Zellen hat. Es wird hier davon ausgegangen, dass keine anderen Komponenten inhibierend wirken.

Das kinetische Modell im **BioProzessTrainer** „*Escherichia coli*" beschreibt in Anlehnung an die in Kap. 3.3 dargestellten Phänomene die folgenden Effekte

- Wachstumskinetik (Glucoselimitierung)
- Glucoseaufnahmerate
- Metabolitenproduktionsrate

Folgende Prozessgrößen werden als **Grundeinstellungen** für alle mit **Ecoli_i** bezeichneten Experimente automatisch vom **BioProzessTrainer** vor jeder Kultivierung eingestellt:

- Reaktorvolumen V_R : 5-10 L
- Rührerdrehzahl: 500 – 1000 min^{-1}
- Begasungsrate für Luft: 5-10 L min^{-1}
- Temperaturregelung „on", Setpoint : 37 °C
- Thermal Fluid – Flow rate: 2-10 L min^{-1}

Es wird von einer funktionstüchtigen pH-Wert-Regelung ausgegangen, so dass pH-Effekte unberücksichtigt bleiben können.

Zusätzlich einstellbare Größen im **BioProzessTrainer** „*Escherichia coli*" sind z.B.

- die Animpfkonzentration an Biotrockenmasse (Inokulum)
- die Anfangs-Glucosekonzentration sowie
- die Glucosekonzentration im Zulaufstrom.

Hierzu werden bei den jeweiligen Experimenten Empfehlungen gegeben.

5.1.3 Hybridoma-Zellen

Als Beispielorganismus für tierische Zellen wird eine Hybridoma-Zelllinie zu Grunde gelegt, die einen monoklonalen Antikörper produziert. Das durch die Simulation wiedergegebene Verhalten wurde aus Daten von Pörtner (1998) abgeleitet.

Für die Kultivierung von Hybridoma-Zellen werden nährstoffreiche, komplexe Medien benötigt (siehe Kap. 3.5). Hier werden Glucose und Glutamin als Hauptsubstrate angesehen, da beide Komponenten messtechnisch gut zugänglich sind, z.T. auch während des Prozesses. Es wird davon ausgegangen, dass andere Komponenten nicht limitierend sind und dass deren Aufnahme proportional zur Aufnahme von Glucose erfolgt.

Bei der Umsetzung von Glucose wird Laktat produziert, das in hohen Konzentrationen eine toxische Wirkung auf die Zellen hat. Gleiches gilt für das aus dem Glutaminstoffwechsel stammende Ammonium. Es wird hier davon ausgegangen, dass keine anderen Komponenten inhibierend wirken.

Das kinetische Modell beschreibt die folgenden Effekte:

- Wachstums- und Absterbekinetik bei Substratlimitierung (Glucose, Glutamin) und Metaboliteninhibierung (Ammonium, Laktat)
- Substrataufnahmeraten
- Metabolitenproduktionsraten
- Antikörperproduktionsrate

Weiterhin wird angenommen, dass die eingestellten Bedingungen bzgl. Rührerdrehzahl und Begasung nicht zu einer Schädigung der Zellen durch Scherung oder Blasen-/Schaumbildung führen. Sauerstofflimitation und pH-Wert-Einflüsse bleiben zur Vereinfachung unberücksichtigt. Folgende Prozessgrößen werden als **Grundeinstellungen** für die mit **HYB_i** bezeichneten Experimente automatisch vom **BioProzessTrainer** vor jeder Kultivierung eingestellt:

- Reaktorvolumen V_R : 1,5 L
- Rührerdrehzahl: 100 min^{-1}
- Begasungsrate für Luft: 0,1 L min^{-1}
- Temperaturregelung „on“, Setpoint : 37 °C
- Thermal Fluid – Flow rate : 3 L min^{-1}

Zusätzlich einstellbare Größen im **BioProcess-Trainer** sind

- die Animpfkonzentration an lebenden Zellen (Inokulum)
- die Anfangs-Glucose- und Glutaminkonzentration sowie
- die Konzentrationen an Glucose und Glutamin in den Zulaufströmen

Hierzu werden bei den jeweiligen Experimenten Empfehlungen gegeben.

5.2 Experimente zum Wachstumsverhalten der Beispielorganismen

5.2.1 Zielsetzung

Das Wachstumsverhalten und die Produktivität von Mikroorganismen oder tierischen Zellen kann durch Anwendung geeigneter Methoden zur metabolischen und kinetischen Analyse aufgezeichnet und charakterisiert werden. Diese Methoden nutzen Kenntnisse zu den metabolischen Anforderungen der Zellen in verschiedenen Wachstumsphasen sowie Grundlagen zur mathematischen Modellierung von Zellwachstum, der metabolischen Aktivität und Produktbildung (vgl. Kap. 3). Metabolische und kinetische Analysen sind entscheidende Hilfsmittel bei der Entwicklung effizienter Kultivierungsprozesse. Diese Analysen sind des Weiteren notwendig, um optimale Bedingungen bezüglich Zellwachstum und Substratverbrauch zu ermitteln, ohne unzählige experimentelle Zyklen durchlaufen zu müssen.

Dieses Kapitel erläutert anhand der in Kap. 5.1 vorgestellten Beispielorganismen die wesentlichen Methoden und mathematischen Gleichungen zur Quantifizierung von Zellwachstum und Metabolismus, wobei auch auf unterschiedliche Vorgehensweisen bei den verschiedenen Beispielorganismen eingegangen wird. Ziel ist es, ein grundlegendes Verständnis zum Wachstumsverhalten der Beispielorganismen und zur Vorgehensweise bei der Ermittlung metabolischer Daten zu vermitteln. Anhand von Simulationsexperimenten sollen der Gebrauch und Grenzen verschiedener Methoden deutlich gemacht werden. Somit vermittelt dieses Kapitel die grundlegenden Hilfsmittel, die für eine quantitative Beschreibung des Wachstumsverhaltens von Mikroorganismen oder tierischer Zellen erforderlich sind. Die Anwendung metabolischer und kinetischer Parameter zur Formulierung kinetischer Modelle wird in Kap. 5.3 vertieft.

5.2.2 Quantitative Beschreibung von Zellwachstum und Produktbildung bei verschiedenen Prozessführungen

5.2.2.1 Grundlegende Gleichungen am Beispiel einer *batch*-Kultur

Das Wachstumsverhalten von Mikroorganismen oder tierischen Zellen in einer *batch*-Kultur wird, wie bereits in Kap. 3.2.1 ausführlich beschrieben, prinzipiell durch die zellspezifische Wachstumsrate μ,

$$\frac{dX}{dt} = \mu X \tag{5.1}$$

mit der Zellkonzentration X beschrieben. Je nach Organismus wird die Wachstumsrate auf die Konzentration an Biotrockenmasse X_{TG} (z. B. *Saccharomyces cerevisiae* oder *Escherichia coli*) oder die Konzentration lebender Zellen X_v (z. B. Zellkulturen) bezogen. Die entsprechenden Gleichungen finden sich in Kap. 5.2.2. Die Verdopplungszeit t_d ergibt sich zu

$$t_d = \frac{\ln 2}{\mu}. \tag{5.2}$$

Bei Zellkulturprozesen wird zusätzlich die zellspezifische Absterberate μ_D

$$\frac{dX_d}{dt} = \mu_d X_v \tag{5.3}$$

mit der Konzentration toter Zellen X_d berechnet.

Substrataufnahmeraten q_S und Metabolitenproduktionsraten q_P lassen sich nach

$$\frac{dc_S}{dt} = -q_S X \tag{5.4}$$

und

$$\frac{dc_P}{dt} = q_P X \tag{5.5}$$

aus den zeitlichen Verläufen der Substratkonzentration(en) c_S und der Metaboliten- bzw. Produktkonzentration(en) c_P ermitteln. Auch hier wird je nach Organismus die Konzentration an Biomasse X_{TG} (z. B. *Escherichia coli*) oder die Konzentration lebender Zellen X_v (Zellkulturen) herangezogen.

Darüber hinaus eignen sich Umsatz- und Ausbeutekoeffizienten sehr gut, um erste Informationen zu metabolischen Zusammenhängen zwischen verschiedenen Substraten und/oder Metaboliten und Produkten zu bekommen (vgl. Kap. 3.2.3). So errechnet sich für eine *batch*-Kultur die Ausbeute an Zellen bezogen auf das umgesetzte Substrat nach

$$Y_{XS} = -\frac{dX_v}{dc_S} \approx -\frac{\Delta X_v}{\Delta c_S} \tag{5.6}$$

und die Ausbeute an Metabolit bzw. Produkt nach

$$Y_{PS} = -\frac{dc_P}{dc_S} \approx -\frac{\Delta c_P}{\Delta c_S} \tag{5.7}$$

Gl. (5.6) und (5.7) gelten bei konstantem Volumen. Bei veränderlichem Volumen müssen statt der Konzentrationen die absoluten Werte für die Zellzahl und die Substrat- bzw. Produktmenge verwendet werden. Wie in Kap. 3 ausführlich diskutiert, können die angesprochenen Raten und Koeffizienten zu einer ersten Charakterisierung des physiologischen Zustandes der Mikroorganismen und der Effizienz des Prozesses verwendet werden. Veränderungen in diesen metabolischen Raten lassen sich schnell erkennen und dazu verwenden, optimale Prozesszustände einzustellen. Des Weiteren sind diese Größen ein wichtiges Hilfsmittel bei der optimalen Einstellung des verwendeten Mediums.

Auswertung experimenteller Daten

Nachfolgend werden verschiedene Methoden zur Berechnung metabolischer und kinetischer Parameter für die Beispielorganismen anhand von Daten aus *batch*-, *fed-batch*- und Chemostat-Experimenten eingeführt. Die Berechnungen lassen sich einfach mit Hilfe eines Tabellenkalkulationsprogrammes durchführen (siehe Simulationsbeispiele).

Generell sollten zunächst alle Rohdaten als Funktion der Zeit grafisch aufgetragen werden, um sicherzustellen, dass die Werte sinnvoll sind. Dies sollte nach Möglichkeit bereits während des Experimentes erfolgen. Die Daten sollten linear und insbesondere die Zell- und Biotrockenmassekonzentrationen halblogarithmisch aufgetragen werden, da sich so exponentielle Verläufe besser beurteilen und Übergänge zwischen den verschiedenen Phasen einer *batch*-Kultur besser erkennen lassen. Weiterhin kann es sinnvoll sein, die Daten durch Regressionsanalysen zu „glätten", um integrale Werte zu bestimmen, da die Rohdaten naturgemäß mit Schwankungen (z. B. Messfehler) behaftet sind. Insgesamt sollten die Rohdaten einer umfassenden Analyse hinsichtlich Plausibilität unterzogen werden, bevor eine weitergehende Auswertung erfolgt.

Metabolische und kinetische Parameter können als differentielle oder integrale Werte berechnet werden. **Differentielle** Werte werden üblicherweise aus den Messwerten zu zwei aufeinander folgenden Probezeitpunkten (hier mit t_i und t_{i+1} bezeichnet) ermittelt. Um die z. T. erheblichen Schwankungen der so ermittelten Werte zu „glätten", können die Werte zum Anfang und Ende einer bestimmten Phase (z. B. exponentielle Wachstumsphase) herangezogen werden. Allerdings lassen sich durch diese Mittelung etwaige Änderungen im Metabolismus nicht erkennen.

Alternativ kann eine **integrale Bestimmung** der spezifischen Raten erfolgen. Hierzu werden die Kurven für die Konzentrationen an Zellen, Substraten und Metaboliten (Produkt) zunächst durch Regressionen (Korrelationsgleichungen) beschrieben. Dies kann in den gängigen Tabellenkalkulationsprogrammen durch Einfügen einer Trendlinie erfolgen. Sofern die mathematische Beziehung für die Trendlinie bekannt ist, kann diese differenziert werden. Wenn möglich sollten Polynome als Trendlinie gewählt werden, da hier die Differenzierung relativ einfach erfolgen kann. Anschließend kann über das Differential die Steigung der Kurven (z. B. dX/dt, dc_S/dt oder dc_P/dt) zu bestimmten Zeitpunkten ermittelt werden. Die spezifische Wachstumsrate $\mu(t)$ ergibt sich dann z. B. für eine *batch*-Kultur zu

$$\mu(t) = \frac{1}{X(t)} \frac{dX(t)}{dt}, \tag{5.8}$$

die spezifische Substrataufnahmerate $q_S(t)$ zu

$$q_S(t) = -\frac{1}{X(t)} \frac{dc_S(t)}{dt} \tag{5.9}$$

und die spezifische Substrataufnahmerate zu $q_P(t)$

$$q_P(t) = \frac{1}{X} \frac{dc_P(t)}{dt}. \tag{5.10}$$

Integral bestimmte Größen weisen häufig eine geringere Streuung auf als differentiell bestimmte.

5.2.2.2 Praktisches Vorgehen bei *Saccharomyces cerevisiae* und *Escherichia coli*

Üblicherweise wird eine Fermentation mit *Saccharomyces cerevisiae* oder *Escherichia coli* in einem ersten Schritt durch die zeitabhängigen Verläufe von Zellwachstum (optische Dichte, Biotrockenmasse) sowie den gemessenen Substrat- (hier Glucose) und Metabolitenkonzentrationen (hier Ethanol bzw. Essigsäure) beschrieben. Aus dieser Darstellung lassen sich bereits Rückschlüsse auf die verschiedenen Phasen des Zellwachstums ziehen. Basierend auf diesen Rohdaten werden metabolische und kinetische Größen (z. B. spezifische Wachstumsrate, Ausbeutekoeffizienten sowie spezifische Substrataufnahmeraten) ermittelt.

Eine erste Analyse einer Fermentation mit *S. cerevisiae* oder *E. coli* stützt sich häufig auf die folgenden, messtechnisch gut und zeitnah (z. T. während des Prozesses) zugänglichen Größen:

- Optische Dichte
- Biotrockenmassekonzentration
- Glucosekonzentration
- Ethanol- oder Essigsäurekonzentration
- pH
- Gelöstsauerstoffkonzentration bzw. pO_2

Die ermittelten Konzentrationswerte werden normalerweise auf das Volumen der Kultur bezogen. Hier müssen etwaige Flüssigkeitsverluste (Probenahme, Medienwechsel) oder Flüssigkeitszunahmen (*fed-batch*, pH-Regelung mittels Lauge etc.) berücksichtigt werden.

Auswertungsgleichungen *batch*

Für die **differentielle** Bestimmung metabolischer und kinetischer Parameter aus einem *batch*-Experiment können die folgenden Gleichungen im Zeitintervall $t_i \rightarrow t_{i+1}$ zwischen zwei Probenahmen herangezogen werden (Erklärung der Symbole am Ende):

spezifische Wachstumsrate μ [h^{-1}]:

$$\mu(t_i,t_{i+1}) = \frac{2}{(X_{TG,i+1}+X_{TG,i})}\frac{(X_{TG,i+1}-X_{TG,i})}{(t_{i+1}-t_i)} \quad (5.11)$$

Verdopplungszeit t_d [h]:

$$t_d(t_i,t_{i+1}) = \frac{0{,}6931}{\mu(t_i,t_{i+1})} \quad (5.12)$$

spezifische Glucoseaufnahmerate q_{Glc} [$g\,g_{TG}^{-1}\,h^{-1}$]:

$$q_{Glc}(t_i,t_{i+1}) = \frac{c_{Glc,i}-c_{Glc,i+1}}{t_{i+1}-t_i}\left(\frac{2}{X_{TG,i+1}+X_{TG,i}}\right) \quad (5.13)$$

Ausbeutekoeffizient Biomasse/Glucose $Y_{X_{TG}/Glc}$ [$g_{TG}\,g^{-1}$]:

$$Y_{X_{TG}/Glc}(t_i,t_{i+1}) = \frac{(X_{TG,i+1}-X_{TG,i})}{(c_{Glc,i}-c_{Glc,i+1})} \quad (5.14)$$

spezifische Ethanolaufnahmerate q_{Eth} [$g\,g_{TG}^{-1}\,h^{-1}$] (bei *S. cerevisiae* unter Glucoselimitierung):

$$q_{Eth}(t_i,t_{i+1}) = \frac{c_{Eth,i}-c_{Eth,i+1}}{t_{i+1}-t_i}\left(\frac{2}{X_{TG,i+1}+X_{TG,i}}\right) \quad (5.15)$$

Ausbeutekoeffizient Biomasse/Ethanol $Y_{X_{TG}/Eth}$ [$g_{TG}\,g^{-1}$] (bei *S. cerevisiae* unter Glucoselimitierung):

$$Y_{X_{TG}/Eth}(t_i,t_{i+1}) = \frac{(X_{TG,i+1}-X_{TG,i})}{(c_{Eth,i}-c_{Eth,i+1})} \quad (5.16)$$

spezifische Ethanolbildungsrate $q_{p,Eth}$ [$g\,g_{TG}^{-1}\,h^{-1}$] (bei *S. cerevisiae* bei Glucoseüberschuss, Crabtree-Effekt):

$$q_{p,Eth}(t_i,t_{i+1}) = \frac{c_{Eth,i+1}-c_{Eth,i}}{t_{i+1}-t_i}\left(\frac{2}{X_{TG,i+1}+X_{TG,i}}\right) \quad (5.17)$$

mit

$c_{Glc,i}$:	Konzentration an Glucose zum Zeitpunkt t_i [$g\,L^{-1}$],
$c_{Glc,i+1}$:	Konzentration an Glucose zum Zeitpunkt t_{i+1} [$g\,L^{-1}$],
$c_{Eth,i}$:	Konzentration an Ethanol zum Zeitpunkt t_i [$g\,L^{-1}$],
$c_{Eth,i+1}$:	Konzentration an Ethanol zum Zeitpunkt t_{i+1} [$g\,L^{-1}$],
$q_{Glc}(t_i,t_{i+1})$:	spezifische Glucoseaufnahmerate im Zeitintervall $t_i \rightarrow t_{i+1}$ [$g\,g_{TG}^{-1}\,h^{-1}$],
$q_{Eth}(t_i,t_{i+1})$:	spezifische Ethanolaufnahmerate im Zeitintervall $t_i \rightarrow t_{i+1}$ [$g\,g_{TG}^{-1}\,h^{-1}$],
$q_{p,Eth}(t_i,t_{i+1})$:	spezifische Ethanolbildungsrate im Zeitintervall $t_i \rightarrow t_{i+1}$ [$g\,g_{TG}^{-1}\,h^{-1}$],
$t_d(t_i,t_{i+1})$:	Verdopplungszeit im Zeitintervall $t_i \rightarrow t_{i+1}$ [h],
$X_{TG,i}$:	Konzentration an Biotrockenmasse zum Zeitpunkt t_i [$g_{TG}\,L^{-1}$],
$X_{TG,i+1}$:	Konzentration an Biotrockenmasse zum Zeitpunkt t_{i+1} [$g_{TG}\,L^{-1}$],
$Y_{X_{TG}/Glc}(t_i,t_{i+1})$:	Ausbeutekoeffizient Biotrockenmasse/Glucose im Zeitintervall $t_i \rightarrow t_{i+1}$ [$g\,g_{TG}^{-1}$],
$Y_{X_{TG}/Eth}(t_i,t_{i+1})$:	Ausbeutekoeffizient Biotrockenmasse/Ethanol im Zeitintervall $t_i \rightarrow t_{i+1}$ [$g\,g_{TG}^{-1}$],
$\mu(t_i,t_{i+1})$:	spezifische Wachstumsrate im Zeitintervall $t_i \rightarrow t_{i+1}$ [h^{-1}].

Für die **integrale** Bestimmung werden zunächst die mathematischen Beziehungen für die Trendlinien $X_{TG}=f(t)$, $c_{Glc}=f(t)$ bzw. $c_{Eth}(t)$ bestimmt. Aus dem Differential der jeweiligen Trendlinien kann wiederum die Steigung der Kurven (dX_{TG}/dt, dc_{Glc}/dt, dc_{Eth}/dt) zu diskreten Zeitpunkten ermittelt werden. Die spezifische Wachstumsrate $\mu(t)$ ergibt sich dann zu

$$\mu(t) = \frac{1}{X_{TG}(t)}\frac{dX_{TG}(t)}{dt}, \quad (5.18)$$

die spezifische Glucoseaufnahmerate $q_{Glc}(t)$ zu

$$q_{Glc}(t) = -\frac{1}{X_{TG}(t)}\frac{dc_{Glc}(t)}{dt} \tag{5.19}$$

(dito für die Ethanolaufnahmerate q_{Eth} bei *S. cerevisiae*, siehe *batch*) und der Ausbeutekoeffizient Biotrockenmasse/Glucose zu

$$Y_{TG/Glc}(t) = -\frac{dX_{TG}/dt}{dc_{Glc}/dt} = \frac{\mu(t)}{q_{Glc}(t)}. \tag{5.20}$$

(dito für Biomasse aus Ethanol $Y_{X_{TG}/Eth}\,(t_i, t_{i+1})$ bei *S. cerevisiae*, siehe *batch*).

Die Ethanolbildungsrate $q_{p,Eth}$ ergibt sich zu

$$q_{P,Eth}(t) = \frac{1}{X_{TG}(t)}\frac{dc_{Eth}(t)}{dt}. \tag{5.21}$$

Auswertungsgleichungen *fed-batch*

Für die **differentielle** Bestimmung metabolischer und kinetischer Parameter aus einem *fed-batch*-Experiment gelten abweichend von denen für ein *batch*-Experiment die folgenden Gleichungen im Zeitintervall $t_i \rightarrow t_{i+1}$ (*Gl. 5.22–5.25*). Bei Verwendung der Gleichungen ist zu berücksichtigen, dass der Zulaufstrom $F(t_i, t_{i+1})$ im Intervall $t_i \rightarrow t_{i+1}$ als konstant angenommen wurde. Ist dies nicht der Fall, muss für das Zeitintervall ein mittlerer Zulaufstrom bestimmt werden. Des Weiteren ergibt sich durch die Mittelwertbildung für die Zellkonzentration, das Volumen und ggf. den Zulaufstrom ein möglicher Fehler, der naturgemäß umso kleiner ist, je kleiner das Zeitintervall $t_i \rightarrow t_{i+1}$ gewählt wird.

$$\mu(t_i, t_{i+1}) = \frac{2}{(X_{TG,i} + X_{TG,i+1})}\left(\frac{(X_{TG,i+1} - X_{TG,i})}{(t_{i+1} - t_i)} + \frac{2\,F(t_i, t_{i+1})}{(V_i + V_{i+1})}\frac{X_{TG,i} + X_{TG,i+1}}{2}\right) \tag{5.22}$$

$$q_{Glc}(t_i, t_{i+1}) = \frac{2}{X_{TG,i+1} + X_{TG,i}}\left(\frac{2\,F(t_i, t_{i+1})}{V_i + V_{i+1}}\left(c_{Glc,0} - \frac{c_{Glc,i} + c_{Glc,i+1}}{2}\right) - \frac{c_{Glc,i+1} - c_{Glc,i}}{t_{i+1} - t_i}\right) \tag{5.23}$$

(dito für die Ethanolaufnahmerate $q_{Eth}(t_i, t_{i+1})$ bei *S. cerevisiae*, siehe *batch*)

$$Y_{X_{TG}/Glc}(t_i, t_{i+1}) = \frac{\mu(t_i, t_{i+1})}{q_{Glc}(t_i, t_{i+1})} \tag{5.24}$$

(dito für Biomasse aus Ethanol $Y_{X_{TG}/Eth}$ bei *S. cerevisiae*, siehe *batch*)

$$q_{p,Eth}(t_i, t_{i+1}) = \frac{2}{X_{TG,i+1} + X_{TG,i}}\left(\frac{c_{Eth,i+1} - c_{Eth,i}}{t_{i+1} - t_i} - \frac{2\,F(t_i, t_{i+1})}{V_i + V_{i+1}}\left(c_{Eth,0} - \frac{c_{Eth,i} + c_{Eth,i+1}}{2}\right)\right) \tag{5.25}$$

$\mu(t_i, t_{i+1})$: spezifische Wachstumsrate im Zeitintervall $t_i \rightarrow t_{i+1}$ [h^{-1}],
$q_{Glc}(t_i, t_{i+1})$: spezifische Glucoseaufnahmerate im Zeitintervall $t_i \rightarrow t_{i+1}$ [$g\,g_{TG}^{-1}\,h^{-1}$],
$q_{p,Eth}(t_i, t_{i+1})$: spezifische Ethanolbildungsrate im Zeitintervall $t_i \rightarrow t_{i+1}$ [$g\,g_{TG}^{-1}\,h^{-1}$],
$Y_{X_{TG}/Glc}$: Ausbeutekoeffizient Biomasse/Glucose im Zeitintervall $t_i \rightarrow t_{i+1}$ [$g\,g_{TG}^{-1}$],

mit
$X_{TG,i}$: Konzentration an Biotrockenmasse zum Zeitpunkt t_i [$g_{TG}\,L^{-1}$],
$X_{TG,i+1}$: Konzentration an Biotrockenmasse zum Zeitpunkt t_{i+1} [$g_{TG}\,L^{-1}$],
$c_{Glc,o}$: Konzentration an Glucose im Zulauf (feed) t_i [$g\,L^{-1}$],
$c_{Glc,i}$: Konzentration an Glucose zum Zeitpunkt t_i [$g\,L^{-1}$],
$c_{Glc,i+1}$: Konzentration an Glucose zum Zeitpunkt t_{i+1} [$g\,L^{-1}$],
$F(t_i, t_{i+1})$: konstante Zulaufrate im Zeitintervall $t_i \rightarrow t_{i+1}$ [$L\,h^{-1}$],
V_i: Volumen zum Zeitpunkt t_i [L],
V_{i+1}: Volumen zum Zeitpunkt t_{i+1} [L].

Bei einer **integralen Auswertung** sind die Gleichungen (5.26) bis (5.29) zu verwenden. Aus dem Differential der mathematischen Beziehungen für die Trendlinien $X_{TG}=f(t)$ bzw. $c_{Glc}=f(t)$ kann wiederum die Steigung der Kurven (dX_{TG}/dt, dc_{Glc}/dt) zu bestimmten Zeitpunkten ermittelt werden. Die spezifische Wachstumsrate $\mu(t)$ ergibt sich dann zu

$$\mu(t)=\frac{1}{X_{TG}(t)}\left(\frac{dX_{TG}(t)}{dt}+\frac{F(t)}{V(t)}X_{TG}(t)\right), \qquad (5.26)$$

die spezifische Glucoseaufnahmerate $q_{Glc}(t)$ zu

$$q_{Glc}(t)=\frac{1}{X_{TG}(t)}\left(\frac{F(t)}{V(t)}\left(c_{Glc,0}-c_{Glc}(t)\right)-\frac{dc_{Glc}(t)}{dt}\right), \qquad (5.27)$$

(dito für die Ethanolaufnahmerate $q_{Eth}(t_i,t_{i+1})$ bei *S. cerevisiae*, siehe *batch*), der Ausbeutekoeffizient Biotrockenmasse/Glucose zu

$$Y_{TG/Glc}(t)=\frac{dX_{TG}/dt}{dc_{Glc}/dt}, \qquad (5.28)$$

(dito für Biomasse aus Ethanol $Y_{X_{TG}/Eth}(t_i,t_{i+1})$ bei *S. cerevisiae*, siehe *batch*) und die Ethanolbildungsrate $q_{p,Eth}$ zu

$$q_{p,Eth}(t)=\frac{1}{X_{TG}(t)}\left(-\frac{F(t)}{V(t)}\left(c_{Eth,0}-c_{Eth}(t)\right)+\frac{dc_{Eth}}{dt}(t)\right). \qquad (5.29)$$

Auswertungsgleichungen Chemostat

Bei der Auswertung von Chemostat-Experimenten ist eine Unterscheidung von differentieller und integraler Bestimmung naturgemäß nicht erforderlich, da sich im stationären Zustand bei einer bestimmten Verdünnungsrate D im Mittel konstante Werte für die Konzentrationen an Zellen, Substraten und Metaboliten (Produkten) einstellen.

Zunächst werden für einen Zeitraum, in dem die Werte als im Mittel konstant angesehen werden (Richtwert: Zeitraum, in dem das Medium im Bioreaktor dreimal ausgetauscht wurde), die Mittelwerte für die relevanten Größen

$\bar{X}_{TG}(D)$: mittl. Konzentration an Biomasse $[g_{TG}\ L^{-1}]$,

$\bar{c}_{Glc}(D)$: mittl. Konzentrationen an Glucose $[g\ L^{-1}]$

$\bar{c}_{Eth}(D)$: mittl. Konzentrationen an Ethanol (bei *S. cerevisiae*) $[g\ L^{-1}]$

bei einer bestimmten Verdünnungsrate D gebildet.

Die hierauf basierenden Berechnungsformeln lauten:

zellspezifische Wachstumsrate μ $[h^{-1}]$:

$$\mu(D)=D \qquad (5.30)$$

Verdopplungszeit t_d:

$$t_d(D)=\frac{0{,}6931}{\mu(D)} \qquad (5.31)$$

spezifische Glucoseaufnahmerate q_{Glc} $[g\ g_{TG}^{-1}\ h^{-1}]$:

$$q_{Glc}(D)=\frac{c_{Glc,0}-\bar{c}_{Glc}(D)}{\bar{X}_{TG}(D)}D \qquad (5.32)$$

(dito für die Ethanolaufnahmerate $q_{Eth}(D)$ bei *S. cerevisiae*, siehe *batch*)

Ausbeutekoeffizient Biotrockenmasse/Glucose $X_{TG/Glc}$ $[g_{TG}\ g^{-1}]$:

$$Y_{TG/Glc}(D)=\frac{\bar{X}_{TG}(D)}{c_{Glc,0}-\bar{c}_{Glc}(D)} \qquad (5.33)$$

(dito für Biomasse aus Ethanol $Y_{X_{TG}/Eth}(D)$ bei *S. cerevisiae*, siehe *batch*)

spezifische Ethanolbildungsrate $q_{p,Eth}$ $[g\ g_{TG}^{-1}\ h^{-1}]$:

$$q_{p,Eth}(D)=\frac{\bar{c}_{Eth}(D)-c_{Eth,0}}{\bar{X}_{TG}(D)}D \qquad (5.34)$$

(dito für die Ethanolaufnahmerate $q_{Eth(D)}$ bei *S. cerevisiae*, siehe *batch*).

5.2.2.3 Praktisches Vorgehen bei Zellkulturen (Hybridoma-Zellen)

Auch wenn die prinzipielle Vorgehensweise bei der metabolischen Analyse tierischer und humaner Zellen ähnlich der bei mikrobiellen Kulturen ist, ergeben sich in der Praxis doch einige Unterschiede (Adams et al. 2007). Ein wesentlicher Grund liegt darin, dass metabolische und kinetische Größen (Wachstumsraten, Substrataufnahmeraten, Produktbildungsraten, Umsatz- und Ausbeutekoeffizienten) üblicherweise auf die Zellzahl bezogen werden und nicht auf das Trockengewicht, wie es bei mikrobiellen Kulturen häufig der Fall ist. Die Bestimmung der Zellzahl/-konzentration ist nicht nur messtechnisch sehr gut möglich (z. B. mikroskopisch, manuell oder automatisch), sondern erlaubt auch die Unterscheidung von lebenden und toten Zellen, eine für tierische Zellen sehr wichtige Unterscheidung. Auch wenn dabei naturgemäß die Variabilität im Zellvolumen (siehe Kap. 3.5) nicht berücksichtigt wird, hat sich diese Art der Darstellung in der einschlägigen Literatur durchgesetzt und soll auch im Folgenden benutzt werden.

Üblicherweise wird ein Zellkulturprozess in einem ersten Schritt durch die zeitabhängigen Verläufe von Zellwachstum (Konzentration an lebenden und toten Zellen, Lebendanteil) sowie den gemessenen Substrat-, Metaboliten- und Produktkonzentration beschrieben (vgl. Kap. 3.5). Aus dieser Darstellung lassen sich bereits Rückschlüsse auf die verschiedenen Phasen des Zellwachstums (Lag-Phase, exponentielle Phase, stationäre Phase, Absterbephase) ziehen (Abb. 5.1). Basierend auf den Rohdaten werden metabolische und kinetische Parameter (z. B. zellspezifische Wachstums- und Absterberaten, Umsatz- und Ausbeutekoeffizienten sowie zellspezifische Substrataufnahme- und Metabolitenproduktionsraten) ermittelt.

In Abb. 5.1 ist neben dem zeitlichen Verlauf der Gesamtzellkonzentration X_t, der Konzentrationen an lebenden Zellen X_v und der Produktkonzentration c_{MAb} das sogenannte „integral of viable cell density“ (*IVCD* – Integral über der Konzentration lebender Zellen X_v)

$$IVCD = \int_{t_0}^{t_1} X_v \, dt \tag{5.35}$$

als graue Fläche dargestellt. Diese Größe eignet sich sehr gut zum Vergleich verschiedener Kulturen. So hat im Fall zweier Kulturen mit gleicher spezifischer Produktivität diejenige mit dem höheren *IVCD*-Wert eine höhere volumetrische Produktivität.

Die im Folgenden verwendeten spezifischen Raten lassen Rückschlüsse auf Veränderungen in Zellwachstum und -metabolismus während der Kultur zu. Eine darüber hinausgehende Analyse des physiologischen Zustandes der Zellen würde den Rahmen dieses Buches sprengen.

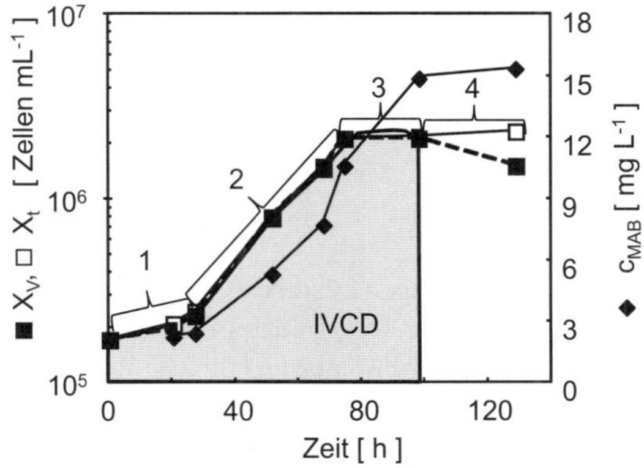

Abb. 5.1 Zeitlicher Verlauf von Gesamtzellkonzentration X_t, Konzentration lebender Zellen X_v, Konzentration an monoklonalen Antikörpern c_{MAb} und das Integral über der Konzentration lebender Zellen IVCD während der Wachstumsphase für eine Hybridoma-Zelllinie, 1: Lag-Phase, 2: exponentielle Wachstumsphase, 3: stationäre Phase, 4: Absterbephase

Volumetrische Größen und kinetische Parameter

Eine Analyse eines Zellkulturprozesses stützt sich häufig auf die folgenden, messtechnisch gut und zeitnah (z. T. während des Prozesses) zugänglichen Größen

- Lebendzellzahl
- Gesamtzellzahl
- Glucosekonzentration
- Glutaminkonzentration
- Laktatkonzentration
- Ammoniumkonzentration
- Produktkonzentration (z. B. Antikörperkonzentration bei Hybridoma-Zellen)

Des Weiteren kann eine Bestimmung der Konzentrationen an Aminosäuren im Medium sinnvoll sein.

Die ermittelten Werte werden normalerweise auf das Volumen der Kultur bezogen. In den meisten Fällen kann dieses als identisch mit dem Flüssigkeitsvolumen angesehen werden. Ausnahmen können sich etwa bei hochdichten Microcarrier-Kulturen für adhärente Zellen ergeben. Zudem müssen etwaige Flüssigkeitsverluste (Probenahme, Medienwechsel) oder Flüssigkeitszunahmen (*fed-batch*, pH-Regelung mittels Lauge etc.) berücksichtigt werden.

Aus den Konzentrationen an Zellen gesamt, lebenden Zellen und toten Zellen werden die spezifische Wachstumsrate und die Absterberate bestimmt, aus den verbrauchten Substraten bzw. den produzierten Metaboliten die entsprechenden Substrataufnahme- bzw. Metabolitenproduktionsraten.

Zu den wichtigen metabolische Umsatzraten zählen die Menge an gebildetem Laktat bezogen auf die verbrauchte Menge an Glucose $Y_{Lac/Glc}$, die Menge an gebildetem Ammonium bezogen auf die verbrauchte Menge an Glutamin $Y_{Amm/Gln}$ oder die verbrauchte Menge an Sauerstoff bezogen auf die verbrauchte Menge an Substrat. Veränderungen in diesen metabolischen Raten lassen sich schnell erkennen und dazu verwenden, optimale Prozesszustände einzustellen. Des Weiteren sind diese Größen ein wichtiges Hilfsmittel bei der optimalen Einstellung des verwendeten Mediums.

Auswertung experimenteller Daten

Bevor die Auswertungsgleichungen für einen Zellkulturprozess im Detail vorgestellt werden, sollen noch einige wichtige Aspekte bei der Durchführung einer kinetischen Analyse diskutiert werden (Adam et al. 2007). Wie auch schon in Kap. 3.5 beschrieben, variieren die spezifischen Raten und Ausbeutekoeffizienten erheblich zwischen verschiedenen Zelllinien. Häufig werden die höchsten zellspezifischen Substrataufnahme- und Metabolitenproduktionsraten zu Beginn oder zum Ende der exponentiellen Wachstumsphase beobachtet. Sie werden zudem durch die Zusammensetzung des Mediums und den physiologischen Zustand der Zellen beeinflusst. In einer typischen Zellkultur ist der Anteil an Kohlenstoffatomen, die in Metablite (CO_2, Laktat oder produzierte nicht-essentielle Aminosäuren) umgewandelt werden, sehr viel höher als der Anteil, der für Biomasse und Produkt verbraucht wird. Unter verschiedenen metabolischen Bedingungen kann dieses Verhältnis zudem variieren. Daher sind insbesondere in *batch*- und *fed-batch*-Kulturen aufgrund der sich ändernden Milieubedingungen variierende spezifische Raten und Ausbeutekoeffizienten zu erwarten. Hierauf wird in Kap. 5.3.4 bei der Erstellung kinetischer Modelle intensiver eingegangen.

Auswertungsgleichungen *batch*

Für die **differentielle** Bestimmung metabolischer und kinetischer Parameter aus einem *batch*-Experiment können die folgenden Gleichungen im Zeitintervall $t_i \rightarrow t_{i+1}$ zwischen zwei Probenahmen herangezogen werden (Erklärung der Symbole am Ende):

Lebendanteil [%]:

$$Lebendanteil = \frac{X_v}{X_t} 100 \tag{5.36}$$

Konzentration toter Zellen X_d [Zellen L^{-1}]:

$$X_d = X_t - X_v \tag{5.37}$$

zellspezifische Wachstumsrate μ [h^{-1}]:

$$\mu(t_i, t_{i+1}) = \frac{2}{(X_{v,i+1} + X_{v,i})} \frac{(X_{t,i+1} - X_{t,i})}{(t_{i+1} - t_i)} \tag{5.38}$$

Verdopplungszeit t_d:

$$t_d(t_i, t_{i+1}) = \frac{0{,}6931}{\mu(t_i, t_{i+1})} \tag{5.39}$$

Spezifische Absterberate μ_d:

$$\mu_d(t_i, t_{i+1}) = \frac{2}{(X_{v,i+1} + X_{v,i})} \frac{(X_{d,i+1} - X_{d,i})}{(t_{i+1} - t_1)} \tag{5.40}$$

zellspezifische Glucoseaufnahmerate q_{Glc} [mmol $Zelle^{-1}$ h^{-1}]:

$$q_{Glc}(t_i, t_{i+1}) = \frac{c_{Glc,i} - c_{Glc,i+1}}{t_{i+1} - t_i} \left(\frac{2}{X_{v,i+1} + X_{v,i}} \right) \tag{5.41}$$

zellspezifische Glutaminaufnahmerate q_{Gln} [mmol $Zelle^{-1}$ h^{-1}]:

$$q_{Gln}(t_i, t_{i+1}) = \frac{c_{Gln,i} - c_{Gln,i+1}}{t_{i+1} - t_i} \left(\frac{2}{X_{v,i+1} + X_{v,i}} \right) \tag{5.42}$$

zellspezifische Laktatproduktionsrate q_{Lac} [mmol $Zelle^{-1}$ h^{-1}]:

$$q_{Lac}(t_i, t_{i+1}) = \frac{c_{Lac,i+1} - c_{Lac,i}}{t_{i+1} - t_i} \left(\frac{2}{X_{v,i+1} + X_{v,i}} \right) \tag{5.43}$$

Ausbeutekoeffizient Laktat/Glucose $Y_{Lac/Glc}$ [mol mol^{-1}]:

$$Y_{Lac/Glc}(t_i, t_{i+1}) = \frac{q_{Lac}(t_i, t_{i+1})}{q_{Glc}(t_i, t_{i+1})} \tag{5.44}$$

zellspezifische Ammoniumproduktionsrate q_{Amm} [mmol $Zelle^{-1}$ h^{-1}]:

$$q_{Amm}(t_i,t_{i+1}) = \frac{c_{Amm,i+1} - c_{Amm,i}}{t_{i+1} - t_i}\left(\frac{2}{X_{v,i+1} + X_{v,i}}\right) \quad (5.45)$$

Ausbeutekoeffizient Ammonium/Glutamin $Y_{Amm/Gln}$ [mol mol^{-1}]:

$$Y_{Amm/Gln}(t_{i1},t_{i+1}) = \frac{q_{Amm}(t_i,t_{i+1})}{q_{Gln}(t_i,t_{i+1})} \quad (5.46)$$

zellspezifische Antikörper-Produktionsrate q_{MAb} [mg Zelle^{-1} h^{-1}]:

$$q_{MAb}(t_i,t_{i+1}) = \frac{c_{MAb,i+1} - c_{MAb,i}}{t_{i+1} - t_i}\left(\frac{2}{X_{v,i+1} + X_{v,i}}\right) \quad (5.47)$$

$c_{Amm,i}$: Ammoniumkonzentration zum Zeitpunkt t_i [mmol L^{-1}],
$c_{Amm,i+1}$: Ammoniumkonzentration zum Zeitpunkt t_{i+1} [mmol L^{-1}],
$c_{Glc,i}$: Konzentration an Glucose zum Zeitpunkt t_i [mmol L^{-1}],
$c_{Glc,i+1}$: Konzentration an Glucose zum Zeitpunkt t_{i+1} [mmol L^{-1}],
$c_{Gln,i}$: Konzentration an Glutamin zum Zeitpunkt t_i [mmol L^{-1}],
$c_{Gln,i+1}$: Konzentration an Glutamin zum Zeitpunkt t_{i+1} [mmol L^{-1}],
$c_{Lac,i}$: Laktatkonzentration zum Zeitpunkt t_i [mmol L^{-1}],
$c_{Lac,i+1}$: Laktatkonzentration zum Zeitpunkt t_{i+1} [mmol L^{-1}],
$c_{MAb,i}$: Konzentration an Antikörpern zum Zeitpunkt t_i [mg L^{-1}],
$c_{Mab,i+1}$: Konzentration an Antikörpern zum Zeitpunkt t_{i+1} [mg L^{-1}],
$q_{Amm}(t_i,t_{i+1})$: zellspezifische Ammoniumproduktionsrate im Zeitintervall $t_i \rightarrow t_{i+1}$ [mmol Zelle^{-1} h^{-1}],
$q_{Glc}(t_i,t_{i+1})$: zellspezifische Glucoseaufnahmerate im Zeitintervall $t_i \rightarrow t_{i+1}$ [mmol Zelle^{-1} h^{-1}],
$q_{Gln}(t_i,t_{i+1})$: zellspezifische Glutaminaufnahmerate im Zeitintervall $t_i \rightarrow t_{i+1}$ [mmol Zelle^{-1} h^{-1}],
$q_{Lac}(t_i,t_{i+1})$: zellspezifische Laktatproduktionsrate im Zeitintervall $t_i \rightarrow t_{i+1}$ [mmol Zelle^{-1} h^{-1}],
$q_{MAb}(t_i,t_{i+1})$: zellspezifische Antikörper-Produktionsrate im Zeitintervall $t_i \rightarrow t_{i+1}$ [mg Zelle^{-1} h^{-1}],
$X_{d,i}$: Konzentration toter Zellen zum Zeitpunkt t_i [Zellen L^{-1}],
$X_{d,i+1}$: Konzentration toter Zellen zum Zeitpunkt t_{i+1} [Zellen L^{-1}],
X_d: Konzentration toter Zellen zum Probezeitpunkt t [Zellen L^{-1}],
$X_{t,i}$: Gesamtzellkonzentration zum Zeitpunkt t_i [Zellen L^{-1}],
$X_{t,i+1}$: Gesamtzellkonzentration zum Zeitpunkt t_{i+1} [Zellen L^{-1}],
X_t: Gesamtzellkonzentration zum Probezeitpunkt t [Zellen L^{-1}],
$X_{v,i}$: Konzentration lebender Zellen zum Zeitpunkt t_i [Zellen L^{-1}],
$X_{v,i+1}$: Konzentration lebender Zellen zum Zeitpunkt t_{i+1} [Zellen L^{-1}],
X_v: Konzentration lebender Zellen zum Probezeitpunkt t [Zellen L^{-1}],
$Y_{Amm/Gln}(t_i,t_{i+1})$: Ammoniumausbeute im Zeitintervall $t_i \rightarrow t_{i+1}$ [mol mol^{-1}],
$Y_{Lac/Glc}(t_i,t_{i+1})$: Laktatausbeute im Zeitintervall $t_i \rightarrow t_{i+1}$ [mol mol^{-1}],
$\mu(t_i,t_{i+1})$: zellspezifische Wachstumsrate im Zeitintervall $t_i \rightarrow t_{i+1}$ [h^{-1}],
$\mu_d(t_i,t_{i+1})$: zellspezifische Absterberate im Zeitintervall $t_i \rightarrow t_{i+1}$ [h^{-1}],

Neben der zellspezifischen Produktbildungsrate (hier für einen Antikörper q_{MAb}) interessiert bei der Beurteilung der Effizienz eines *batch*-Prozesses die volumetrische Produktbildungsrate bzw. die zu erwartende Produktkonzentration. Hierzu wird

$$\frac{dc_P}{dt} = q_P \, X_v \quad (5.48)$$

umgeformt zu

$$\int_0^{c_{P,f}} dc_P = \int_{t_0}^{t_f} q_P \, X_v \, dt\,, \quad (5.49)$$

mit t_0: Startzeit [h], t_f: Endzeit [h], $c_{P,f}$: Produktkonzentration zum Zeitpunkt t_f [mg L^{-1}]. Unter der Annahme einer konstanten zellspezifischen Produktionsrate q_P ergibt sich

$$c_P = q_P \int_{t_0}^{t_f} X_v \, dt = q_P \, IVCD \,. \tag{5.50}$$

Somit ist bei konstantem q_P die Produktkonzentration c_P proportional zum Lebendzellintegral *IVCD* und q_P lässt sich bei Auftragung der Produktkonzentration c_P über *IVCD* aus der Steigung der zu erwartenden Geraden bestimmen. Häufig beobachtet man veränderliche Werte für q_P während eines *batch*-Experimentes. Dennoch erlaubt Gl. (5.50) über das relativ einfach zu bestimmende *IVCD* eine Abschätzung der zu erwartenden Produktkonzentrationen, für die häufig erst lange nach Beendigung des Prozesses Messdaten zur Verfügung stehen, sofern Schätzwerte für q_P vorliegen.

Alternativ kann auch eine **integrale** Bestimmung der spezifischen Raten erfolgen. Nach Ermittlung geeigneter Trendlinien kann über das Differential die Steigung der Kurven (z. B. dX_t/dt, dc_S/dt oder dc_P/dt) zu diskreten Zeitpunkten bestimmt werden. Die spezifische Wachstumsrate $\mu(t)$ ergibt sich dann zu

$$\mu(t) = \frac{1}{X_v(t)} \frac{dX_t(t)}{dt} \tag{5.51}$$

die spezifische Substrataufnahmerate $q_S(t)$ zu

$$q_S(t) = -\frac{1}{X_v(t)} \frac{dc_S(t)}{dt} \tag{5.52a}$$

und die spezifische Substrataufnahmerate $q_P(t)$ zu

$$q_P(t) = \frac{1}{X_v} \frac{dc_P}{dt}(t) \,. \tag{5.52b}$$

Integral bestimmte Größen weisen häufig eine geringere Streuung auf als differentiell bestimmte.

Auswertungsgleichungen *fed-batch*

Für die **differentielle** Bestimmung metabolischer und kinetischer Parameter aus einem *fed-batch*-Experiment gelten abweichend von denen für ein *batch*-Experiment die Gleichungen (5.53) bis (5.59) im Zeitintervall $t_i \rightarrow t_{i+1}$:

$$\mu(t_i, t_{i+1}) = \frac{2}{(X_{v,i} + X_{v,i+1})} \left(\frac{(X_{t,i+1} - X_{t,i})}{(t_{i+1} - t_i)} + \frac{2\,F(t_i, t_{i+1})}{\left(V_i + V_{i+1}\right)} \frac{X_{t,i} + X_{t,i+1}}{2} \right) \tag{5.53}$$

$$\mu_d(t_i, t_{i+1}) = \frac{2}{(X_{v,i} + X_{v,i+1})} \left(\frac{(X_{d,i+1} - X_{d,i})}{(t_{i+1} - t_i)} + \frac{2\,F(t_i, t_{i+1})}{\left(V_i + V_{i+1}\right)} \frac{X_{d,i} + X_{d,i+1}}{2} \right) \tag{5.54}$$

$$q_{Glc}(t_i, t_{i+1}) = \frac{2}{X_{v,i+1} + X_{v,i}} \left(\frac{2\,F(t_i, t_{i+1})}{V_i + V_{i+1}} \left(c_{Glc,0} - \frac{c_{Glc,i} + c_{Glc,i+1}}{2} \right) - \frac{c_{Glc,i+1} - c_{Glc,i}}{t_{i+1} - t_i} \right) \tag{5.55}$$

$$q_{Gln}(t_i, t_{i+1}) = \frac{2}{X_{v,i+1} + X_{v,i}} \left(\frac{2\,F(t_i, t_{i+1})}{V_i + V_{i+1}} \left(c_{Gln,0} - \frac{c_{Gln,i} + c_{Gln,i+1}}{2} \right) - \frac{c_{Gln,i+1} - c_{Gln,i}}{t_{i+1} - t_i} \right) \tag{5.56}$$

$$q_{Lac}(t_i, t_{i+1}) = \frac{2}{X_{v,i+1} + X_{v,i}} \left(\frac{c_{Lac,i+1} - c_{Lac,i}}{t_{i+1} - t_i} - \frac{2\,F(t_i, t_{i+1})}{V_i + V_{i+1}} \left(c_{Lac,0} - \frac{c_{Lac,i} + c_{Lac,i+1}}{2} \right) \right) \tag{5.57}$$

$$q_{Amm}(t_i,t_{i+1}) = \frac{2}{X_{v,i+1}+X_{v,i}}\left(\frac{c_{Amm,i+1}-c_{Amm,i}}{t_{i+1}-t_i} - \frac{2\,F(t_i,t_{i+1})}{V_i+V_{i+1}}\left(c_{Amm,0} - \frac{c_{Amm,i}+c_{Amm,i+1}}{2}\right)\right) \tag{5.58}$$

$$q_{MAb}(t_i,t_{i+1}) = \frac{2}{X_{v,i}+X_{i+1}}\left(\frac{c_{MAb,i+1}-c_{MAb,i}}{t_{i+1}-t_i} - \frac{2\,F(t_i,t_{i+1})}{V_i+V_{i+1}}\left(c_{MAb,0} - \frac{c_{MAb,i}+c_{MAb,i+1}}{2}\right)\right) \tag{5.59}$$

$\mu(t_i,t_{i+1})$: zellspezifische Wachstumsrate im Zeitintervall $t_i \rightarrow t_{i+1}$ [h^{-1}],
$\mu_d(t_i, t_{i+1})$: zellspezifische Absterberate im Zeitintervall $t_i \rightarrow t_{i+1}$ [h^{-1}],
$q_{Glc}(t_i, t_{i+1})$: zellspezifische Glucoseaufnahmerate im Zeitintervall $t_i \rightarrow t_{i+1}$ [mmol Zelle^{-1} h^{-1}],
$q_{Gln}(t_i, t_{i+1})$: zellspezifische Glutaminaufnahmerate im Zeitintervall $t_i \rightarrow t_{i+1}$ [mmol Zelle^{-1} h^{-1}],
$q_{Lac}(t_i, t_{i+1})$: zellspezifische Laktatproduktionsrate im Zeitintervall $t_i \rightarrow t_{i+1}$ [mmol Zelle^{-1} h^{-1}],
$q_{Amm}(t_i,t_{i+1})$: zellspezifische Ammoniumproduktionsrate im Zeitintervall $t_i \rightarrow t_{i+1}$ [mmol Zelle^{-1} h^{-1}],
$q_{MAb}(t_i, t_{i+1})$: zellspezifische Antikörper-Produktionsrate im Zeitintervall $t_i \rightarrow t_{i+1}$ [mg Zelle^{-1} h^{-1}],

mit
$X_{v,i}$: Konzentration lebender Zellen zum Zeitpunkt t_i [Zellen L^{-1}],
$X_{v,i+1}$: Konzentration lebender Zellen zum Zeitpunkt t_{i+1} [Zellen L^{-1}],
$X_{t,i}$: Gesamtzellkonzentration zum Zeitpunkt t_i [Zellen L^{-1}],
$X_{t,i+1}$: Gesamtzellkonzentration zum Zeitpunkt t_{i+1} [Zellen L^{-1}],
$X_{d,i}$: Konzentration toter Zellen zum Zeitpunkt t_i [Zellen L^{-1}],
$X_{d,i+1}$: Konzentration toter Zellen zum Zeitpunkt t_{i+1} [Zellen L^{-1}],
$c_{Glc,i}$: Konzentration an Glucose zum Zeitpunkt t_i [mmol L^{-1}],
$c_{Glc,i+1}$: Konzentration an Glucose zum Zeitpunkt t_{i+1} [mmol L^{-1}],
$c_{Glc,0}$: Konzentration an Glucose im Zulauf [mmol L^{-1}],
$c_{Gln,i}$: Konzentration an Glutamin zum Zeitpunkt t_i [mmol L^{-1}],
$c_{Gln,i+1}$: Konzentration an Glutamin zum Zeitpunkt t_{i+1} [mmol L^{-1}],
$c_{Gln,0}$: Konzentration an Glutamin im Zulauf [mmol L^{-1}],
$c_{Lac,i}$: Laktatkonzentration Zeitpunkt t_i [mmol L^{-1}],
$c_{Lac,i+1}$: Laktatkonzentration Zeitpunkt t_{i+1} [mmol L^{-1}],
$c_{Lac,0}$: Konzentration an Laktat im Zulauf [mmol L^{-1}],
$c_{Amm,i}$: Ammoniumkonzentration Zeitpunkt t_i [mmol L^{-1}],
$c_{Amm,i+1}$: Ammoniumkonzentration Zeitpunkt t_{i+1} [mmol L^{-1}],
$c_{Amm,0}$: Konzentration an Ammonium im Zulauf [mmol L^{-1}],
$F(t_i, t_{i+1})$: konstante Zulaufrate im Zeitintervall $t_i \rightarrow t_{i+1}$ [L h^{-1}],
V_i: Volumen zum Zeitpunkt t_i [L],
V_{i+1}: Volumen zum Zeitpunkt t_{i+1} [L],
$c_{MAb,i}$: Konzentration an Antikörpern zum Zeitpunkt t_i [mg L^{-1}],
$c_{MAb,i+1}$: Konzentration an Antikörpern zum Zeitpunkt t_{i+1} [mg L^{-1}].

Bei einer **integralen Auswertung** sind die Gleichungen (5.60) bis (5.62) zu verwenden. Aus dem Differential der mathematischen Beziehungen für die Trendlinien $X=f(t)$ bzw. $c=f(t)$ kann wiederum die Steigung der Kurven (z. B. dX_t/dt, dc_S/dt oder dc_P/dt) zu bestimmten Zeitpunkten ermittelt werden. Die spezifische Wachstumsrate $\mu(t)$ ergibt sich dann zu

$$\mu(t) = \frac{1}{X_v(t)}\left(\frac{dX_t(t)}{dt} + \frac{F(t)}{V(t)}X_t(t)\right), \tag{5.60}$$

die spezifische Substrataufnahmerate $q_S(t)$ (z. B. Glucose oder Glutamin) zu

$$q_S(t) = \frac{1}{X_v(t)}\left(\frac{F(t)}{V(t)}\left(c_{S,0} - c_S(t)\right) - \frac{dc_S(t)}{dt}\right), \tag{5.61}$$

und die spezifische Produktbildungsrate $q_P(t)$ (z. B. Laktat, Ammonium, monoklonale Antikörper) zu

$$q_P(t) = \frac{1}{X_v}\left(\frac{dc_P(t)}{dt} - \frac{F(t)}{V(t)}\left(c_{P,0} - c_P(t)\right)\right). \quad (5.62)$$

Auswertungsgleichungen Chemostat

Zunächst werden für einen Zeitraum, in dem die Werte als im Mittel konstant angesehen werden, die Mittelwerte für die relevanten Größen

$\bar{X}_V(D)$: mittl. Konzentration lebender Zellen [Zellen mL^{-1}],

$\bar{X}_t(D)$: mittl. Gesamtzellkonzentration [Zellen L^{-1}],

$\bar{c}_{Glc}(D)$: mittl. Konzentrationen an Glucose, dito für Glutamin, Laktat, Ammonium, alle in [mmol L^{-1}],

$\bar{c}_{MAb}(D)$: mittl. Konzentration an monoklonalen Antikörpern [mg L^{-1}]

bei einer bestimmten Verdünnungsrate D gebildet.

Die hierauf basierenden Berechnungsformeln lauten:

Lebendanteil [%]:

$$Lebendanteil(D) = \frac{\bar{X}_v(D)}{\bar{X}_t(D)} 100 \quad (5.63)$$

Mittlere Konzentration toter Zellen X_d [Zellen L^{-1}]:

$$\bar{X}_d(D) = \bar{X}_t(D) - \bar{X}_v(D) \quad (5.64)$$

zellspezifische Wachstumsrate μ [h^{-1}]:

$$\mu(D) = \frac{\bar{X}_t(D)}{\bar{X}_v(D)} D \quad (5.65)$$

Verdopplungszeit t_d:

$$t_d(D) = \frac{0{,}6931}{\mu(D)} \quad (5.66)$$

Spezifische Absterberate μ_d [h^{-1}]:

$$\mu_d(D) = \frac{\bar{X}_d(D)}{\bar{X}_v(D)} D \quad (5.67)$$

zellspezifische Glucoseaufnahmerate q_{Glc} [mmol Zellen^{-1} h^{-1}]:

$$q_{Glc}(D) = \frac{c_{Glc,0} - \bar{c}_{Glc}(D)}{\bar{X}_v(D)} D \quad (5.68)$$

zellspezifische Glutaminaufnahmerate q_{Gln} [mmol Zelle^{-1} h^{-1}]:

$$q_{Gln}(D) = \frac{c_{Gln,0} - \bar{c}_{Gln}(D)}{\bar{X}_v(D)} D \quad (5.69)$$

zellspezifische Laktatproduktionsrate q_{Lac} [mmol Zelle^{-1} h^{-1}]:

$$q_{Lac}(D) = \frac{\bar{c}_{Lac}(D) - c_{Lac,0}}{\bar{X}_v(D)} D \quad (5.70)$$

zellspezifische Ammoniumproduktionsrate q_{Amm} [mmol Zelle^{-1} h^{-1}]:

$$q_{Amm}(D) = \frac{\bar{c}_{Amm}(D) - c_{Amm,0}}{\bar{X}_v(D)} D \quad (5.71)$$

Ausbeutekoeffizient Laktat/Glucose $Y_{Lac/Glc}$ [mol mol^{-1}]:

$$Y_{Lac/Glc}(D) = \frac{q_{Lac}(D)}{q_{Glc}(D)} \quad (5.72)$$

Ausbeutekoeffizient Ammonium/Glutamin $Y_{Amm/Gln}$ [mol mol^{-1}]:

$$Y_{Amm/Gln}(D) = \frac{q_{Amm,}(D)}{q_{Gln}(D)} \quad (5.73)$$

zellspezifische Antikörper-Produktionsrate q_{MAb} [mg Zelle^{-1} h^{-1}]:

$$q_{MAb}(D) = \frac{\bar{c}_{MAb}(D) - c_{MAb,0}}{\bar{X}_v(D)} D \quad (5.74)$$

5.2.3 Experimente zu Prozessführungen mit *Saccharomyces cerevisiae*

Experiment Hefe_1: *batch*-Prozess mit *Saccharomyces cerevisiae*

Aufgabe: Durchführung und Auswertung einer *batch*-Kultivierung zur Analyse wichtiger Prozessgrößen

Ziel: Beschreibung der Wachstumsphasen sowie der Phasen, in denen der Crabtree-Effekt bzw. die Diauxie wirken. Bestimmung spezifischer Wachstums- und Umsatzraten.

Grundlagen: Kap. 3.4 und Kap. 4.1
Auswertungsgleichungen: Kap. 5.2.2.2

Einstellungen am BioProzessTrainer:

- Wählen Sie aus dem Hauptmenü das Experiment **Hefe_1**. Hierdurch wird der **BioProzessTrainer** initialisiert. Nach der Initialisierung befinden sich $V_R = 10$ L einer auf 35 °C temperierten und mit Sauerstoff gesättigten ($pO_2 = 100\,\%$) Mediumslösung im Reaktor. Die Anfangskonzentrationen für Glucose und Ethanol betragen:
  - Glucose: 10 g L^{-1}
  - Ethanol: 0 g L^{-1}

Die Konzentration an Biomasse X_R nach dem Animpfen soll bei 4 g L^{-1} liegen.

- Berechnen Sie die erforderliche Biomassekonzentration X_I im Inokulum (Volumen Inokulum $V_I = 200$ mL)

$$X_I = X_R \frac{V_R + V_I}{V_I} \tag{5.75}$$

Vorgehensweise:

- Bereiten Sie ein Datenblatt gemäß beiliegendem Muster (siehe Beispiellösung) für die folgenden Messgrößen vor:
  - Laufzeit t
  - Probenvolumen (hier 10 mL)
  - Biotrockenmassekonzentration
  - Glucosekonzentration
  - Ethanolkonzentration
  - Temperatur
  - pH
  - pO_2
- Starten Sie das Experiment **Hefe_1** durch Aktivieren des Start-Buttons (aerob/anaerob) gemäß den Hinweisen auf der DVD.
- Die Sauerstoffkonzentration im Medium wird im aeroben Fall bei 60 % Luftsättigung geregelt. Im anaeroben Fall wird die Luftsättigung bis auf 0 % absinken. Hinweise zur Regelung finden sich in Kap. 6.
- Nehmen Sie Proben (zu Biotrockenmasse, Glucose und Ethanol) im Abstand von ca. 30 min (Prozesszeit).
- Die *batch*-Kultur ist mit dem kompletten Verbrauch an Substraten (Glucose, Ethanol) beendet.
- Tragen Sie die Daten für die Messgrößen in die vorbereitete Tabelle gemäß Musterlösung ein.
- Wiederholen Sie das Experiment unter anaeroben Bedingungen. Zur Wiederholung des Teil-Experiments drücken Sie den Wiederholungs-Button entsprechend den Hinweisen auf der DVD.
- Zum Beenden des Experiments **Hefe_1** drücken Sie den Ende-Button entsprechend den Hinweisen auf der DVD.

Auswertung:

- Stellen Sie aus den Rohdaten die Verläufe von Biotrockenmasse, Glucose- und Ethanolkonzentration als Funktion der Zeit dar.
- Unterteilen Sie den Verlauf in die exponentielle Phase (aerobes Wachstum mit Crabtree-Effekt bei Glucoseüberschuss und Ethanolbildung, Diauxie bei niedrigen Glucosekonzentrationen und Ethanolverbrauch).
- Berechnen Sie in den jeweiligen Zeitintervallen zwischen zwei Probenahmen die im Folgenden aufgeführten Größen und stellen Sie diese ebenfalls als Funktion der Zeit dar.
  - spezifische Wachstumsrate μ
  - Verdopplungszeit t_D
  - spezifische Substrataufnahmerate für Glucose q_{Glc}
  - spezifische Substrataufnahmerate für Glucose q_{Glc} und Ethanol q_{Eth} (bei Glucoselimitierung)
  - spezifische Ethanolbildungsrate $q_{p,Eth}$ bei Glucoseüberschuss
  - Ausbeutekoeffizient Biotrockenmasse/Glucose $Y_{X_{TG}/Glc}$ unter den verschiedenen Prozesszuständen (vgl. Kap. 3.4)
  - Ausbeutekoeffizient Biotrockenmasse/Ethanol $Y_{X_{TG}/Eth}$ unter den verschiedenen Prozesszuständen (vgl. Kap. 3.4)

  (Vorbereitung für Experimente in Kap. 5.3)
- Vergleichen Sie dabei die differentielle und die integrale Methode zur Bestimmung der genannten Kenngrößen.

Beispiellösung zu HEFE_1

Experiment Nr	HEFE_1	aerobe Prozessführung
Name	HEFE_1	
Organismus	*Saccharomyces cerevisiae*	

Startvolumen	10,0	L
Anfangskonzentration Glucose	10,0	g/L
Anfangskonzentration Ethanol	0,0	g/L
Animpfkonzentration	4,0	g/L
Temperatur	35,0	°C
Sauerstoffgehalt	60,0	%

Probe #	Laufzeit *t* [min]	Laufzeit *t* [h]	Biotrockenmasse *X* [g/L]	Glucose *G* [g/L]	Ethanol *E* [g/L]	Temperatur *T* [°C]	pH pH [–]	pO_2 pO_2 [%]
1	5,00	0,08	4,1	9,4	0,2	34,9	6,9	60,0
2	30,00	0,50	4,7	7,2	0,8	35,0	6,7	59,9
3	60,00	1,00	5,4	4,1	1,7	35,0	6,4	60,0
4	90,00	1,50	6,3	0,9	2,4	35,0	6,1	62,1
5	120,00	2,00	6,9	0,0	2,2	35,0	6,0	60,0
6	150,00	2,50	7,0	0,0	1,7	35,0	6,0	60,0
7	180,00	3,00	7,1	0,0	1,3	35,0	6,0	60,0
8	210,00	3,50	7,2	0,0	0,9	35,0	6,0	60,1
9	240,00	4,00	7,3	0,0	0,6	35,0	6,0	60,1
10	270,00	4,50	7,4	0,0	0,3	35,0	6,0	60,2
11	300,00	5,00	7,4	0,0	0,1	35,0	6,0	59,9
12	330,00	5,50	7,4	0,0	0,1	35,0	6,0	60,0
13	360,00	6,00	7,4	0,0	0,0	32,0	6,0	72,0

HEFE_1: Auswertung der Kenndaten der aeroben Kultivierung nach der differentiellen Methode

Laufzeit *t* [h]	Intervall-mitte *t* [h]	Vol. vor Probe V_i [L]	Vol. nach Probe V_{i+1} [L]	μ [1/h]	t_d [h]	q_{Glc} [1/h]	q_{Eth} [1/h]	$Y_{XTG/Glc}$ [–]	$Y_{XTG/Eth}$ [–]
0,08		10	9,99						
0,50	0,29	9,99	9,98	0,327	2,118	1,200	0,327	0,273	–1,000
1,00	0,75	9,98	9,97	0,277	2,500	1,228	0,356	0,226	–0,778
1,50	1,25	9,97	9,96	0,308	2,253	1,094	0,239	0,281	–1,286
2,00	1,75	9,96	9,95	0,182	3,812	0,273	–0,061	0,667	3,000
2,50	2,25	9,95	9,94	0,029	24,087	0,000	–0,144	–	0,200
3,00	2,75	9,94	9,93	0,028	24,433	0,000	–0,113	–	0,250
3,50	3,25	9,93	9,92	0,028	24,780	0,000	–0,112	–	0,250
4,00	3,75	9,92	9,91	0,028	25,127	0,000	–0,083	–	0,333
4,50	4,25	9,91	9,90	0,027	25,473	0,000	–0,082	–	0,333
5,00	4,75	9,9	9,89	0,000	–	0,000	–0,054	–	0,000
5,50	5,25	9,89	9,88	0,000	–	0,000	0,000	–	–
6,00	5,75	9,88	9,87	0,000	–	0,000	–0,027	–	0,000

HEFE_1: Auswertung der Kenndaten der aeroben Kultivierung nach der integralen Methode

Laufzeit t [h]	Intervall-mitte t [h]	Vol. vor Probe [L]	Vol. nach Probe [L]	μ [1/h]	t_d [h]	q_{Glc} [1/h]	q_{Eth} [1/h]	$Y_{XTG/Glc}$ [–]	$Y_{XTG/Eth}$ [–]
0,08	–	10	9,99	0,521	1,331	2,312	0,799	0,225	–0,799
0,50	0,29	9,99	9,98	0,367	1,889	1,459	0,426	0,251	–0,426
1,00	0,75	9,98	9,97	0,250	2,767	0,855	0,172	0,293	–0,172
1,50	1,25	9,97	9,96	0,172	4,024	0,487	0,027	0,354	–0,027
2,00	1,75	9,96	9,95	0,116	5,979	0,253	–0,056	0,459	0,056
2,50	2,25	9,95	9,94	0,074	9,384	0,103	–0,099	0,715	0,099
3,00	2,75	9,94	9,93	0,042	16,436	0,012	–0,116	3,417	0,116
3,50	3,25	9,93	9,92	0,019	36,439	–0,036	–0,113	–0,532	0,113
4,00	3,75	9,92	9,91	0,004	185,548	–0,051	–0,096	–0,074	0,096
4,50	4,25	9,91	9,9	–0,004	–191,610	–0,040	–0,070	0,091	0,070
5,00	4,75	9,9	9,89	–0,003	–274,205	–0,009	–0,038	0,296	0,038
5,50	5,25	9,89	9,88	0,008	90,707	0,036	–0,006	0,209	0,006
6,00	5,75	9,88	9,87	0,027	25,421	0,088	0,022	0,309	–0,022

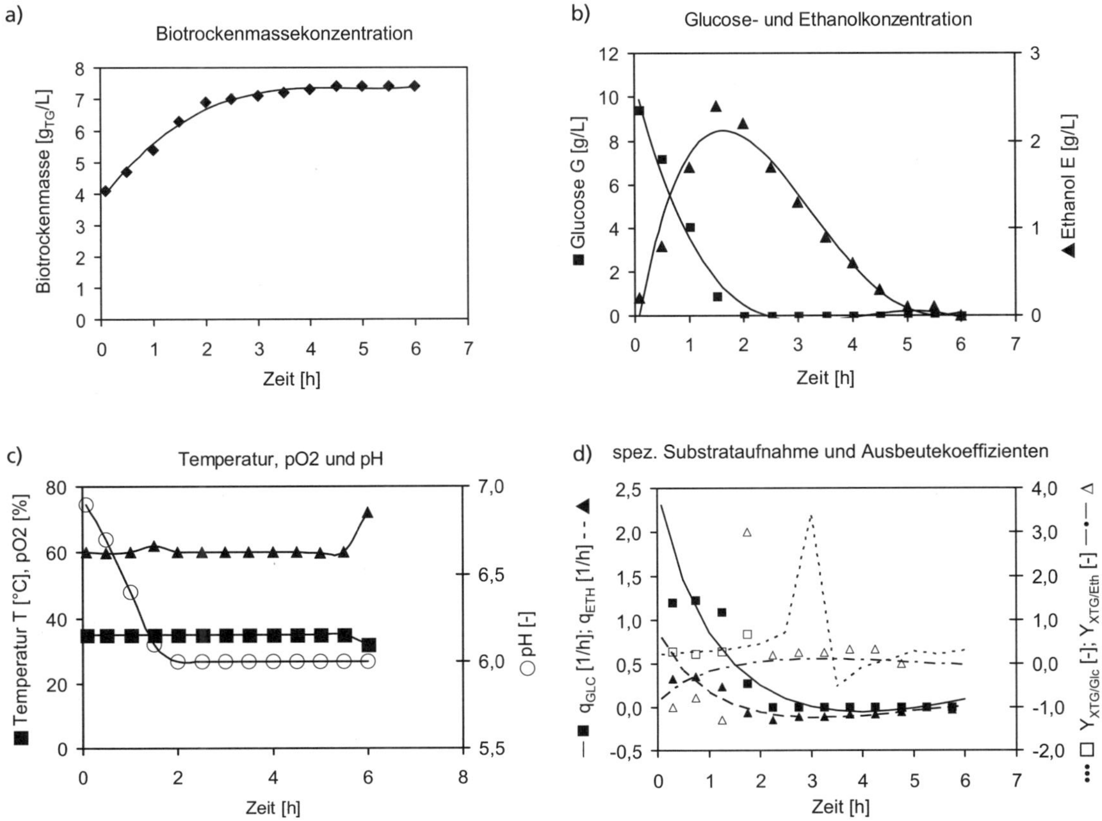

Abb. 5.2 a-d Grafische Darstellung der Ergebnisse und Auswertungen für die aerobe Kultivierung HEFE_1

In den grafischen Darstellungen der Ergebnisse und Auswertungen wurden die Kenngrößen sowohl mit der differentiellen Methode, als auch mit der integralen Methode berechnet. Differentiell erhaltene Größen sind in den Grafiken durch diskrete Symbole gekennzeichnet. Integral berechnete Größen sind in den Grafiken durch Linien verbunden (Abb. 5.2).

Anhand der Grafiken kann man erkennen, dass eine exponentielle Wachstumsphase für maximal 2,0 Stunden, also ungefähr bis zum Abbau der Glucose anhält. Ferner sieht man, dass der Crabtree-Effekt – also die Erzeugung von Ethanol unter aeroben Bedingungen – über den ganzen Konzentrationsbereich der Glucose zu beobachten ist. Ein Abbau von Ethanol ist erst zu beobachten, wenn die Glucose vollständig abgebaut ist.

Die integrale Berechnung von Kennzahlen wird unter Verwendung eines Polynoms vierter Ordnung

$$z(t) = a \cdot t^4 + b \cdot t^3 + c \cdot t^2 + d \cdot t + e \tag{5.76}$$

zur Annäherung der Messdaten Biomasse-, Glucose- und Ethanolkonzentration durch eine Funktion durchgeführt.

Im Folgenden werden die Parameter dieses Polynoms für die Messwerte der Konzentrationen von Biomasse sowie Glucose und Ethanol angegeben, wie man sie z. B. durch die Tabellenkalkulationsfunktion „Trendlinie berechnen“ gewinnen kann.

	X	*Glc*	*Eth*
a	0,0015	0,0152	–0,0119
b	0,0143	–0,3716	0,2406
c	–0,3990	3,0074	–1,5830
d	2,1490	–9,7415	3,4557
e	3,8253	10,6680	–0,2621
R^2	0,9902	0,9836	0,9668

Die entsprechenden Ableitungen ergeben sich aus einem Polynom dritter Ordnung

$$\frac{dz(t)}{dt} = 4a \cdot t^3 + 3b \cdot t^2 + 2c \cdot t + d \tag{5.77}$$

In der Abb. 5.2 d erkennt man deutlich den ausgleichenden Charakter der unterlegten Polynome. Die Kenngrößen aus der integralen Bestimmung weisen eine geringere Streuung auf (in der oben gezeigten Grafik täuscht dies etwas, da mit Hilfe der Polynomrepräsentation der Messdaten auch dort Größen berechnet werden können, wo bei der differentiellen Bestimmung eine Division durch Null droht).

Man muss bei dieser Auswertung beachten, dass sich insbesondere die Kennzahlen $Y_{XTG/Glc}$ und $Y_{XTG/Eth}$ nur dann sinnvoll errechnen lassen, wenn überhaupt Wachstum von Biomasse stattfindet. Dies ist insbesondere bei der integralen Auswertung zu beachten. Bei der Annäherung der Messwerte durch Polynome können die eingesetzten statistischen Verfahren Wachstum anzeigen, wo tatsächlich keines stattfindet. Die entsprechend errechneten Kennzahlen müssen daher unter diesen Randbedingungen kritisch hinterfragt werden.

Experiment Nr.	HEFE_1	anaerobe Prozessführung
Name	HEFE_1	
Organismus	*Saccharomyces cerevisiae*	

Startvolumen	10,0	L
Anfangskonzentration Glucose	10,0	g/L
Anfangskonzentration Ethanol	0,0	g/L
Animpfkonzentration	4,0	g/L
Temperatur	35,0	°C
Sauerstoffgehalt	0,0	%

Probe #	**Laufzeit** *t* [min]	**Laufzeit** *t* [h]	**Biotrockenmasse** *X* [g/L]	**Glucose** *G* [g/L]	**Ethanol** *E* [g/L]	**Temperatur** *T* [°C]	**pH** pH [–]	**pO_2** pO_2 [%]
1	0,00	0,00	4,0	9,7	0,1	35,0	7,0	–0,4
2	30,00	0,50	4,1	7,8	1,0	35,0	6,8	–0,4
3	60,00	1,00	4,2	5,6	2,1	35,0	6,6	–0,4
4	90,00	1,50	4,2	3,2	3,3	35,0	6,3	–0,4
5	120,00	2,00	4,3	1,0	4,3	35,0	6,1	–0,5
6	150,00	2,50	4,3	0,0	4,8	35,0	6,0	–0,2
7	180,00	3,00	4,3	0,0	4,8	35,0	6,0	–0,2
8	210,00	3,50	4,3	0,0	4,8	35,0	6,0	–0,2
9	240,00	4,00	4,3	0,0	4,8	35,0	6,0	–0,2
10	270,00	4,50	4,3	0,0	4,8	35,0	6,0	–0,2
11	300,00	5,00	4,3	0,0	4,8	35,0	6,0	–0,2
12	330,00	5,50	4,3	0,0	4,8	35,0	6,0	–0,2
13	360,00	6,00	4,3	0,0	4,8	35,0	6,0	–0,2

HEFE_1: Auswertung der Kenndaten der anaeroben Kultivierung nach der differentiellen Methode

Laufzeit *t* [h]	**Intervall-mitte** *t* [h]	**Vol. vor Probe** V_i [L]	**Vol. nach Probe** V_{i+1} [L]	μ [1/h]	t_d [h]	q_{Glc} [1/h]	q_{Eth} [1/h]	$Y_{XTG/Glc}$ [–]	$Y_{XTG/Eth}$ [–]
0,00		10,00	9,99						
0,50	0,25	9,99	9,98	0,049	14,036	0,938	0,444	0,053	–0,111
1,00	0,75	9,98	9,97	0,048	14,383	1,060	0,530	0,045	–0,091
1,50	1,25	9,97	9,96	0,000	–	1,143	0,571	0,000	0,000
2,00	1,75	9,96	9,95	0,047	14,729	1,035	0,471	0,045	–0,100
2,50	2,25	9,95	9,94	0,000	–	0,465	0,233	0,000	0,000
3,00	2,75	9,94	9,93	0,000	–	0,000	0,000	–	–
3,50	3,25	9,93	9,92	0,000	–	0,000	0,000	–	–
4,00	3,75	9,92	9,91	0,000	–	0,000	0,000	–	–
4,50	4,25	9,91	9,9	0,000	–	0,000	0,000	–	–
5,00	4,75	9,9	9,89	0,000	–	0,000	0,000	–	–
5,50	5,25	9,89	9,88	0,000	–	0,000	0,000	–	–
6,00	5,75	9,88	9,87	0,000	–	0,000	0,000	–	–

HEFE_1: Auswertung der Kenndaten der anaeroben Kultivierung nach der integralen Methode

Laufzeit t [h]	Intervall-mitte t [h]	Vol. vor Probe [L]	Vol. nach Probe [L]	μ [1/h]	t_d [h]	q_{Glc} [1/h]	q_{Eth} [1/h]	$Y_{XTG/Glc}$ [–]	$Y_{XTG/Eth}$ [–]
0,00		10	9,99	0,061	11,378	1,224	0,603	0,050	–0,603
0,50	0,25	9,99	9,98	0,044	15,584	1,175	0,574	0,038	–0,574
1,00	0,75	9,98	9,97	0,031	22,081	1,045	0,508	0,030	–0,508
1,50	1,25	9,97	9,96	0,021	32,938	0,860	0,416	0,024	–0,416
2,00	1,75	9,96	9,95	0,013	53,275	0,642	0,310	0,020	–0,310
2,50	2,25	9,95	9,94	0,007	99,306	0,414	0,199	0,017	–0,199
3,00	2,75	9,94	9,93	0,003	255,019	0,197	0,095	0,014	–0,095
3,50	3,25	9,93	9,92	0,000	17060,531	0,014	0,007	0,003	–0,007
4,00	3,75	9,92	9,91	–0,001	–573,953	–0,112	–0,053	0,011	0,053
4,50	4,25	9,91	9,9	–0,001	–593,558	–0,157	–0,073	0,007	0,073
5,00	4,75	9,9	9,89	0,000	29816,419	–0,096	–0,043	0,000	0,043
5,50	5,25	9,89	9,88	0,002	311,562	0,095	0,049	0,023	–0,049
6,00	5,75	9,88	9,87	0,005	131,084	0,439	0,215	0,012	–0,215

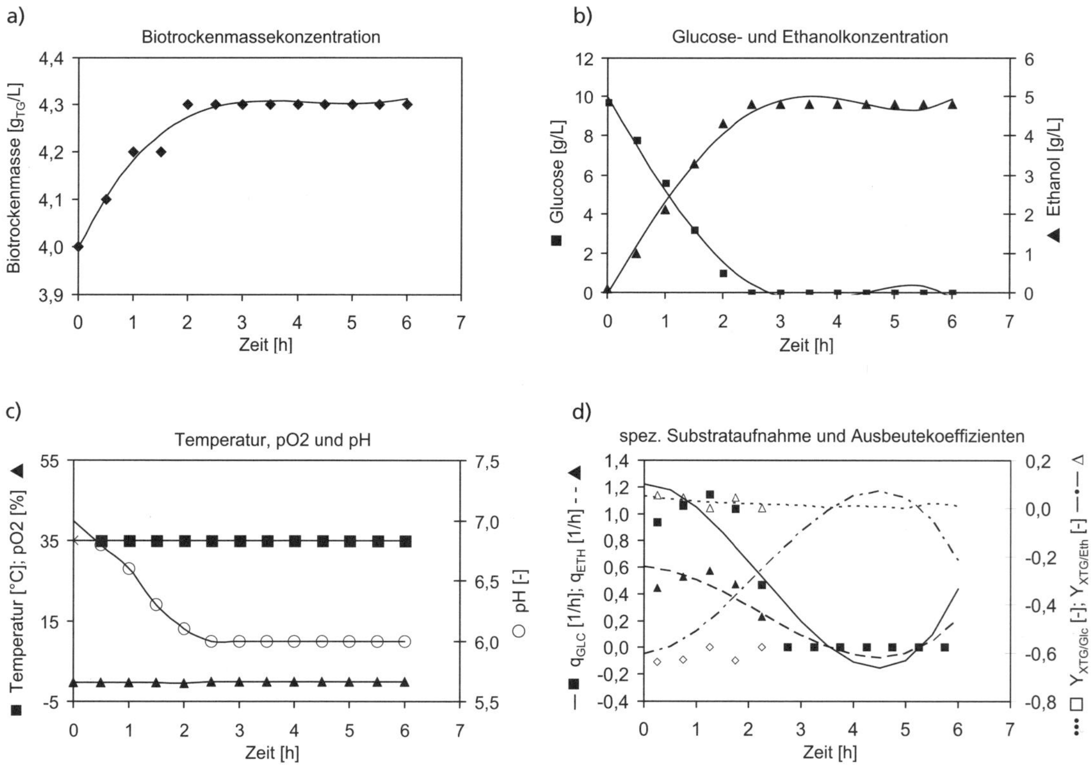

Abb. 5.3 a-d Grafische Darstellung der Ergebnisse und Auswertungen für die anaerobe Kultivierung HEFE_1

Die Berechnung der Kenngrößen der anaeroben Hefekultivierung erfolgt mit den gleichen Methoden wie die Berechnung der Kenngrößen der aeroben Kultivierung. Damit die Auswertungen der aeroben (Abb. 5.2) und der anaeroben Kultivierung (Abb. 5.3) einfacher zu vergleichen sind, ist die Zeitachse beibehalten worden. Es ist aber zu beachten, dass die Auswertung der Kenngrößen nur bis zum vollständigen Verbrauch der Glucose sinnvoll ist. Weil im anaeroben Betrieb dann kein Wachstum mehr erfolgt, ergeben Berechnungen von Kennzahlen, die die Wachstumsrate beinhalten keinen Sinn.

Im Vergleich der beiden Kultivierungen fällt auf, dass die Wachstumsphase bei der anaeroben Kultivierung kürzer ist als bei der aeroben Kultivierung. Die Hefezellen haben keine Möglichkeit, Ethanol zur Energiegewinnung umzusetzen. Dies zeigt sich deutlich im Ausbeutekoeffizienten Biotrockenmasse/Glucose. Dieser ist bei der anaeroben Prozessführung deutlich geringer.

Die Erwartung für den Ausbeutekoeffizienten Biotrockenmasse/Ethanol ist für die anaerobe Prozessführung Null, da kein Abbau von Ethanol zur Energiegewinnung stattfinden kann.

Experiment Hefe_2: *batch*-Prozess mit *Saccharomyces cerevisiae* bei verschiedenen anfänglichen Biomasse- und Substratkonzentrationen sowie bei verschiedenen Temperaturen

Aufgabe: Durchführung und Auswertung von *batch*-Kultivierungen bei verschiedenen Anfangskonzentrationen an Biomasse und Glucose sowie verschiedenen Temperaturen.

Ziel: Ermittlung optimaler Anfangsbedingungen zur Erzielung einer hohen Biomassekonzentration

Grundlagen: Kap. 3.4 und Kap. 4.1
Auswertungsgleichungen: Kap. 5.2.2.2

Führen Sie *batch*-Experimente gemäß **Experiment Hefe_1** durch, wobei Sie die Anfangskonzentrationen an Biotrockenmasse zwischen 0,5 g_{TG} L^{-1} und 5 g_{TG} L^{-1} sowie an Glucose zwischen 2 und 20 g L^{-1} variieren. Führen Sie die Experimente bei Temperaturen im Bereich 25–40 °C durch.

Überlegen Sie sich hierzu eine Strategie, wie Sie mit möglichst wenigen Experimenten zu verwertbaren Aussagen kommen können (z. B. faktorieller Versuchsplan [Soravia and Orth 2006]).

Auswertung:
Bereiten Sie die Daten wie in Experiment **Hefe_1** auf und werten Sie diese entsprechend aus:

- Welche Startzellkonzentration würden Sie als optimal ansehen?
- Welche optimalen Anfangskonzentrationen für Glucose würden Sie nach Auswertung der Ergebnisse vorschlagen (Begründung)?
- Vergleichen Sie diese Werte mit Literaturwerten.

Führen Sie ein Experiment mit den von Ihnen gewählten Bedingungen durch und überprüfen Sie, ob Ihre Prognosen zutreffen.

Experiment Hefe_3: *batch*-Prozess mit *Saccharomyces cerevisiae*; Bestimmung des k_La-Wertes und des respiratorischen Quotienten (*RQ*) während einer Kultivierung.

Aufgabe: Durchführung einer einfachen *batch* – Kultivierung mit geregeltem pO_2-Wert. Bestimmung des k_La-Wertes in Abhängigkeit von der Rührerdrehzahl mit den *online*-Messwerten Sauerstoffkonzentration im Abgas $c_{O_2,g}^{aus}$ und Gelöstsauerstoffkonzentration c_{O_2}.

Bestimmung des Verlaufs des respiratorischen Quotienten (*RQ*) während einer *batch*-Kultivierung mit Hilfe der Abgasanalytik.

Ziel: Verfolgen des k_La-Wertes aus *online*-Messgrößen während einer Kultivierung. Erkennen des Zusammenhangs zwischen k_La-Wert und der Stellgröße Rührerdrehzahl.

Verfolgen des *RQ* während einer *batch*-Kultivierung mit *Saccharomyces cerevisiae.*

Grundlagen: Kap. 2.3
Auswertungsgleichungen: Kap. 2.3

Einstellungen am BioProzessTrainer:

▶ Wählen Sie aus dem Hauptmenü das Experiment **Hefe_3**. Hierdurch wird der **BioProzessTrainer** initialisiert. Nach der Initialisierung befinden sich 10 L einer auf 35 °C temperierten Mediumslösung mit Konzentrationen von 10 g/L Glucose und 2 g/L Biotrockenmasse (Hefe) im Bioreaktor. Die Gelöstsauerstoffkonzentration wird durch Veränderung der Rührerdrehzahl auf einen Wert von 60 % geregelt. Die Begasung erfolgt mit Umgebungsluft ($c_{O_2,g}^{ein} = 21$ %; $c_{CO_2,g}^{ein} = 0,03$ %) und einer Begasungsrate von 1 vvm.

Vorgehensweise:

- Bereiten Sie ein Datenblatt gemäß der weiter unten angegebenen Beispiellösung für die folgenden Stell- und Messgrößen vor:

  Stellgrößen
  - Rührerdrehzahl

  Messgrößen
  - Prozesszeit t
  - pO_2-Wert
  - Abgaskonzentration Sauerstoff $c_{O_2,g}^{aus}$

  optionale Messgrößen
  - Biomassekonzentration
  - Glucosekonzentration
  - Ethanolkonzentration
  - Abgaskonzentration Kohlendioxid $c_{O_2,g}^{aus}$

- Starten Sie das Experiment **„Hefe_3"** durch Aktivieren des Start-Buttons gemäß den Hinweisen auf der DVD.
- Tragen Sie die Daten für die Prozesszeit, den pO_2-Wert sowie die Abgaskonzentration Sauerstoff $c_{O_2,g}^{aus}$ in das von Ihnen gemäß Musterlösung vorbereitete Datenblatt ein. Optional können Sie jeweils alle 30 min Prozesszeit eine Probe entnehmen und die Konzentrationen an Biomasse, Glucose und Ethanol sowie die Abgaskonzentration Kohlendioxid $c_{O_2,g}^{aus}$ notieren.
- Beobachten Sie den Verlauf der genannten Prozessgrößen. Beenden Sie das Teil-Experiment 2h nach Verbrauch der Glucose durch Drücken des Stop-Buttons entsprechend den Hinweisen auf der DVD.
- Zur Wiederholung des Experiments drücken Sie den Wiederholungs-Button entsprechend den Hinweisen auf der DVD.
- Zum Beenden des Experiments **Hefe_3** drücken Sie den Ende-Button entsprechend den Hinweisen auf der DVD.

Auswertung:

- Stellen Sie aus den Rohdaten die Verläufe der Abgaskonzentrationen von Sauerstoff und Kohlendioxid (sowie optional der Konzentrationen von Biomasse, Glucose und Ethanol) als Funktion der Zeit dar.
- Berechnen Sie den k_La-Wert nach Gl. (2.25) und stellen Sie den zeitlichen Verlauf des k_La-Wertes während der Kultivierung dar.
- Stellen Sie die Funktion $k_La=f(n_R)$ dar (Auftragung Kurven k_La über n_R als Parameter).
- Berechnen Sie den respiratorischen Quotienten (*RQ*) und stellen Sie den zeitlichen Verlauf des *RQ* während der Kultivierung dar.
- Diskutieren Sie die von Ihnen experimentell ermittelten Kurven.

Beispiellösung zu Hefe_3

Abb. 5.4a zeigt den typischen Verlauf einer *batch*-Kultivierung von Hefe ergänzt um die Messgrößen pO_2 sowie die CO_2-Zunahme und O_2-Abnahme im Abgas gegenüber der Zuluft.

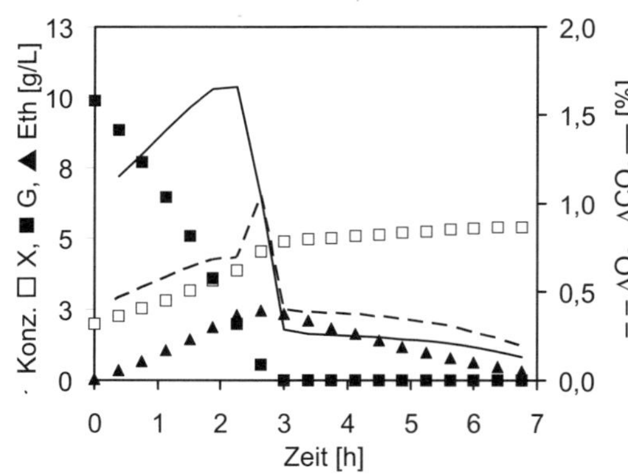

Abb. 5.4a Verlauf der *batch*-Kultivierung; Biomasse-, Glukose- und Ethanolkonzentrationen sowie Differenzen der O_2 und CO_2-Konzentrationen zwischen Zuluft und Abgas (ΔO_2; ΔCO_2).

Abb. 5.4b illustriert die zeitliche Veränderung der Rührerdrehzahl und des k_La-Wertes während der Kultivierung. Mit steigender Drehzahl steigt auch der k_La-Wert an. Aus Abb. 5.4c wird der Zusammenhang zwischen dem k_La-Wert und der Rührerdrehzahl deutlich.

Anhand des Verlaufes des respiratorischen Quotienten (*RQ*) in Abb. 5.4d lässt sich erkennen, dass der Organismus kurz vor dem Verbrauch der

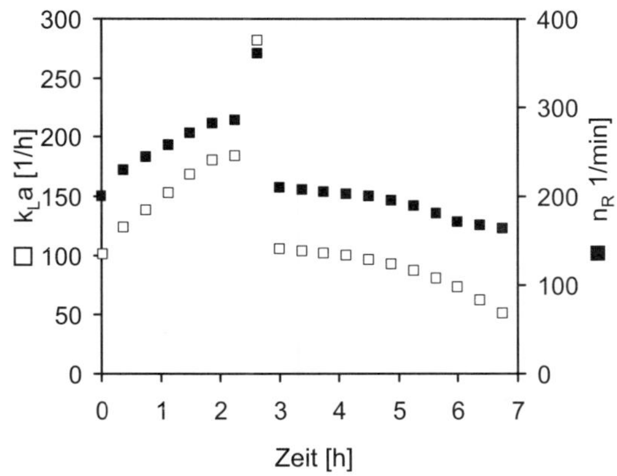

Abb. 5.4b Rührerdrehzahl *nr* und k_La-Wert im Verlauf einer *batch*-Kultivierung.

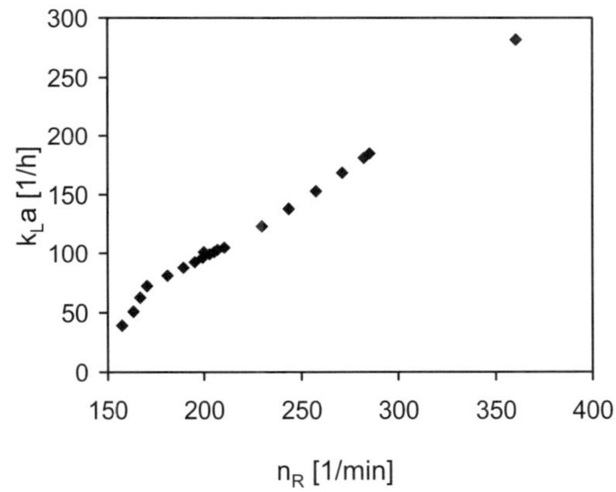

Abb. 5.4c k_La-Wert als Funktion der Rührerdrehzahl *nr*.

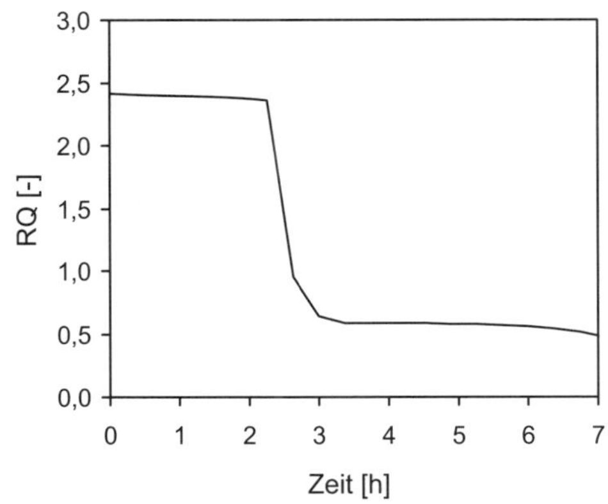

Abb. 5.4d Verlauf des respiratorischen Quotienten (*RQ*) während einer *batch*-Kultivierung von *Saccharomyces cerevisiae*.

Glucose nicht mehr dem Crabtree-Effekt unterliegt, der respiratorische Quotient fällt auf einen Wert um 1,0 ab. Im Anschluss daran stellt sich die Hefe auf den Verbrauch des gebildeten Ethanols um, was an einem *RQ* deutlich unter 1 zu erkennen ist.

Hinweis zu Experiment Hefe_3:
Im **BioProzessTrainer** ist der k_La-Wert nicht von den Medieneigenschaften oder Konzentrationen der verschiedenen Komponenten abhängig, sondern in diesem Experiment allein von der veränderten Rührerdrehzahl. Daraus ließe sich schließen, dass bei vorhandener pO_2-Regelung die Rührerdrehzahl als Indikator für das Wachstumsverhalten herangezogen werden könnte. In realen Kultivierungen besteht jedoch eine deutliche Abhängigkeit des k_La-Wertes von der Medienzusammensetzung. Deshalb kann die Rührerdrehzahl nur sehr eingeschränkt als Hilfsmessgröße für die Beobachtung einer Kultivierung eingesetzt werden.

Experiment Hefe_4: *fed-batch* mit *Saccharomyces cerevisiae* bei festem Zulaufstrom

Aufgabe: Durchführung und Auswertung einer *fed-batch*-Kultivierung mit festem, **vorgegebenem** Zulaufstrom.

Ziel: Vermittlung eines Verständnisses für Limitierungs- und Inhibierungsphänomene bei *fed-batch*-Prozessen, Bestimmung spezifischer Wachstums- und Umsatzraten.

Grundlagen: Kap. 3.4 und Kap. 4.6
Auswertungsgleichungen: Kap. 5.2.2.2

Einstellungen am BioProzessTrainer:

- Wählen Sie aus dem Hauptmenü das Experiment **Hefe_4**. Hierdurch wird der **BioProzessTrainer** initialisiert. Nach der Initialisierung befinden sich 5 L einer auf 35 °C temperierten und mit Sauerstoff gesättigten (pO_2 = 100%) Mediumslösung im Reaktor. Die Anfangskonzentrationen für Glucose und Ethanol betragen:
  - Glucose: 4 g L^{-1}
  - Ethanol: 0 g L^{-1}
  - Glucose im Vorlagebehälter: 30 g L^{-1}

Die Konzentration an Biomasse X_R nach dem Animpfen soll bei 3 g L^{-1} liegen.

- Berechnen Sie die erforderliche Biomassekonzentration X_I im Inokulum (Volumen Inokulum V_I = 200 mL) gemäß Gl. (5.75) (siehe HEFE_1).

Vorgehensweise:

- Bereiten Sie ein Datenblatt gemäß Muster in Beispiel **Hefe_1** vor.
  Ergänzen Sie dieses um Spalten für
  - Volumen V,
  - Zulaufstrom Glucose-Zulauf F_{Glc}.
- Starten Sie das Experiment **Hefe_4** durch Aktivieren des Start-Buttons gemäß den Hinweisen auf der DVD.
- Die Sauerstoffkonzentration im Medium wird bei 60 % Luftsättigung geregelt. Hinweise zur Regelung finden sich in Kap. 6.
- Nehmen Sie Proben (zu Biotrockenmasse, Glucose und Ethanol) im Abstand von ca. 30 min (Prozesszeit).
- Führen Sie das Experiment zunächst als *batch* durch, bis die Glucose (nahezu) verbraucht ist.
- Starten Sie die Zufütterung (*fed-batch*), indem Sie die Zulaufpumpe für den Glucose-Zulauf F_{Glc} mit 0,2 L h^{-1} einschalten.
- Die *fed-batch*-Kultur ist beendet, wenn das Arbeitsvolumen von 20 L erreicht und das Substrat vollständig verbraucht ist.
- Tragen Sie die Daten für die Messgröße in die vorbereitete Tabelle ein.
- Zur Wiederholung des Experiments drücken Sie den Wiederholungs-Button entsprechend den Hinweisen auf der DVD.
- Zum Beenden des Experiments **Hefe_4** drücken Sie den Ende-Button entsprechend den Hinweisen auf der DVD.

Auswertung:

- Werten Sie die gemessenen und berechneten Daten gemäß Experiment **Hefe_1** aus und stellen Sie diese als Funktion der Laufzeit dar.
- Vergleichen Sie dabei die differentielle und die integrale Bestimmung.
- Bewerten Sie die gewählte Fütterungsstrategie.
- Wiederholen Sie den Versuch mit veränderten, von Ihnen begründet gewählten Werten für
  - Startzeitpunkt des Zulaufes
  - Zulaufstrom Glucose F_{Glc}.

Beispiellösung zu HEFE_4

Experiment Nr.	HEFE_4
Name	HEFE_4
Organismus	*Saccharomyces cerevisiae*

Startvolumen	5,0	L				
Anfangskonzentration Glucose	4,0	g/L	Zufütterungskonzentration	60,0	g/L	
Anfangskonzentration Ethanol	0,0	g/L	Zulauf	1,0	L/h	ab 1h
Animpfkonzentration	3,0	g/L				
Temperatur	35,0	°C				
Sauerstoffgehalt	60,0	%				

Probe #	Laufzeit *t* [h]	Biotrockenmasse *X* [g/L]	Glucose *G* [g/L]	Ethanol *E* [g/L]	Temperatur *T* [°C]	pH pH [–]	pO_2 pO_2 [%]	Zulauf *F* [L/h]	Volume *V* [L]
1	0,00	3,1	3,5	0,1	35,0	7,0	60,0	0,0	5
2	0,50	3,5	1,7	0,7	35,0	6,8	58,9	0,0	5
3	1,00	4,3	0,7	0,7	35,0	6,6	61,3	1,0	5
4	1,50	4,6	3,8	1,2	35,0	6,4	59,9	1,0	5,6
5	2,00	4,9	5,7	1,9	35,0	6,2	59,9	1,0	6,1
6	2,50	5,2	6,9	2,6	35,0	5,9	59,9	1,0	6,6
7	3,00	5,6	7,5	3,4	35,0	5,7	59,9	1,0	7
8	3,50	6,0	7,5	4,2	35,0	5,5	59,9	1,0	7,5
9	4,00	6,5	7,0	5,0	35,0	5,3	59,9	1,0	8
10	4,50	7,0	6,2	5,8	35,0	5,1	59,9	1,0	8,5
11	5,00	7,6	5,2	6,7	35,0	4,9	59,9	1,0	9
12	5,50	8,1	4,1	7,5	35,0	4,8	60,0	1,0	9,5
13	6,00	8,6	3,1	8,2	35,0	4,7	60,1	1,0	10
14	6,50	9,0	2,3	8,8	35,0	4,7	60,1	1,0	10,4
15	7,00	9,3	1,7	9,3	35,0	4,6	59,6	1,0	10,9
16	7,50	10,0	1,3	9,4	35,0	4,6	58,6	1,0	11,4
17	8,00	11,2	1,0	8,9	35,0	4,6	60,0	1,0	11,9
18	8,50	12,3	0,7	8,5	35,0	4,5	60,3	1,0	12,4
19	9,00	13,3	0,6	8,1	35,0	4,5	60,1	1,0	12,8
20	9,50	14,1	0,5	7,7	35,0	4,5	60,0	1,0	13,3
21	10,00	14,9	0,5	7,4	35,1	4,5	59,4	1,0	13,8
22	10,50	15,6	0,4	7,0	35,0	4,5	60,1	1,0	14,3
23	11,00	16,3	0,4	6,7	35,0	4,5	60,0	1,0	14,8
24	11,50	16,9	0,4	6,3	35,0	4,4	59,9	1,0	15,2
25	12,00	17,5	0,3	6,0	35,0	4,4	59,9	1,0	15,7
26	12,50	18,1	0,3	5,7	35,0	4,4	59,9	1,0	16,2
27	13,00	18,6	0,3	5,4	35,0	4,4	59,9	1,0	16,7
28	13,50	19,1	0,3	5,1	35,0	4,4	59,9	1,0	17,2
29	14,00	19,6	0,3	4,8	37,7	4,4	55,6	1,0	17,7
30	14,50	20,0	0,3	4,6	35,0	4,4	60,1	1,0	18,2
31	15,00	20,4	0,3	4,3	35,0	4,4	60,0	1,0	18,6
32	15,50	20,8	0,3	4,1	35,0	4,4	59,9	1,0	19,1
33	16,00	21,2	0,1	3,8	35,0	4,4	63,3	1,0	19,4
34	16,50	21,4	0,0	3,4	35,0	4,4	60,0	0,0	19,4
35	17,00	21,5	0,0	2,9	35,0	4,4	60,0	0,0	19,4

HEFE_4: Auswertung der Kenndaten der aeroben Kultivierung nach der differentiellen Methode

Laufzeit t [h]	**Intervallmitte** t [h]	**Vol. vor Probe** V_i [L]	**Vol. nach Probe** V_{i+1} [L]	μ [1/h]	q_{Glc} [1/h]	q_{Eth} [1/h]
0,00		5	4,99			
0,50	0,25	5	4,99	0,242	1,091	–0,364
1,00	0,75	5	4,99	0,410	0,513	0,000
1,50	1,25	5,6	5,59	0,324	–1,319	–0,265
2,00	1,75	6,1	6,09	0,297	–0,827	–0,351
2,50	2,25	6,6	6,59	0,276	–0,547	–0,347
3,00	2,75	7	6,99	0,295	–0,309	–0,378
3,50	3,25	7,5	7,49	0,276	–0,083	–0,366
4,00	3,75	8	7,99	0,289	0,093	–0,351
4,50	4,25	8,5	8,49	0,269	0,190	–0,334
5,00	4,75	9	8,99	0,279	0,247	–0,344
5,50	5,25	9,5	9,49	0,235	0,271	–0,302
6,00	5,75	10	9,99	0,222	0,244	–0,264
6,50	6,25	10,4	10,39	0,189	0,196	–0,231
7,00	6,75	10,9	10,89	0,159	0,152	–0,202
7,50	7,25	11,4	11,39	0,235	0,106	–0,108
8,00	7,75	11,9	11,89	0,312	0,080	0,020
8,50	8,25	12,4	12,39	0,270	0,073	0,007
9,00	8,75	12,8	12,79	0,236	0,036	0,011
9,50	9,25	13,3	13,29	0,193	0,034	0,014
10,00	9,75	13,8	13,79	0,184	0,018	0,003
10,50	10,25	14,3	14,29	0,163	0,030	0,019
11,00	10,75	14,8	14,79	0,157	0,016	0,008
11,50	11,25	15,2	15,19	0,139	0,014	0,022
12,00	11,75	15,7	15,69	0,134	0,025	0,012
12,50	12,25	16,2	16,19	0,130	0,013	0,013
13,00	12,75	16,7	16,69	0,115	0,012	0,014
13,50	13,25	17,2	17,19	0,112	0,012	0,015
14,00	13,75	17,7	17,69	0,109	0,011	0,016
14,50	14,25	18,2	18,19	0,096	0,010	0,007
15,00	14,75	18,6	18,59	0,094	0,010	0,018
15,50	15,25	19,1	19,09	0,092	0,010	0,009
16,00	15,75	19,4	19,39	0,090	0,028	0,019
16,50	16,25	19,4	19,39	0,070	0,019	0,029
17,00	16,75	19,4	19,39	0,009	0,000	0,047

HEFE_4: Auswertung der Kenndaten der aeroben Kultivierung nach der integralen Methode

Laufzeit t [h]	**Intervallmitte** t [h]	**Vol. vor Probe** V_i [L]	**Vol. nach Probe** V_{i+1} [L]	μ [1/h]	q_{Glc} [1/h]	q_{Eth} [1/h]
0,00		5	4,99	1,236	–1,236	0,282
0,50	0,25	5	4,99	0,880	–0,880	0,319
1,00	0,75	5	4,99	0,648	–0,603	0,410
1,50	1,25	5,6	5,59	0,421	–0,425	0,427
2,00	1,75	6,1	6,09	0,247	–0,274	0,428
2,50	2,25	6,6	6,59	0,117	–0,150	0,416
3,00	2,75	7	6,99	0,023	–0,054	0,396
3,50	3,25	7,5	7,49	–0,043	0,019	0,368
4,00	3,75	8	7,99	–0,087	0,071	0,335
4,50	4,25	8,5	8,49	–0,114	0,107	0,301
5,00	4,75	9	8,99	–0,127	0,128	0,265
5,50	5,25	9,5	9,49	–0,130	0,138	0,231
6,00	5,75	10	9,99	–0,126	0,140	0,197
6,50	6,25	10,4	10,39	–0,117	0,136	0,166
7,00	6,75	10,9	10,89	–0,105	0,127	0,137
7,50	7,25	11,4	11,39	–0,090	0,115	0,110
8,00	7,75	11,9	11,89	–0,075	0,101	0,086
8,50	8,25	12,4	12,39	–0,060	0,086	0,065
9,00	8,75	12,8	12,79	–0,045	0,071	0,047
9,50	9,25	13,3	13,29	–0,031	0,056	0,031
10,00	9,75	13,8	13,79	–0,018	0,042	0,018
10,50	10,25	14,3	14,29	–0,007	0,029	0,008
11,00	10,75	14,8	14,79	0,003	0,018	0,000
11,50	11,25	15,2	15,19	0,010	0,009	–0,005
12,00	11,75	15,7	15,69	0,016	0,001	–0,008
12,50	12,25	16,2	16,19	0,020	–0,005	–0,009
13,00	12,75	16,7	16,69	0,022	–0,008	–0,007
13,50	13,25	17,2	17,19	0,022	–0,010	–0,004
14,00	13,75	17,7	17,69	0,020	–0,009	0,003
14,50	14,25	18,2	18,19	0,015	–0,005	0,011
15,00	14,75	18,6	18,59	0,008	0,001	0,022
15,50	15,25	19,1	19,09	–0,001	0,010	0,036
16,00	15,75	19,4	19,39	–0,014	0,023	0,052
16,50	16,25	19,4	19,39	–0,031	0,031	0,055
17,00	16,75	19,4	19,39	–0,050	0,050	0,077

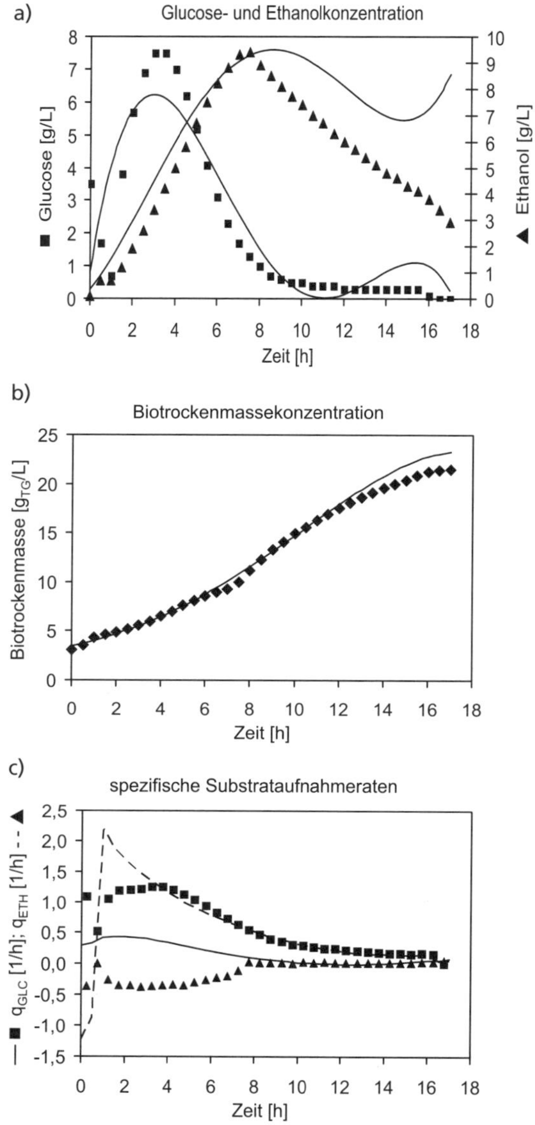

Abb. 5.5 a-c Grafische Auswertung des Experiments HEFE_4

In Abb. 5.5 a–c ist der Verlauf der *fed-batch*-Kultivierung zu sehen. Die Biomassekurve zeigt zunächst annähernd exponentielles Wachstum, weil Glucose im Überschuss vorhanden ist. Im weiteren Verlauf der Kultivierung wird eine stationäre Glucosekonzentration erreicht. Glucoseaufnahme und die Glucosezufütterung stehen im Gleichgewicht miteinander. Die spezifische Wachstumsrate der Biomasse nimmt wegen des aufgrund der Substratzugabe wachsenden Volumens trotz konstanter Substratkonzentration leicht ab.

Am Konzentrationsverlauf der Substrate Glucose und Ethanol erkennt man, dass der Crabtree-Effekt zu Beginn der Kultivierung deutlich ausgeprägt ist. Aufgrund der hohen Glucosekonzentration kommt es auch unter aeroben Bedingungen zu Ethanolbildung im Bioreaktor. Erst wenn der Glucosegehalt nach ca. 8 h unter 1 g/L gefallen ist geht die Ethanolbildung zurück. Wegen der verdünnenden Wirkung des Zulaufes nimmt die Ethanolkonzentration ab.

Wie beim Experiment Hefe_1 werden die Kenngrößen aus differentieller Bestimmung und integraler Bestimmung in gemeinsamen Diagrammen dargestellt. Die Kennzahlen aus der differentiellen Bestimmung sind mit Linien gekennzeichnet, während die Kennzahlen der integralen Bestimmung in den Graphen durch Linien gekennzeichnet sind.

Grundlage der integralen Bestimmung sind wiederum Polynome vierter Ordnung

$$z(t) = a \cdot t^4 + b \cdot t^3 + c \cdot t^2 + d \cdot t + e \quad (5.78)$$

mit entsprechender Ableitung

$$\frac{dz}{dt} = 4a \cdot t^3 + 3b \cdot t^2 + 2c \cdot t + d\,. \quad (5.79)$$

Die Koeffizienten können mit der Funktion „Trendlinie“ eines Tabellenkalkulationsprogramms berechnet werden. Für die hier erhaltenen Messwerte findet man die Koeffizienten:

	X	*G*	*E*
a	–0,0003	–0,00211	0,0013
b	0,0049	0,0823	–0,038
c	0,0410	–1,0443	–0,2416
d	0,5265	4,2538	0,9714
E	3,4429	0,7991	0,3326
R^2	0,9978	0,850	20,9603

Man erkennt bei den hier vorliegenden Daten die Grenze der Polynomdarstellung. Insbesondere sind Polynome dann ungeeignet, wenn Messdaten auf einen stationären Zustand zulaufen (Abb. 5.5 a-c).

Wenn die Polynomrepräsentation derart hohe Abweichungen von den Messwerten zeigt, liefert die differentielle Methode die genaueren Kennzahlen für die Beschreibung der Kultivierung.

Unter der Annahme, dass das Ziel der Kultivierung darin besteht, das Substrat mit höchstmöglicher Ausbeute in Biomasse umzusetzen, sollte eine möglichst geringe stationäre Glucosekonzentration angestrebt werden. Dann wird nur ein Minimum der Glucose zu Ethanol umgesetzt, das Wachstum der Zellen ist am effizientesten.

Experiment Hefe_5: Chemostat (1) mit *Saccharomyces cerevisiae*

Aufgabe: Durchführung und Auswertung einer Chemostat-Kultivierung bei **vorgegebener** Verdünnungsrate.

Ziel: Vermittlung eines Verständnisses für den zeitlichen Verlauf eines Chemostat-Experimentes bis hin zum stationären Zustand („steady state"), Bestimmung spezifischer Wachstums- und Umsatzraten.

Grundlagen: Kap. 3.4 und Kap. 4.3
Auswertungsgleichungen: Kap. 5.2.2.2

Einstellungen am BioProzessTrainer:

- Wählen Sie aus dem Hauptmenü das Experiment **Hefe_5**. Hierdurch wird der **BioProzessTrainer** initialisiert. Nach der Initialisierung befinden sich 5 L einer auf 35 °C temperierten und mit Sauerstoff gesättigten ($pO_2 = 100\,\%$) Mediumslösung im Reaktor. Die Anfangskonzentrationen für Glucose und Ethanol betragen:
  - Glucose: 2 g L^{-1}
  - Ethanol: 0 g L^{-1}
  - Glucose im Vorlagebehälter: 30 g/L

Die Konzentration an Biomasse X_R nach dem Animpfen soll bei 3 g L^{-1} liegen (Berechnung siehe Experiment **Hefe_1**).

Vorgehensweise:

- Bereiten Sie ein Datenblatt gemäß Muster in Beispiel **Hefe_1** vor.
  Ergänzen Sie dieses um Spalten für
  - Volumen V,
  - Zulaufstrom Glucose-Zulauf F_{Glc},
  - Verdünnungsrate D
- Starten Sie das Experiment **Hefe_5** durch Aktivieren des Start-Buttons gemäß den Hinweisen auf der DVD.
- Die Sauerstoffkonzentration im Medium wird bei 60 % Luftsättigung geregelt. Hinweise zur Regelung finden sich in Kap. 6.
- Nehmen Sie Proben (zu Biotrockenmasse, Glucose und Ethanol) im Abstand von ca. 30 min (Prozesszeit).
- Führen Sie das Experiment zunächst als *batch* durch, bis die Glucose (nahezu) verbraucht ist.
- Starten Sie den kontinuierlichen Betrieb (der nach einer Übergangsphase zu einer Chemostat-Kultivierung führt), indem Sie die Zulaufpumpe für den Glucose-Zulauf F_{Glc} und die Ablaufpumpe so einstellen, dass eine Verdünnungsrate von $D = 0{,}2\ h^{-1}$ erreicht wird. Berechnen Sie die Zulaufraten der Pumpen in der Einheit [ml min^{-1}]. Starten Sie die Pumpen mit den berechneten Zulaufraten.
- Lassen Sie das Chemostat-Experiment unter regelmäßiger Probenahme mindestens so lange laufen, bis sich für alle im Bioreaktor bestimmten Konzentrationen stationäre Werte eingestellt haben.
- Tragen Sie die Daten für die Messgrößen in die vorbereitete Tabelle ein.
- Zur Wiederholung des Experiments drücken Sie den Wiederholungs-Button entsprechend den Hinweisen auf der DVD.
- Zum Beenden des Experiments **Hefe_5** drücken Sie den Ende-Button entsprechend den Hinweisen auf der DVD.

Auswertung:

- Werten Sie die gemessenen und berechneten Daten gemäß Experiment **Hefe_1** aus und stellen Sie diese als Funktion der Laufzeit dar.
  Um zuverlässig beurteilen zu können, ob sich der stationäre Zustand schon eingestellt hat, sollten Sie die Rohdaten schon während des Experimentes in geeigneter Form grafisch darstellen.
- Berechnen Sie für den stationären Zustand die Mittelwerte für die gemessenen Konzentrationen.
- Berechnen Sie aus diesen Mittelwerten die im Folgenden aufgeführten Größen:
  - spezifische Wachstumsrate μ
  - Verdopplungszeit t_D
  - spezifische Substrataufnahmerate für Glucose q_{Glc}

- spezifische Substrataufnahmerate für Glucose q_{Glc} und ggf. Ethanol q_{Eth} (bei Glucoselimitierung)
- spezifische Ethanolbildungsrate $q_{p,Eth}$ bei Glucoseüberschuss
- Ausbeutekoeffizient Biotrockenmasse/Glucose $Y_{X_{TG}/Glc}$.

Beispiellösung zu HEFE_5

Experiment Nr.	HEFE_5
Name	HEFE_5
Organismus	*Saccharomyces cerevisiae*

Startvolumen	5,0	L			
Anfangskonzentration Glucose	2,0	g/L	Zufütterungskonzentration	30,0	g/L
Anfangskonzentration Ethanol	0,0	g/L	Zulauf	1,0	L/h
Animpfkonzentration	5,0	g/L			
Temperatur	35,0	°C			
Sauerstoffgehalt	60,0	%			

Probe #	Laufzeit t [min]	Laufzeit t [h]	Biotrockenmasse X [g/L]	Glucose G [g/L]	Ethanol E [g/L]	Temperatur T [°C]	pH pH [–]	pO_2 pO_2 [%]	Zulauf F [L/h]	Volume V [L]
1	0,00	0,00	3,0	2,4	0,1	35,0	7,0	60,0	1,0	5,0
2	30,00	0,50	3,1	3,1	0,5	35,0	6,8	60,0	1,0	5,0
3	60,00	1,00	3,2	3,9	1,0	35,0	6,7	60,0	1,0	5,0
4	90,00	1,50	3,4	4,5	1,4	35,0	6,5	60,0	1,0	5,0
5	120,00	2,00	3,5	5,0	1,9	35,0	6,4	60,0	1,0	5,0
6	150,00	2,50	3,6	5,3	2,3	35,0	6,2	60,0	1,0	5,0
7	180,00	3,00	3,8	5,4	2,7	35,0	6,1	60,0	1,0	5,0
8	210,00	3,50	4,0	5,5	3,1	35,0	5,9	60,0	1,0	5,0
9	240,00	4,00	4,1	5,5	3,5	35,0	5,8	60,0	1,0	5,0
10	270,00	4,50	4,3	5,3	3,9	35,0	5,7	60,0	1,0	5,0
11	300,00	5,00	4,5	5,1	4,2	35,0	5,6	60,0	1,0	5,0
12	330,00	5,50	4,7	4,9	4,6	35,0	5,5	60,0	1,0	5,0
13	360,00	6,00	4,8	4,5	4,9	35,0	5,4	60,0	1,0	5,0
14	390,00	6,50	5,0	4,2	5,3	35,0	5,3	60,0	1,0	5,0
15	420,00	7,00	5,2	3,8	5,6	35,0	5,2	60,0	1,0	5,0
16	450,00	7,50	5,4	3,4	5,9	35,0	5,1	60,0	1,0	5,0
17	480,00	8,00	5,5	3,0	6,1	35,0	5,1	60,0	1,0	5,0
18	510,00	8,50	5,7	2,7	6,4	35,0	5,0	60,0	1,0	5,0
19	540,00	9,00	5,8	2,5	6,6	35,0	5,0	60,0	1,0	5,0
20	570,00	9,50	5,9	2,3	6,8	35,0	5,0	60,0	1,0	5,0
21	600,00	10,00	6,0	2,1	6,9	35,0	4,9	60,0	1,0	5,0
22	630,00	10,50	6,0	2,1	7,0	35,0	4,9	60,0	1,0	5,0
23	660,00	11,00	6,1	2,0	7,1	35,0	4,9	60,0	1,0	5,0
24	690,00	11,50	6,1	2,0	7,2	35,0	4,9	60,0	1,0	5,0
25	720,00	12,00	6,2	1,9	7,3	35,0	4,9	60,0	1,0	5,0
26	750,00	12,50	6,2	1,9	7,3	35,0	4,9	60,0	1,0	5,0
27	780,00	13,00	6,3	1,9	7,4	35,0	4,9	60,0	1,0	5,0
28	810,00	13,50	6,3	1,8	7,4	35,0	4,9	60,0	1,0	5,0
29	840,00	14,00	6,3	1,8	7,5	35,0	4,8	60,0	1,0	5,0
30	870,00	14,50	6,3	1,8	7,5	35,0	4,8	60,0	1,0	5,0
31	900,00	15,00	6,3	2,0	7,5	35,0	4,8	60,0	1,0	5,0
32	930,00	15,50	6,4	1,9	7,6	35,0	4,8	60,0	1,0	5,0
33	960,00	16,00	6,4	1,9	7,6	35,0	4,8	60,0	1,0	5,0
34	990,00	16,50	6,4	1,9	7,6	35,0	4,8	60,0	0,0	5,0
35	1020,00	17,00	6,4	1,9	7,7	35,0	4,8	60,0	0,0	5,0

Experiment HEFE_5: Auswertung nach der differentiellen Methode

Laufzeit t [h]	**Intervall-mitte** t [h]	**Vol. vor der Probe** V_i [L]	**Vol. nach der Probe** V_{i+1} [L]	μ [1/h]	t_d [h]	q_{Glc} [1/h]	q_{Eth} [1/h]	$Y_{XTG/Glc}$ [–]	$Y_{XTG/Eth}$ [–]
0,00		5	4,99						
0,50	0,25	5	4,99	0,266	2,610	1,328	0,479	0,200	0,555
1,00	0,75	5	4,99	0,263	2,631	1,175	0,556	0,224	
1,50	1,25	5	4,99	0,321	2,158	1,200	0,436	0,268	0,736
2,00	1,75	5	4,99	0,258	2,687	1,174	0,386	0,220	0,669
2,50	2,25	5	4,99	0,256	2,704	1,231	0,287	0,208	0,892
3,00	2,75	5	4,99	0,308	2,250	1,278	0,189	0,241	1,629
3,50	3,25	5	4,99	0,303	2,291	1,208	0,200	0,251	1,513
4,00	3,75	5	4,99	0,249	2,779	1,210	0,163	0,206	1,530
4,50	4,25	5	4,99	0,295	2,348	1,267	0,081	0,233	3,647
5,00	4,75	5	4,99	0,291	2,383	1,218	0,093	0,239	3,122
5,50	5,25	5	4,99	0,287	2,416	1,174	0,104	0,244	2,750
6,00	5,75	5	4,99	0,242	2,863	1,234	0,032	0,196	7,667
6,50	6,25	5	4,99	0,282	2,461	1,169	0,086	0,241	3,286
7,00	6,75	5	4,99	0,278	2,489	1,176	0,057	0,237	4,897
7,50	7,25	5	4,99	0,275	2,516	1,147	0,066	0,240	4,171
8,00	7,75	5	4,99	0,237	2,928	1,130	0,073	0,209	3,225
8,50	8,25	5	4,99	0,271	2,554	1,077	0,116	0,252	2,338
9,00	8,75	5	4,99	0,235	2,952	1,023	0,157	0,230	1,500
9,50	9,25	5	4,99	0,234	2,960	1,012	0,161	0,231	1,457
10,00	9,75	5	4,99	0,234	2,967	1,002	0,163	0,233	1,433
10,50	10,25	5	4,99	0,200	3,466	0,930	0,232	0,215	0,863
11,00	10,75	5	4,99	0,233	2,974	0,957	0,200	0,244	1,165
11,50	11,25	5	4,99	0,200	3,466	0,918	0,234	0,218	0,853
12,00	11,75	5	4,99	0,233	2,981	0,945	0,203	0,246	1,144
12,50	12,25	5	4,99	0,200	3,466	0,906	0,235	0,221	0,849
13,00	12,75	5	4,99	0,232	2,988	0,899	0,235	0,258	0,986
13,50	13,25	5	4,99	0,200	3,466	0,925	0,203	0,216	0,984
14,00	13,75	5	4,99	0,200	3,466	0,895	0,237	0,223	0,846
14,50	14,25	5	4,99	0,200	3,466	0,895	0,238	0,223	0,840
15,00	14,75	5	4,99	0,200	3,466	0,829	0,302	0,241	0,663
15,50	15,25	5	4,99	0,231	2,994	0,915	0,206	0,253	1,122
16,00	15,75	5	4,99	0,200	3,466	0,878	0,238	0,228	0,842
16,50	16,25	5	4,99	0,200	3,466	0,878	0,238	0,228	0,842
17,00	16,75	5	4,99	0,000	–	0,000	0,000	–	–

Experiment HEFE_5: Auswertung nach der integralen Methode

Laufzeit t [h]	Intervall-mitte t [h]	Vol. vor der Probe V_i [L]	Vol. nach der Probe V_{i+1} [L]	μ [1/h]	t_d [h]	q_{Glc} [1/h]	q_{Eth} [1/h]	$Y_{XTG/Glc}$ [–]	$Y_{XTG/Eth}$ [–]
0,00		5,00	4,99	0,236	2,942	1,058	0,285	0,223	0,827
0,50	0,25	5,00	4,99	0,254	2,727	1,126	0,310	0,226	0,819
1,00	0,75	5,00	4,99	0,268	2,582	1,179	0,330	0,228	0,813
1,50	1,25	5,00	4,99	0,279	2,486	1,218	0,344	0,229	0,810
2,00	1,75	5,00	4,99	0,286	2,426	1,243	0,353	0,230	0,809
2,50	2,25	5,00	4,99	0,290	2,393	1,256	0,358	0,231	0,808
3,00	2,75	5,00	4,99	0,291	2,382	1,260	0,360	0,231	0,809
3,50	3,25	5,00	4,99	0,291	2,386	1,257	0,359	0,231	0,810
4,00	3,75	5,00	4,99	0,288	2,403	1,248	0,355	0,231	0,812
4,50	4,25	5,00	4,99	0,285	2,430	1,234	0,351	0,231	0,814
5,00	4,75	5,00	4,99	0,281	2,465	1,217	0,345	0,231	0,816
5,50	5,25	5,00	4,99	0,277	2,506	1,197	0,338	0,231	0,819
6,00	5,75	5,00	4,99	0,272	2,553	1,176	0,331	0,231	0,821
6,50	6,25	5,00	4,99	0,266	2,604	1,153	0,323	0,231	0,824
7,00	6,75	5,00	4,99	0,261	2,658	1,130	0,315	0,231	0,827
7,50	7,25	5,00	4,99	0,255	2,715	1,107	0,308	0,231	0,830
8,00	7,75	5,00	4,99	0,250	2,774	1,083	0,300	0,231	0,833
8,50	8,25	5,00	4,99	0,244	2,835	1,059	0,293	0,231	0,835
9,00	8,75	5,00	4,99	0,239	2,897	1,036	0,286	0,231	0,838
9,50	9,25	5,00	4,99	0,234	2,960	1,014	0,279	0,231	0,840
10,00	9,75	5,00	4,99	0,229	3,022	0,993	0,272	0,231	0,842
10,50	10,25	5,00	4,99	0,225	3,083	0,972	0,267	0,231	0,844
11,00	10,75	5,00	4,99	0,221	3,142	0,953	0,261	0,232	0,845
11,50	11,25	5,00	4,99	0,217	3,198	0,935	0,256	0,232	0,845
12,00	11,75	5,00	4,99	0,213	3,250	0,919	0,252	0,232	0,845
12,50	12,25	5,00	4,99	0,210	3,297	0,905	0,249	0,232	0,844
13,00	12,75	5,00	4,99	0,208	3,337	0,893	0,247	0,233	0,842
13,50	13,25	5,00	4,99	0,206	3,368	0,884	0,245	0,233	0,840
14,00	13,75	5,00	4,99	0,204	3,390	0,877	0,245	0,233	0,836
14,50	14,25	5,00	4,99	0,204	3,401	0,874	0,245	0,233	0,831
15,00	14,75	5,00	4,99	0,204	3,399	0,875	0,247	0,233	0,825
15,50	15,25	5,00	4,99	0,205	3,382	0,879	0,251	0,233	0,818
16,00	15,75	5,00	4,99	0,207	3,351	0,889	0,255	0,233	0,810
16,50	16,25	5,00	4,99	0,010	71,652	0,024	0,023	0,397	0,423
17,00	16,75	5,00	4,99	0,014	51,178	0,045	0,000	0,298	–

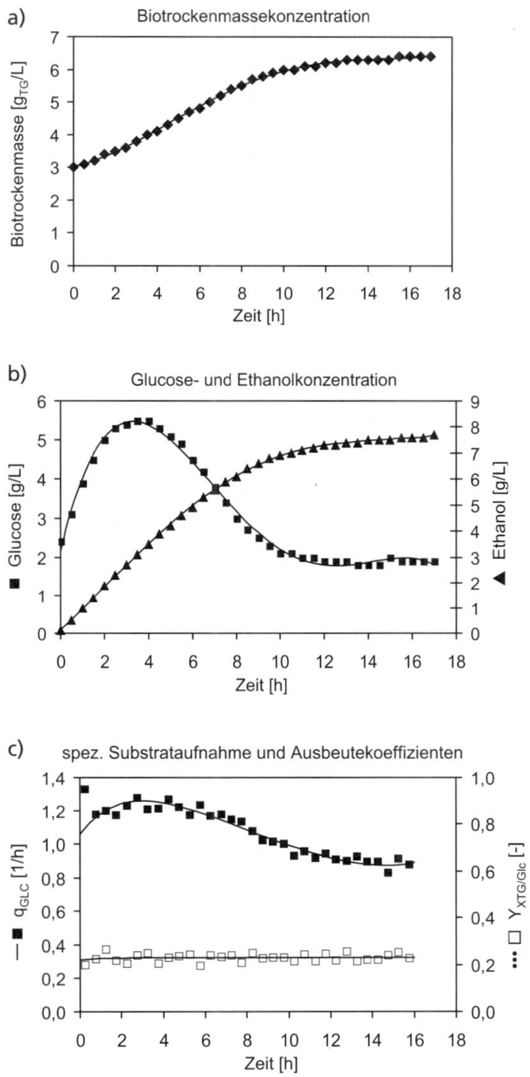

Abb. 5.6 a-c Grafische Auswertung des Experiments HEFE_5

Die zur Chemostat-Kultivierung aufgenommenen Daten und Messwerte wurden in Tabelle Hefe_5 zusammengefasst.

Ein konstantes Kultivierungsvolumen von $V_R = 5{,}0\,\mathrm{L}$ ergibt mit einem Zulaufstrom F eine Verdünnungsrate von

$$D = \frac{F}{V} = 0{,}2\ \mathrm{h}^{-1}. \tag{5.80}$$

Wie anhand der Wachstumskurve und den Konzentrationsverläufen von Glucose und Ethanol zu erkennen ist, wird ein stationärer Zustand nach zwölf Kultivierungsstunden erreicht.

Abgesehen von der Glucosekonzentration lässt sich die Prozessdynamik während der instationären Prozessphasen sehr gut mit Hilfe von Polynomen beschreiben. Der integralen Bestimmung der Kennzahlen auf der Basis dieser Polynome kann also ein entsprechendes Gewicht beigemessen werden. Für die Auswertung der Messdaten werden die Beziehungen

$$\mu = \frac{1}{X} \cdot \left(D \cdot X + \frac{dX}{dt} \right) \tag{5.81}$$

$$q_{Glc} = \frac{1}{X} \cdot \left(D\left(c_{Glc,0} - c_{Glc}\right) - \frac{dc_{Glc}}{dt} \right) \tag{5.82}$$

benutzt. Aus den spezifischen Wachstumsraten sowie der spezifischen Substrataufnahmerat lässt sich der spezifische Ausbeutekoeffizient berechnen:

$$Y_{XTG/Glc} = \frac{\mu}{q_{Glc}}$$

Sowohl das spezifische Wachstum μ als auch die spezifischen Aufnahmeraten (spez. Glucoseaufnahme und spez. Ethanolbildung) streben stationären Zuständen zu. Die spezifische Wachstumsrate μ erreicht im stationären Zustand einen Wert von $\mu = 0{,}2\ \mathrm{h}^{-1}$, nimmt also den gleichen Wert wie die Verdünnungsrate an. Die Verdopplungszeit beträgt dann $t_d = 3{,}4$ h. Vor Erreichen des stationären Zustands tritt ein Maximum der Glucosekonzentration auf.

Bemerkenswert ist der Umstand, dass der Ausbeutekoeffizient Biotrockenmasse/Glucose konstant bleibt. Man kann dies dahingehend interpretieren, dass sich die physiologischen Bedingungen für das Hefewachstum im Verlauf der Kultivierung nicht wesentlich geändert haben.

Auch im stationären Zustand ist noch die Bildung von Ethanol zu beobachten, was aus den relativ hohen Glucosekonzentrationen resultiert. Die Angabe eines Ausbeutekoeffizienten für Ethanol ist hier sinnlos, weil zu jedem Zeitpunkt der Kultivierung genügend Glucose zur Verfügung steht.

Experiment Hefe_6: Chemostat (2) mit *Saccharomyces cerevisiae*

Aufgabe: Durchführung von Chemostat-Kultivierungen bei **verschiedenen** Verdünnungsraten *D*.

Ziel: Darstellung des Zusammenhangs zwischen den stationären mittleren Werten für Konzentrationen an Zellen, Substraten und Metaboliten als Funktion der Verdünnungsrate *D*, Bestimmung spezifischer Wachstums- und Umsatzraten.

Führen Sie vier Chemostat-Experimente in Anlehnung an Experiment **Hefe_5** durch, wobei Sie die Verdünnungsrate *D* zwischen $D = 0\ h^{-1}$ und $D \sim \mu_{max}$ einstellen. Treffen Sie für μ_{max} eine sinnvolle Annahme basierend auf den Ergebnissen aus Experiment **Hefe_1** (*batch*).

Einstellungen am BioProzessTrainer:

- Wählen Sie aus dem Hauptmenü das Experiment **Hefe_6.** Hierdurch wird der **BioProzessTrainer** initialisiert. Sie finden eine Chemostat-Kultivierung vor, die sich in etwa im stationären Zustand der Kultivierung aus dem Experiment **Hefe_5** befindet.

Auswertung:

- Werten Sie die gemessenen und berechneten Daten gemäß Experiment **Hefe_5** aus.
- Stellen Sie die berechneten Mittelwerte als Funktion der Verdünnungsrate dar. Ermitteln Sie hieraus die kritische Verdünnungsrate D_{krit}.

5.2.4 Experimente zu Prozessführungen mit *Escherichia coli*

Die im **BioProzessTrainer** vorbereiteten Experimente mit *Escherichia coli* werden im Wesentlichen entsprechend der Experimente mit *Saccharomyces cerevisiae* durchgeführt und ausgewertet. Die im Folgenden vorgeschlagenen Experimente werden daher etwas verkürzt dargestellt.

Experiment Ecoli_1: *batch*-Prozess mit *Escherichia coli*

Aufgabe: Durchführung und Auswertung einer *batch*-Kultivierung zur Analyse wichtiger Prozessgrößen.

Ziel: Beschreibung der Wachstumsphasen, Bestimmung spezifischer Wachstums- und Umsatzraten.

Grundlagen: Kap. 3.3 und Kap. 4.1
Auswertungsgleichungen: Kap. 5.2.2

Einstellungen am BioProzessTrainer:

- Wählen Sie aus dem Hauptmenü das Experiment **Ecoli_1.** Hierdurch wird der **BioProzessTrainer** initialisiert. Entnehmen Sie die anfänglichen Messwerte und Zustandsgrößen der Bedienoberfläche des **BioProzessTrainers**.

Die Konzentration an Biomasse X_R nach dem Animpfen soll bei $0{,}5\ g\ L^{-1}$ liegen.

- Berechnen Sie die erforderliche Biomassekonzentration X_I im Inokulum (Volumen Inokulum $V_I = 200\ mL$)

Vorgehensweise:

- Führen Sie die Kultivierung **Ecoli_1** in Analogie zum Experiment **Hefe_1** durch. Bereiten Sie ein entsprechendes Datenblatt für die folgenden Messgrößen vor:
  - Laufzeit *t*
  - Probenvolumen (hier 10 mL)
  - Biotrockenmassekonzentration
  - Glucosekonzentration
  - Essigsäurekonzentration
  - pH
  - pO_2 [%]

Auswertung:

- Stellen Sie aus den Rohdaten die Verläufe von Biotrockenmasse, Glucose- und Essigsäurekonzentration als Funktion der Zeit dar.
- Unterteilen Sie den Verlauf in die exponentielle Phase (konstante Wachstumsrate), Phase verzögerten Wachstums, stationäre Phase und Absterbephase.

- Worauf ist Ihrer Meinung nach das Ende des Zellwachstums zurückzuführen (Substratlimitierung oder Metaboliteninhibierung)?
- Berechnen Sie in den jeweiligen Zeitintervallen zwischen zwei Probenahmen die im Folgenden aufgeführten Größen und stellen Sie diese ebenfalls als Funktion der Zeit dar.
  - spezifische Wachstumsrate μ
  - Verdopplungszeit t_d
  - spezifische Substrataufnahmerate für Glucose q_{Glc}
  - Ausbeutekoeffizient Biotrockenmasse/Glucose $Y_{X_{TG}/Glc}$

  (Vorbereitung für Experimente in Kap. 5.3)
- Vergleichen Sie dabei die differentielle und die integrale Bestimmung.

Experiment Ecoli_2: *batch*-Prozess mit *Escherichia coli* bei verschiedenen Anfangszell- und -substratkonzentrationen

Aufgabe: Durchführung und Auswertung von *batch*-Kultivierungen bei verschiedenen Anfangskonzentrationen an Biomasse und Glucose.

Ziel: Ermittlung optimaler Anfangsbedingungen.

Grundlagen: Kap. 3.3 und Kap. 4.1
Auswertungsgleichungen: Kap. 5.2.2.2

Führen Sie *batch*-Experimente gemäß **Experiment Ecoli_1** durch, wobei Sie die Anfangskonzentrationen an Biotrockenmasse zwischen 0,1 g_{TG} L^{-1} und 1 g_{TG} L^{-1} sowie an Glucose zwischen 2 und 40 g L^{-1} variieren.

Überlegen Sie sich hierzu eine Strategie, wie Sie mit möglichst wenigen Experimenten zu verwertbaren Aussagen kommen können (z. B. faktorieller Versuchsplan [Soravia and Orth 2006]).

Auswertung:
Bereiten Sie die Daten wie in Experiment **Ecoli_1** auf und werten Sie diese entsprechend aus:

- Welche Startzellkonzentration würden Sie als optimal ansehen?
- Welche optimalen Anfangskonzentrationen für Glucose würden Sie nach Auswertung der Ergebnisse vorschlagen (Begründung)?
- Vergleichen Sie diese Werte mit Literaturwerten.

Führen Sie ein Experiment mit den von Ihnen gewählten Bedingungen durch und überprüfen Sie, ob Ihre Prognosen zutreffen.

Experiment Ecoli_3: *fed-batch* mit *Escherichia coli* bei festem Zulaufstrom

Aufgabe: Durchführung und Auswertung einer *fed-batch*-Kultivierung mit festem, **vorgegebenem** Zulaufstrom.

Ziel: Vermittlung eines Verständnisses für Limitierungs- und Inhibierungsphänomene bei *fed-batch*-Prozessen, Bestimmung spezifischer Wachstums- und Umsatzraten.

Grundlagen: Kap. 3.3 und Kap. 4.6.
Auswertungsgleichungen: Kap. 5.2.2.2

Einstellungen am BioProzessTrainer:

- Wählen Sie aus dem Hauptmenü das Experiment **Ecoli_3**. Hierdurch wird der **BioProzessTrainer** initialisiert. Entnehmen Sie die anfänglichen Messwerte und Zustandsgrößen der Bedienoberfläche des **BioProzessTrainers**.

Die Animpfkonzentration an Biomasse X_R soll bei 0,5 g L^{-1} liegen (Berechnung siehe Experiment Ecoli_1).

Vorgehensweise:

- Führen Sie die Kultivierung **Ecoli_3** in Analogie zum Experiment **Hefe_3** und unter Beachtung nachfolgender Hinweise durch.
- Bereiten Sie ein Datenblatt gemäß Beispiel **Ecoli_1** vor.
  Ergänzen Sie dieses um Spalten für
  - Volumen V,
  - Zulaufstrom Glucose-Zulauf F_{Glc}.
- Lassen Sie die Kultivierung als *batch* laufen, bis die Glucosekonzentration auf ca. 0,5 g L^{-1} abgesunken ist. Schätzen Sie diesen Zeitpunkt anhand der von Ihnen entnommenen Proben ab.
- Starten Sie die Zulaufpumpe für den Glucose-Zulauf F_{Glc} mit 150 mL h^{-1}.

Auswertung:

- Werten Sie die gemessenen und berechneten Daten gemäß Experiment **Ecoli_1** aus und stellen Sie diese als Funktion der Laufzeit dar.
- Vergleichen Sie dabei die differentielle und die integrale Bestimmung.
- Bewerten Sie die gewählte Fütterungsstrategie. Worauf ist Ihrer Meinung nach das Ende des Zellwachstums zurückzuführen (Substratlimitierung oder Metaboliteninhibierung)?
- Wiederholen Sie den Versuch mit veränderten, von Ihnen begründet gewählten Werten für
  - Startzeitpunkt des Zulaufes
  - Zulaufstrom Glucose F_{Glc}.

Experiment Ecoli_4: Chemostat (1) mit *Escherichia coli*

Aufgabe: Durchführung und Auswertung einer Chemostat-Kultivierungn bei **vorgegebener** Verdünnungsrate.

Ziel: Vermittlung eines Verständnisses für den zeitlichen Verlauf eines Chemostat-Experimentes bis hin zum stationären Zustand („steady state"), Bestimmung spezifischer Wachstums- und Umsatzraten.

Grundlagen: Kap. 3.3 und Kap. 4.3
Auswertungsgleichungen: Kap. 5.2.2.2

Einstellungen am BioProzessTrainer:

- Wählen Sie aus dem Hauptmenü das Experiment **Ecoli_4**. Hierdurch wird der **BioProzessTrainer** initialisiert. Entnehmen Sie die anfänglichen Messwerte und Zustandsgrößen der Bedienoberfläche des **BioProzessTrainers**.

Die Animpfkonzentration an Biomasse X_R soll bei 0,5 g L^{-1} liegen (Berechnung siehe Experiment **Ecoli_1**).

Vorgehensweise:

- Führen Sie die Kultivierung **Ecoli_4** in Analogie zum Experiment **Hefe_4** und unter Beachtung nachfolgender Hinweise durch.
- Bereiten Sie ein Datenblatt gemäß Muster in Beispiel **Ecoli_1** vor.
  - Ergänzen Sie dieses um Spalten für Volumen V,
  - Zulaufstrom für Glucose F_{Glc},
  - Verdünnungsrate D.
- Lassen Sie die Kultivierung als *batch* laufen, bis die Glucosekonzentration auf ca. 0,5 g L^{-1} abgesunken ist. Schätzen Sie diesen Zeitpunkt anhand der von Ihnen entnommenen Proben ab.
- Im kontinuierlichen Betrieb soll die Verdünnungsrate $D = 0{,}2\ h^{-1}$ betragen. Berechnen Sie den hierfür erforderlichen Zulaufstrom für den Glucose-Zulauf F_{Glc} [ml min^{-1}]. Starten Sie die Zulauf- und Ablaufpumpe mit dem berechneten Wert.
- Lassen Sie die Kultivierung als kontinuierliche Kultivierung laufen, bis sich für alle gemessenen Konzentrationen stationäre Werte eingestellt haben (Chemostat).

Auswertung:

- Werten Sie die gemessenen und berechneten Daten gemäß Experiment **E.coli_1** aus und stellen Sie diese als Funktion der Laufzeit dar. Um zuverlässig beurteilen zu können, ob sich der stationäre Zustand schon eingestellt hat, sollten Sie die Rohdaten schon während des Experimentes entsprechend darstellen.
- Berechnen Sie für den stationären Zustand die Mittelwerte für die gemessenen Konzentrationen.
- Berechnen Sie aus diesen Mittelwerten die im Folgenden aufgeführten Größen:
  - spezifische Wachstumsrate μ
  - Verdopplungszeit t_d
  - spezifische Substrataufnahmeraten für Glucose q_{Glc}
  - Ausbeutekoeffizient Biomasse/Glucose $Y_{X/Glc}$ (Vorbereitung für Experimente in Kap. 5.3).

Experiment Ecoli_5: Chemostat (2) mit *Escherichia coli*

Aufgabe: Durchführung von Chemostat-Kultivierungen bei **verschiedenen** Verdünnungsraten D.

Ziel: Darstellung des Zusammenhangs zwischen den stationären mittleren Werten für die Konzentrationen an Biomasse, Substraten und Metaboliten als Funktion der Verdünnungsrate D, Bestimmung spezifischer Wachstums- und Umsatzraten.

Führen Sie vier Chemostat-Experimente in Anlehnung an Experiment **Ecoli_4** durch, wobei Sie die Verdünnungsrate D zwischen $D = 0\ h^{-1}$ und $D \sim \mu_{max}$ einstellen. Treffen Sie für μ_{max} eine sinnvolle Annahme basierend auf den Ergebnissen aus Experiment **Ecoli_1** (*batch*).

Einstellungen am BioProzessTrainer:

- ▶ Wählen Sie aus dem Hauptmenü das Experiment **Ecoli_5**. Hierdurch wird der **BioProcessTrainer** initialisiert. Sie finden eine Chemostat-Kultivierung vor, die sich in etwa im stationären Zustand der Kultivierung aus dem Experiment **Ecoli_4** befindet.

Auswertung:

- ▶ Werten Sie die gemessenen und berechneten Daten gemäß Experiment **Ecoli_4** aus.
- ▶ Stellen Sie die berechneten Mittelwerte als Funktion der Verdünnungsrate dar. Ermitteln Sie hieraus die kritische Verdünnungsrate D_{krit}.

5.2.5 Experimente zu Prozessführungen mit Hybridoma-Zellen

Experiment HYB_1: *batch*-Prozess mit Hybridoma-Zellen

Aufgabe: Durchführung und Auswertung einer *batch*-Kultivierung zur Analyse wichtiger Prozessgrößen.

Ziel: Beschreibung der Wachstumsphasen, Bestimmung zellspezifischer Wachstums- und Umsatzraten.

Grundlagen: Kap. 3.5 und Kap. 4.1
Auswertungsgleichungen: Kap. 5.2.2.3

Einstellungen am BioProzessTrainer:

- ▶ Wählen Sie aus dem Hauptmenü das Experiment **HYB_1**. Hierdurch wird der **BioProzessTrainer** initialisiert. Nach der Initialisierung befinden sich 1,5 L einer auf 37 °C temperierten und ausreichend mit Sauerstoff gesättigten Mediumslösung im Reaktor. Die Anfangskonzentrationen für Glucose und Glutamin betragen:
  - Glucose: 18 mmol L^{-1}
  - Glutamin: 3 mmol L^{-1}

Die Animpfkonzentration an Zellen $X_{v,R}$ soll bei $1 \cdot 10^8$ Zellen L^{-1} ($1 \cdot 10^5$ Zellen mL^{-1}) liegen.

- ▶ Berechnen Sie die erforderliche Zellkonzentration $X_{v,I}$ im Inokulum (Volumen Inokulum $V_I = 120$ mL)

$$X_{v,I} = X_{v,R} \frac{V_R + V_I}{V_I} \qquad (5.83)$$

(Achtung: Angabe im **BioProzessTrainer** in „Zellen L^{-1}").

Vorgehensweise:

- ▶ Bereiten Sie ein Datenblatt gemäß beiliegendem Muster (siehe Beispiellösung) für die folgenden Messgrößen vor.
  - Laufzeit t
  - Probenvolumen (hier 10 mL)
  - Lebendzellzahl
  - Gesamtzellzahl
  - Glucosekonzentration
  - Glutaminkonzentration
  - Laktatkonzentration
  - Ammoniumkonzentration
  - Antikörperkonzentration
- ▶ Starten Sie das Experiment **HYB_1** durch Aktivieren des Start-Buttons gemäß den Hinweisen auf der DVD.
- ▶ Nehmen Sie Proben im Abstand von ca. 12 Stunden (Prozesszeit), bis die Zellkonzentration (lebend) deutlich zurückgeht.
- ▶ Tragen Sie die Daten für die Messgrößen in die vorbereitete Tabelle gemäß Musterlösung ein.
- ▶ Zum Beenden des Experiments **HYB_1** drücken Sie den Ende-Button entsprechend den Hinweisen auf der DVD.

Auswertung:

- ▶ Stellen Sie aus den Rohdaten die Verläufe von Zellkonzentration (lebend, gesamt), Glucose-, Glutamin-, Laktat-, Ammonium- und Antikörperkonzentration als Funktion der Zeit dar.

- Unterteilen Sie den Verlauf in die exponentielle Phase (konstante Wachstumsrate), Phase verzögerten Wachstums, stationäre Phase und Absterbephase.
- Worauf ist Ihrer Meinung nach das Ende des Zellwachstums zurückzuführen (Substratlimitierung oder Metaboliteninhibierung)?
- Berechnen Sie zu den Probezeitpunkten die Größen
  - Lebendanteil [%]
  - Konzentration toter Zellen X_d

  und stellen Sie diese als Funktion der Zeit dar.
- Berechnen Sie in den jeweiligen Zeitintervallen zwischen zwei Probenahmen die im Folgenden aufgeführten Größen und stellen Sie diese ebenfalls als Funktion der Zeit dar.
  - spezifische Wachstumsrate μ
  - Verdopplungszeit t_d
  - spezifische Absterberate μ_d
  - zellspezifische Substrataufnahmerate für Glucose q_{Glc}
  - Ausbeutekoeffizient Laktat/Glucose $Y_{Lak/Glc}$
  - zellspezifische Substrataufnahmerate für Glutamin q_{Gln}
  - Ausbeutekoeffizient Ammonium/Glutamin $Y_{Amm/Gln}$
  - zellspezifische Antikörperproduktionsrate q_{MAb}

  (Vorbereitung für Experimente in Kap. 5.3)
- Vergleichen Sie dabei die differentielle und die integrale Bestimmung.

Beispiellösung zu HYB_1

Rohdaten

Experiment Nr.	MAK001
Name	HYB_1
Zellinie	Hybridoma
Startvolumen (mL)	1500,0

Probe #	Laufzeit (h)	Probenvolumen (mL)	Lebendzellkonz. X_v (10^6 Zellen/mL)	Gesamtzellkonz. X_t (10^6 Zellen/mL)	Konz. toter konz. X_d (10^6 Zellen/mL)	Lebendanteil (%)	c_{MAb} (mg/L)	c_{Glc} (mmol/L)	c_{Gln} (mmol/L)	c_{Lac} (mmol/L)	c_{Amm} (mmol/L)
Probe vor Inokulum								18	3		
0	0	10	0,105	0,106	0,001	99,06	0,0	16,9	2,8	0,0	0,0
1	5	10	0,136	0,141	0,005	96,45	1,5	16,7	2,8	0,5	0,1
2	16	10	0,210	0,224	0,014	93,75	4,0	16,0	2,6	1,4	0,2
3	29	10	0,347	0,379	0,032	91,56	8,2	14,7	2,4	3,2	0,4
4	41	10	0,551	0,624	0,073	88,30	16,1	12,6	1,9	6,0	0,7
5	53	10	0,807	0,908	0,101	88,88	25,0	10,2	1,5	9,2	1,1
6	65	10	1,120	1,290	0,170	86,82	38,0	7,0	0,8	13,7	1,6
7	77	10	1,380	1,630	0,250	84,66	48,7	4,2	0,2	17,5	2,0
8	89	10	1,410	1,750	0,340	80,57	52,4	3,2	0,0	18,8	2,2
9	109	10	1,280	1,760	0,480	72,73	52,8	3,1	0,0	19,0	2,2

Berechnungen

Probe #	Laufzeit (h)	Intervallmitte (h)	Volumen vor Probe (mL)	Volumen nach Probe (mL)	μ (1/h)	μ_d (1/h)	q_{MAk} (mg/10^9 Zellen/h)	q_{Gl} (mmol/10^9 Zellen/h)	q_{Gln} (mmol/10^9 Zellen/h)	q_{Lac} (mmol/10^9 Zellen/h)	q_{Amm} (mmol/10^9 Zellen/h)	$y_{Lac/qGlc}$ (mol/mol)	$y_{Gln/Glc}$ (mol/mol)	$y_{Amm/qGln}$ (mol/mol)
0	0		1500	1490										
1	5	2,5	1490	1480	0,052	0,007	2,49	0,33	0,00	0,83	0,17			
2	16	10,5	1480	1470	0,039	0,005	1,32	0,37	0,11	0,47	0,05	1,29	0,29	0,50
3	29	22,5	1470	1460	0,038	0,005	1,16	0,36	0,06	0,50	0,06	1,38	0,15	1,00
4	41	35,0	1460	1450	0,038	0,008	1,47	0,39	0,09	0,52	0,06	1,33	0,24	0,60
5	53	47,0	1450	1440	0,031	0,003	1,09	0,29	0,05	0,39	0,05	1,33	0,17	1,00
6	65	59,0	1440	1430	0,027	0,006	1,12	0,28	0,06	0,39	0,04	1,41	0,22	0,71
7	77	71,0	1430	1420	0,017	0,005	0,71	0,19	0,04	0,25	0,03	1,36	0,21	0,67
8	89	83,0	1420	1410	0,002	0,005	0,22	0,06	0,01	0,08	0,01	1,30	0,20	1,00
9	109	99,0	1410	1400	0	0,005	0,01	0,00	0,00	0,00	0,00	2,00		

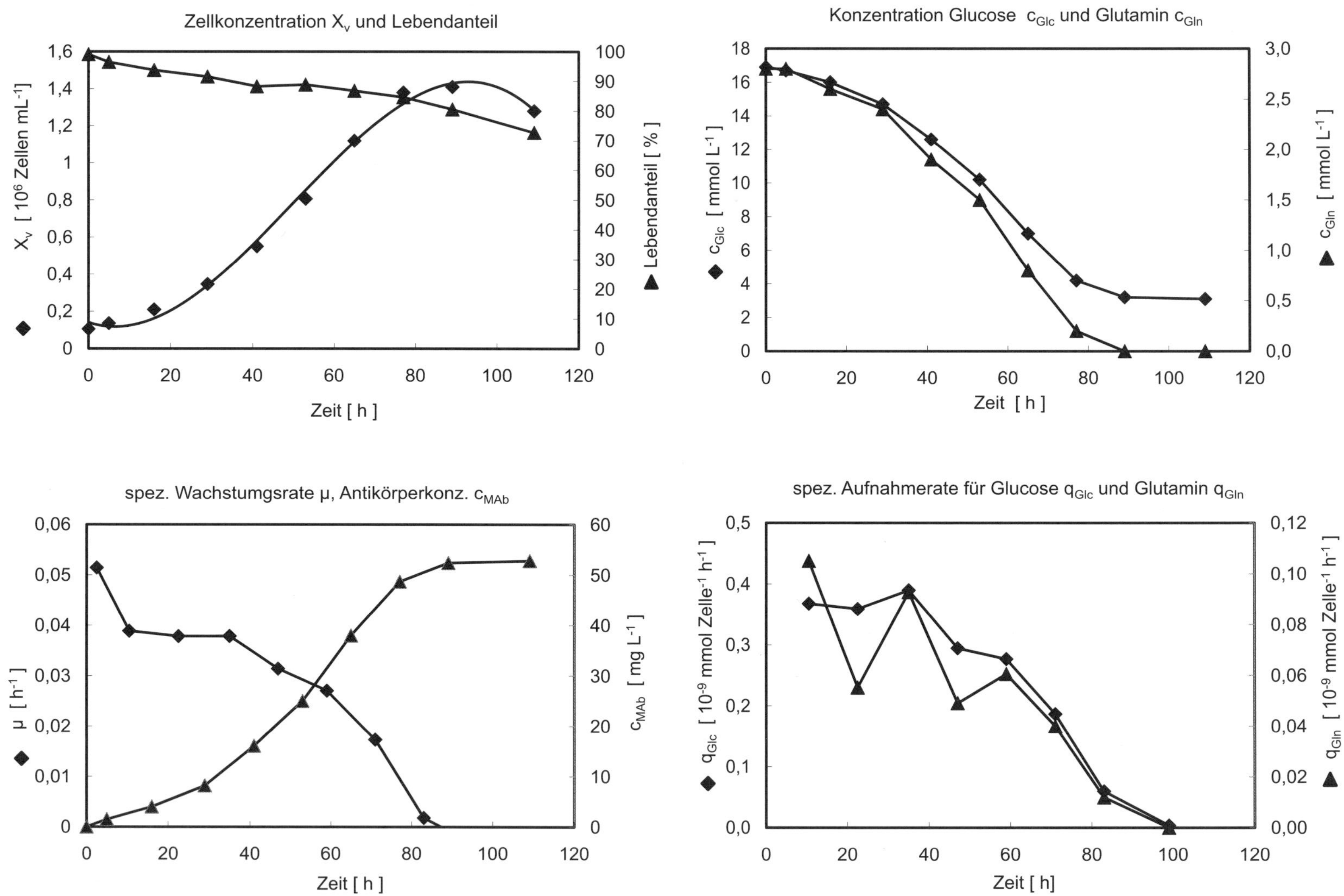

Abb. 5.7 Grafische Auswertung des Experimentes HYB_1

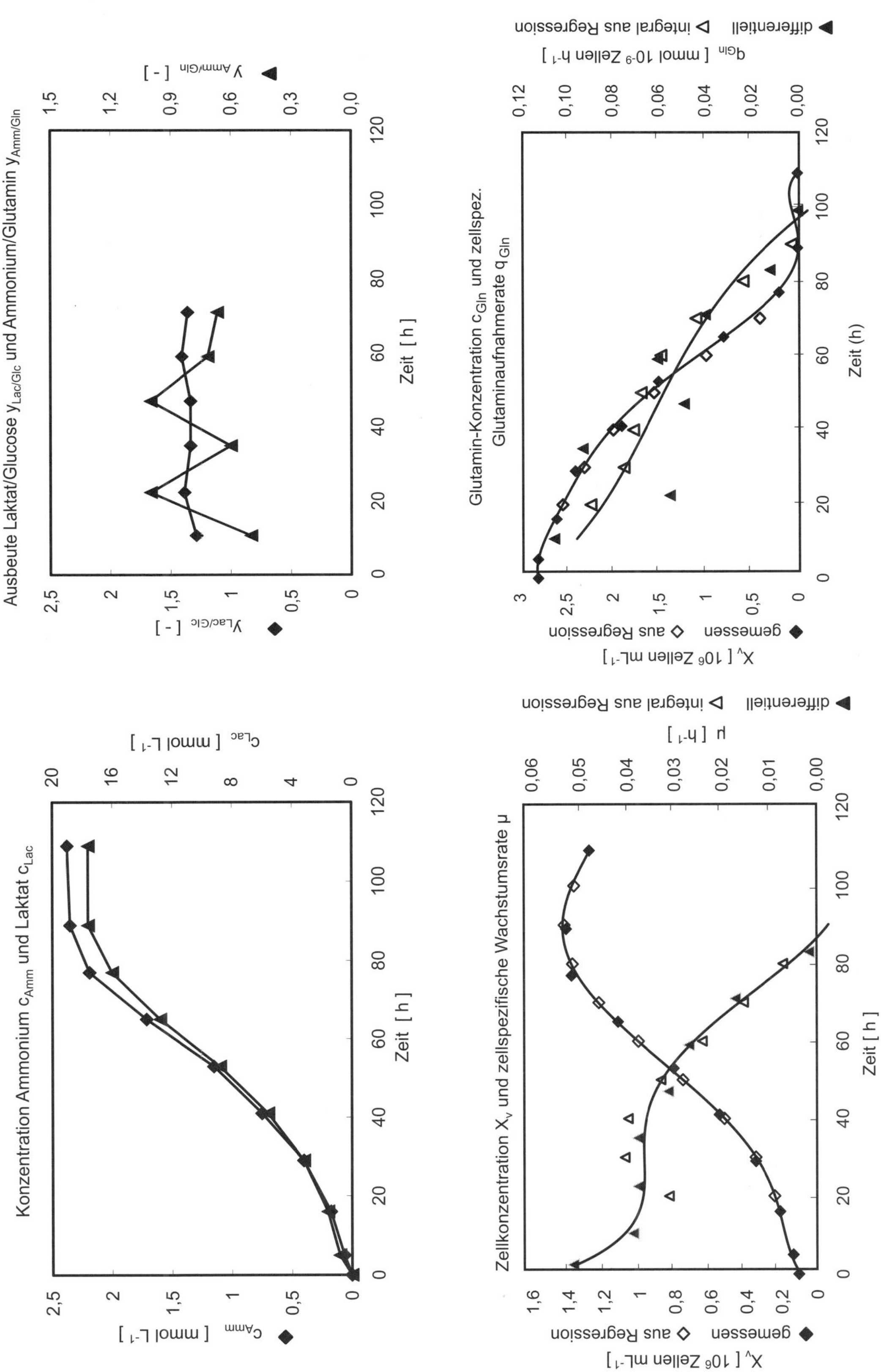

Abb. 5.8 Grafische Auswertung des Experimentes HYB_1 (Fortsetzung)

Auswertung:
In der vorgestellten Auswertung wurden die spezifischen Raten differentiell bestimmt. Nachfolgend werden die differentielle und die integrale Bestimmung spezifischer Raten am Beispiel der zellspezifischen Wachstumsrate μ und der zellspezifischen Glutaminaufnahmerate q_{Gln} verglichen.

Zunächst wurde für die Zellkonzentration X_v als Funktion der Zeit folgende Trendlinie (aus Tabellenkalkulationsprogramm) ermittelt:

$$X_v(t) = 1{,}11 \cdot 10^{-9} \cdot t^5 - 3{,}20 \cdot 10^{-7} \cdot t^4 + 2{,}86 \cdot 10^{-5} \cdot t^3 - 7{,}81 \cdot 10^{-4} \cdot t^2 + 1{,}38 \cdot 10^{-2} \cdot t + 9{,}62 \cdot 10^{-2} \quad (5.84)$$

in [10^6 Zellen mL^{-1}] mit t [h] und dem Bestimmtheitsmaß $R^2 = 0{,}999$. Daraus ergibt sich

$$dX_v(t)/dt = 1{,}11 \cdot 10^{-9} \cdot 5 \cdot t^4 - 3{,}20 \cdot 10^{-7} \cdot 4 \cdot t^3 + 2{,}86 \cdot 10^{-5} \cdot 3 \cdot t^2 - 7{,}81 \cdot 10^{-4} \cdot 2 \cdot t + 1{,}38 \cdot 10^{-2} \quad (5.85)$$

in [10^6 Zellen mL^{-1} h^{-1}] mit t [h]

Für die Glutaminkonzentration c_{Gln} als Funktion der Zeit ergibt sich folgende Trendlinie

$$c_{Gln}(t) = -7{,}46 \cdot 10^{-11} \cdot t^6 + 2{,}20 \cdot 10^{-8} \cdot t^5 - 2{,}30 \cdot 10^{-6} \cdot t^4 + 1{,}06 \cdot 10^{-4} \cdot t^3 - 2{,}54 \cdot 10^{-3} \cdot t^2 + 1{,}03 \cdot 10^{-2} \cdot t + 2{,}80 \quad (5.86)$$

in [mmol L^{-1}] mit t [h] und $R^2 = 0{,}999$. Daraus ergibt sich

$$dc_{Gln}(t)/dt = -7{,}46 \cdot 10^{-11} \cdot 6 \cdot t^5 + 2{,}20 \cdot 10^{-8} \cdot 5 \cdot t^4 - 2{,}30 \cdot 10^{-6} \cdot 4 \cdot t^3 + 1{,}06 \cdot 10^{-4} \cdot 3 \cdot t^2 - 2{,}54 \cdot 10^{-3} \cdot 2 \cdot t + 1{,}03 \cdot 10^{-2} \quad (5.87)$$

in [mmol L^{-1} h^{-1}] mit t [h].

Die hieraus errechneten Werte für die zellspezifische Wachstumsrate μ und die zellspezifische Glutaminaufnahmerate q_{Gln} sind in Abb. 5.8 dargestellt.

Experiment HYB_2: *batch*-Prozess mit Hybridoma-Zellen bei verschiedenen Anfangszell- und -substratkonzentrationen

Aufgabe: Durchführung und Auswertung von *batch*-(Satz)-Kultivierungen bei verschiedenen Anfangskonzentrationen an Zellen, Glucose und Glutamin.

Ziel: Ermittlung optimaler Anfangsbedingungen.

Grundlagen: Kap. 3.5 und Kap. 4.1
Auswertungsgleichungen: Kap. 5.2.2.3

Führen Sie *batch*-Experimente gemäß **Experiment HYB_1** durch, wobei Sie die Anfangskonzentrationen an Zellen zwischen $5 \cdot 10^4$ Zellen mL^{-1} und $5 \cdot 10^5$ Zellen mL^{-1}, an Glucose zwischen 15 und 30 mmol L^{-1} und an Glutamin zwischen 1 und 5 mmol L^{-1} variieren.

Überlegen Sie sich hierzu eine Strategie, wie Sie mit möglichst wenigen Experimenten zu verwertbaren Aussagen kommen können (z. B. faktorieller Versuchsplan [Soravia and Orth 2006]).

Auswertung:
Werten Sie die Experimente analog zu Experiment **HYB_1** aus. Berechnen Sie zusätzlich das Integral über die Lebendzellzahl *IVCD* bis zur maximalen Konzentration lebender Zellen. Bereiten Sie die Daten wie in Experiment **HYB_1** auf.

- Welche Startzellkonzentration würden Sie als optimal ansehen?
- Welche optimalen Anfangskonzentrationen für Glucose und Glutamin würden Sie nach Auswertung der Ergebnisse vorschlagen (Begründung)? Berücksichtigen Sie dabei auch den Wert für *IVCD*.
- Vergleichen Sie diese Werte mit gebräuchlichen Medienzusammensetzungen.

Führen Sie ein Experiment mit den von Ihnen gewählten Bedingungen durch und überprüfen Sie, ob Ihre Prognosen zutreffen.

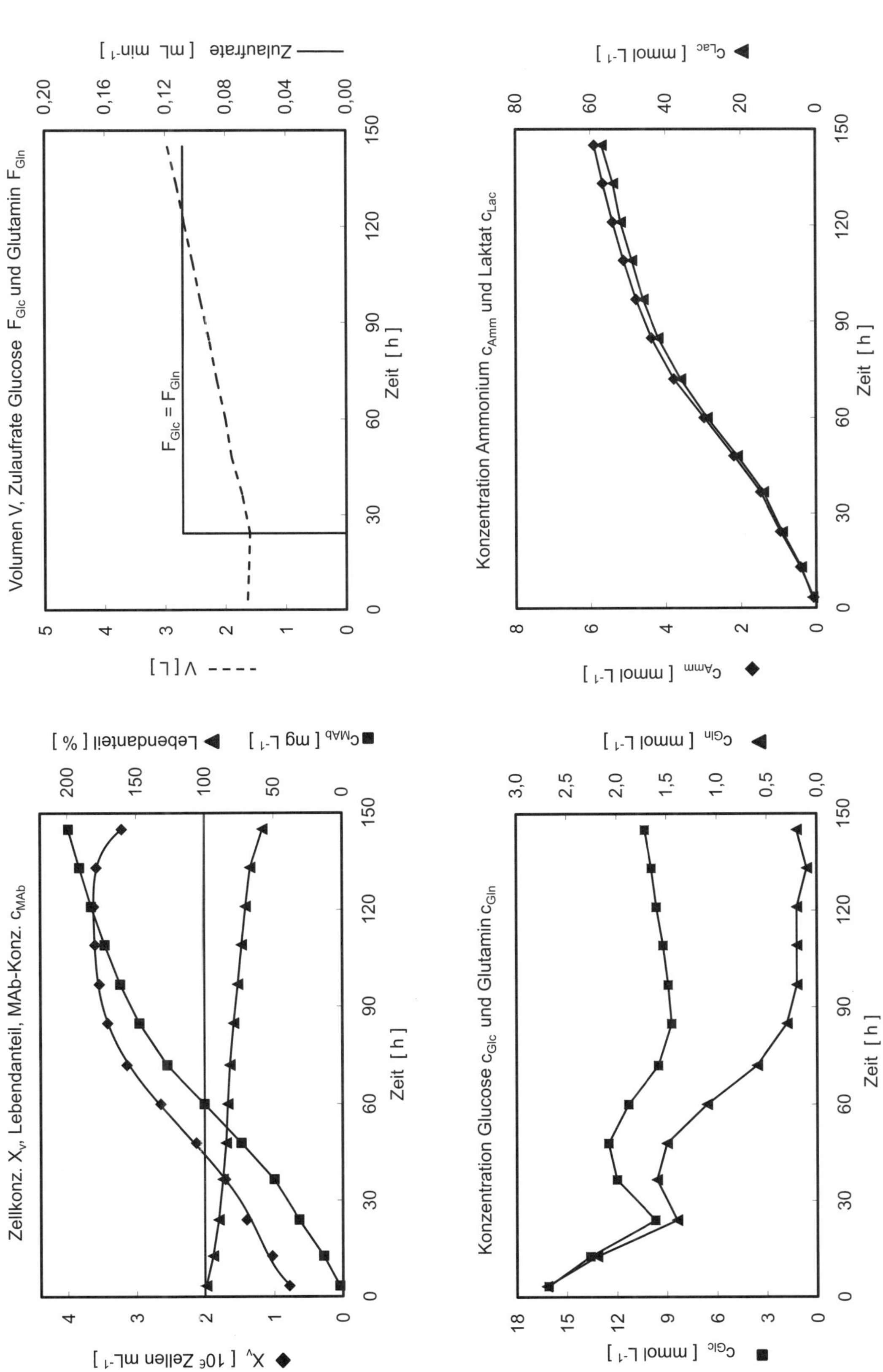

Abb. 5.9 Beispiellösung zu HYB_3

Experiment HYB_3: *fed-batch* mit Hybridoma-Zellen bei festen Zulaufströmen

Aufgabe: Durchführung und Auswertung einer *fed-batch*-Kultivierung mit festen, **vorgegebenen** Zulaufströmen.

Ziel: Vermittlung eines Verständnisses für Limitierungs- und Inhibierungsphänomene bei *fed-batch*-Prozessen, Bestimmung zellspezifischer Wachstums- und Umsatzraten.

Grundlagen: Kap. 3.5 und Kap. 4.6
Auswertungsgleichungen: Kap. 5.2.2.3

Einstellungen am BioProzessTrainer:

- Wählen Sie aus dem Hauptmenü das Experiment **HYB_3**. Hierdurch wird der **BioProzessTrainer** initialisiert. Nach der Initialisierung befinden sich 1,5 L einer auf 37 °C temperierten und ausreichend mit Sauerstoff gesättigten Mediumslösung im Reaktor. Die Anfangskonzentrationen für Glucose und Glutamin betragen:
  - Glucose: 18 mmol L^{-1}
  - Glutamin: 3 mmol L^{-1}
  - Glucose im Vorlagebehälter: 180 mmol L^{-1}
  - Glutamin im Vorlagebehälter: 30 mmol L^{-1}

Die Animpfkonzentration an Zellen $X_{v,R}$ soll nach dem Animpfen bei $8 \cdot 10^8$ Zellen L^{-1} liegen (Berechnung siehe Experiment **HYB_1**).

Vorgehensweise:

- Bereiten Sie ein Datenblatt gemäß Muster in Beispiel **HYB_1** vor.
  Ergänzen Sie dieses um Spalten für
  - Volumen V,
  - Zulaufstrom für Glucose F_{Glc},
  - Zulaufstrom für Glutamin F_{Gln} und
  - gesamten Zulaufstrom F.
- Starten Sie das Experiment **HYB_3** durch Aktivieren des Start-Buttons gemäß den Hinweisen auf der DVD.
- Nehmen Sie die Proben im Abstand von ca. 12 Stunden (Prozesszeit), bis die Zellkonzentration (lebend) deutlich zurückgeht.
- Führen Sie das Experiment in den ersten 24 h (Prozesszeit) als *batch* durch.
- Starten Sie die Zufütterung (*fed-batch*), indem Sie die Zulaufpumpen für den Glucose-Zulauf F_{Glc} und den Glutamin-Zulauf F_{Gln} beide mit einem Volumenstrom von 0,1 mL min^{-1} einschalten.
- Die *fed-batch*-Kultur ist nach etwa 160 h beendet.
- Tragen Sie die Daten für die Messgröße in die vorbereitete Tabelle ein.
- Zur Wiederholung des Experiments drücken Sie den Wiederholungs-Button entsprechend den Hinweisen auf der DVD.
- Zum Beenden des Experiments **HYB_3** drücken Sie den Ende-Button entsprechend den Hinweisen auf der DVD.

Auswertung:

- Werten Sie die gemessenen und berechneten Daten gemäß Experiment **HYB_1** aus und stellen Sie diese als Funktion der Laufzeit dar.
- Vergleichen Sie dabei die differentielle und die integrale Bestimmung.
- Bewerten Sie die gewählte Fütterungsstrategie. Worauf ist Ihrer Meinung nach das Ende des Zellwachstums zurückzuführen (Substratlimitierung oder Metaboliteninhibierung)?
- Wiederholen Sie den Versuch mit veränderten, von Ihnen begründet gewählten Werten für
  - Startzeitpunkt des Zulaufes
  - Zulaufstrom Glucose F_{Glc}
  - Zulaufstrom Glutamin F_{Gln}
- Welche Bedingungen wären Ihrer Meinung nach optimal?

Experiment HYB_4: Chemostat (1) mit Hybridoma-Zellen

Aufgabe: Durchführung und Auswertung einer Chemostat-Kultivierung bei **vorgegebener** Verdünnungsrate.

Ziel: Vermittlung eines Verständnisses für den zeitlichen Verlauf eines Chemostat-Experimentes bis hin zum stationären Zustand („steady state"), Bestimmung zellspezifischer Wachstums- und Umsatzraten.

Grundlagen: Kap. 3.5 und Kap. 4.3
Auswertungsgleichungen: Kap. 5.2.2.3

Einstellungen am BioProzessTrainer:

- Wählen Sie aus dem Hauptmenü das Experiment **HYB_4**. Hierdurch wird der **BioProzessTrainer** initialisiert. Nach der Initialisierung befinden sich 1,5 L einer auf 37 °C temperierten und ausreichend mit Sauerstoff gesättigten Mediumslösung im Reaktor. Die Anfangskonzentrationen für Glucose und Glutamin betragen:
  - Glucose: 7 mmol L^{-1}
  - Glutamin: 1 mmol L^{-1}
  - Glucose im Vorlagebehälter: 36 mmol L^{-1}
  - Glutamin im Vorlagebehälter: 6 mmol L^{-1}

Die Animpfkonzentration an Zellen $X_{v,R}$ soll bei $1{,}6 \cdot 10^9$ Zellen L^{-1} ($1{,}6 \cdot 10^6$ Zellen mL^{-1}) liegen (Berechnung siehe Experiment **HYB_1**).

Vorgehensweise:

- Bereiten Sie ein Datenblatt gemäß Muster in Beispiel **HYB_1** vor.
  - Ergänzen Sie dieses um Spalten für Volumen V,
  - Zulaufstrom für Glucose F_{Glc},
  - Zulaufstrom für Glutamin F_{Gln},
  - gesamten Zulaufstrom F,
  - Verdünnungsrate D.
- Starten Sie das Experiment **HYB_4** durch Aktivieren des Start-Buttons gemäß den Hinweisen auf der DVD.
- Starten Sie die Zulaufpumpen mit $F_{Glc}=F_{Gln}=$ 0,417 ml min^{-1}. Dies entspricht einer Verdünnungsrate von

$$D=\frac{F_{Glc}+F_{Gln}}{V}=0{,}8\,h^{-1}\,. \tag{5.88}$$

  Starten Sie die Ablaufpumpe mit einer Förderrate von 0,834 ml min^{-1}.
- Nehmen Sie Proben im Abstand von ca. 12 Stunden (Prozesszeit).
- Lassen Sie den Chemostat unter regelmäßiger Probenahme so lange laufen, bis sich für alle gemessenen Konzentrationen stationäre Werte eingestellt haben.
- Tragen Sie die Daten für die Messgrößen in die vorbereitete Tabelle ein.
- Zur Wiederholung des Experiments drücken Sie den Wiederholungs-Button entsprechend den Hinweisen auf der DVD.
- Zum Beenden des Experiments **HYB_4** drücken Sie den Ende-Button entsprechend den Hinweisen auf der DVD.

Auswertung:

- Werten Sie die gemessenen und berechneten Daten gemäß Experiment **HYB_1** aus und stellen Sie diese als Funktion der Laufzeit dar. Um zuverlässig beurteilen zu können, ob sich der stationäre Zustand schon eingestellt hat, sollten Sie die Rohdaten schon während des Experimentes grafisch darstellen.
- Berechnen Sie für den stationären Zustand die Mittelwerte für die gemessenen Konzentrationen sowie die Größen
  - Lebendanteil
  - Konzentration toter Zellen X_d.
- Berechnen Sie aus diesen Mittelwerten die im Folgenden aufgeführten Größen:
  - spezifische Wachstumsrate μ
  - Verdopplungszeit t_d
  - Spezifische Absterberate μ_d
  - zellspezifische Substrataufnahmeraten für Glucose q_{Glc}
  - zellspezifische Substrataufnahmeraten für Glutamin q_{Gln}
  - Ausbeutekoeffizient Laktat/Glucose $Y_{Lak/Glc}$
  - Ausbeutekoeffizient Ammonium/Glutamin $Y_{Amm/Gln}$
  - zellspezifische Antikörperproduktionsrate q_{MAb}

  (Vorbereitung für Experimente in Kap. 5.3)

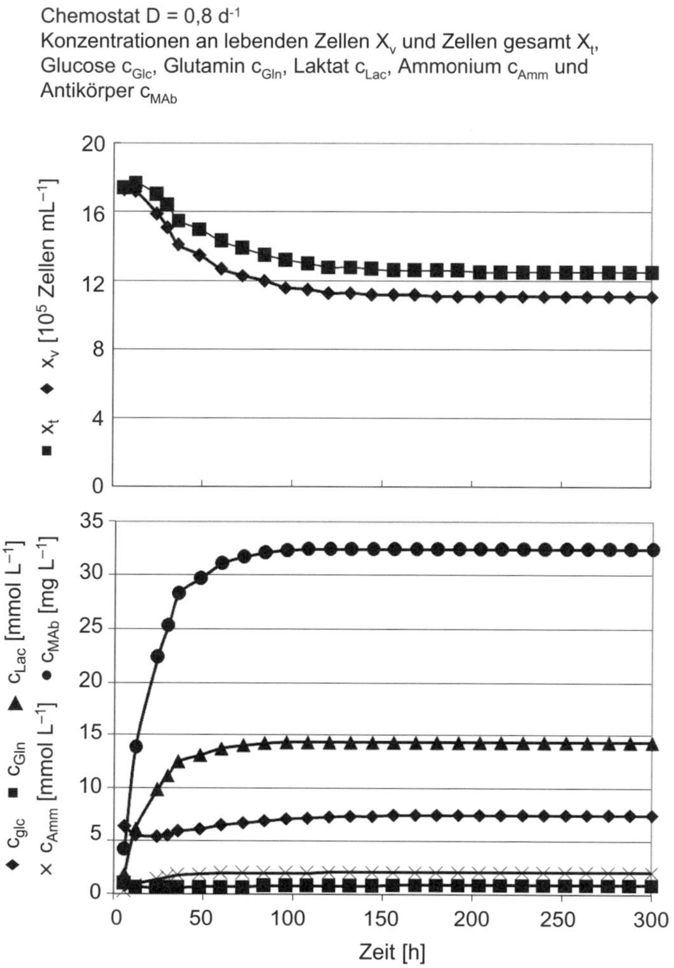

Abb. 5.10 Beispiellösung zu HYB_4

Experiment HYB_5: Chemostat (2) mit Hybridoma-Zellen

Aufgabe: Durchführung von Chemostat-Kultivierungen bei **verschiedenen** Verdünnungsraten D.

Ziel: Darstellung des Zusammenhanges zwischen den stationären mittleren Werten für Konzentrationen an Zellen, Substraten, Metaboliten und Produkt als Funktion der Verdünnungsrate D, Bestimmung zellspezifischer Wachstums- und Umsatzraten.

Führen Sie vier Chemostat-Experimente gemäß Experiment **HYB_4** durch, wobei Sie die Verdünnungsrate D zwischen $D = 0\ h^{-1}$ und $D \sim \mu_{max}$ variieren. Treffen Sie für μ_{max} eine sinnvolle Annahme basierend auf den Ergebnissen aus Experiment **HYB_1** (*batch*).

Einstellungen am BioProzessTrainer:

- Wählen Sie aus dem Hauptmenü das Experiment **HYB_5**. Hierdurch wird der **BioProzessTrainer** initialisiert. Sie finden eine Chemostat-Kultivierung vor, die sich in etwa im stationären Zustand der Kultivierung aus dem Experiment **HYB_4** befindet.

Auswertung:

- Werten Sie die gemessenen und berechneten Daten gemäß Experiment **HYB_4** aus.
- Stellen Sie die berechneten Mittelwerte als Funktion der Verdünnungsrate dar. Ermitteln Sie hieraus die kritische Verdünnungsrate D_{krit}.

5.3 Experimente zur Bestimmung kinetischer Parameter

5.3.1 Einführung in die Modellbildung

Die in Kap. 3 beschriebenen Grundlagen zur Formulierung kinetischer Modelle für mikrobielle Reaktionen sollen anhand der nachfolgenden Experimente weiter vertieft und die ersten Schritte bei einer Modellbildung (Bestimmung der Reaktionskinetik, Ermittlung kinetischer Konstanten etc.) vermittelt werden. Eine mathematische Beschreibung mikrobieller Reaktionen ist in vielfältiger Hinsicht nützlich, etwa zur einheitlichen Darstellung einer Vielzahl experimenteller Daten, zur Erprobung von Modellvorstellungen und Hypothesen, oder zur Vorhersage und Optimierung von Prozessen. Verallgemeinert ausgedrückt ist ein mathematisches Modell eine auf Gleichungen gestützte Beschreibung eines physikalischen/chemischen/biologischen Modells oder einer Hypothese. Beispielsweise ist das Monod-Modell (Kap. 3, Gl. 3.5) zur Beschreibung der Wachstumsrate als Funktion der Substratkonzentration prinzipiell eine mathematische Formulierung für die Hypothese, dass das Zellwachstum mit ansteigender Konzentration eines limitierenden Substrates ansteigt, bis sich die Zunahme bei hohen Konzentrationen verlangsamt und schließlich das Zellwachstum asymptotisch einem Maximum zustrebt. Zur Formulierung eines mathematischen Modells für mikrobielle Reaktionen sind eine Reihe von Voraussetzungen zu erfüllen (Adams et al. 2007):

(1) Eine Hypothese oder etwaige Einschränkungen, die helfen, den Rahmen des Modells festzulegen. Hierzu gehören z. B.

- Ein Wachstumsmodell, das die Abhängigkeit der Wachstumsrate von einem oder mehreren „kontrollierenden Faktor(en)", z. B. einer Substratkonzentration (Limitierung) oder einer Metabolitenkonzentration (Inhibierung) beinhaltet.
- Beziehungen zwischen Substrataufnahmeraten und entsprechenden „kontrollierenden Variablen" (z. B. Wachstumsrate, Substratkonzentration).
- Beziehungen zwischen Metabolitenproduktionsraten bzw. Bildungsraten für ein gewünschtes Produkt (z. B. rekombinantes Protein, monoklonale Antikörper) und entsprechenden „kontrollierenden Variablen".

(2) Experimentelle Daten, die es erlauben, die kinetischen Parameter in den Modellgleichungen zu bestimmen.

(3) Bilanzgleichungen zur Bestimmung der Zustandsvariablen (Konzentrationen an Zellen, Substraten, Metaboliten, Produkten etc.).

Bei der Formulierung kinetischer Modelle empfiehlt sich die folgende praktische Vorgehensweise, die sich auch in den nachfolgenden Beispielen wieder findet:

1.) Durchführung von Wachstumsexperimenten, die es erlauben, die Zielgrößen (Wachstumsraten etc.) sinnvoll zu bestimmen.

    Häufig werden erste kinetische Daten aus *batch*-Experimenten gewonnen, da diese relativ leicht zu realisieren sind. Allerdings liefern diese Experimente gerade in den kritischen Phasen (Übergang von exponentiellem in limitiertes Wachstum) meist keine zuverlässigen Daten. Hierzu sind Chemostat-Experimente mit stationären Zuständen besser geeignet, die allerdings auch einen höheren Aufwand erfordern.

2.) Auftragung der Rohdaten als Funktion der Zeit und Überprüfung auf Sinnhaftigkeit (Messfehler, Streuung, Unregelmäßigkeiten im Experiment etc.).

3.) Berechnung der Zielgrößen (Wachstumsrate, spezifische Aufnahme- und Produktionsraten etc.) basierend auf den Bilanzgleichungen.

4.) Auftragung der Daten, um Hypothesen für die Modellbildung ableiten zu können (z. B. Wachstumsrate als Funktion der Substratkonzentration, Substrataufnahmerate als Funktion der Wachstumsrate). Aus diesen Darstellungen lassen sich schon erste Rückschlüsse auf die Art der Reaktionskinetik (z. B. 0. oder 1. Ordnung, Monod) ableiten.

5.) Ermittlung kinetischer Parameter für als sinnvoll erachtete Modellansätze (einschließlich Regressionskoeffizienten).

Grundsätzlich muss man sich gerade bei den sehr häufig verwendeten unstrukturierten Modellansätzen darüber im Klaren sein, dass diese nur die zugrunde liegenden Daten beschreiben und nur eingeschränkt für eine Prädiktion geeignet sind. Dennoch sind diese Modellansätze in vielen Fällen ausreichend, um mikrobielle Prozesse phänomenologisch hinreichend gut zu beschreiben.

Die Abhängigkeit der **spezifischen Wachstumsrate** μ von einem limitierenden Substrat mit der Konzentration c_S wird häufig durch das bereits in Kap. 3 eingeführte Monod-Modell beschrieben:

$$\mu = \mu_{\max} \frac{c_S}{k_S + c_S}. \tag{5.89}$$

Hierin steht μ_{max} für die maximale spezifische Wachstumsrate und k_S (Halbsättigungskonstante) für die Substratkonzentration, bei der die Wachstumsrate gerade halb so groß ist wie die maximale. Auf kinetische Ansätze, die die Abhängigkeit der Wachstumsrate von mehreren Substraten bzw. Metaboliten beschreiben, wurde in Kap. 3 eingegangen. Hier werden beispielhaft für das Monod-Modell gemäß Gl. (5.89) verschiedene Methoden zur Bestimmung der Modellparameter $\mu_{\max}$ bzw. k_S diskutiert (basierend auf Doran 2003), die dann in den nachfolgenden Beispielen verwendet werden können.

Zur Bestimmung der beiden Modellparameter wurde eine Reihe von Methoden vorgeschlagen. Diese basieren auf der Grundidee, Gl. (5.89) so umzuformen, dass sich eine lineare Beziehung ergibt, um so aus Steigung und Achsenabschnitt relativ leicht die Modellparameter ermitteln zu können. Allerdings muss bei der Anwendung der verschiedenen Methoden beachtet werden, dass nicht alle zuverlässige Resultate liefern.

Naturgemäß empfiehlt es sich, zunächst die **Wachstumsrate μ als Funktion der Substratkonzentration** c_S aufzutragen. Aus dieser Auftragung lassen sich Werte für $\mu_{\max}$ durch Extrapolation zu sehr hohen Substratkonzentrationen und für k_S als Substratkonzentration bei $\mu_{\max}/2$ abschätzen. Diese Abschätzungen sind meist jedoch relativ ungenau. Mit Hilfe eines Tabellenkalkulationsprogramm lässt sich mit geringem Aufwand eine Modellberechnung gemäß Gl. (5.89) durchführen, wobei die Modellparameter $\mu_{\max}$ und k_S so lange variiert werden, bis sich eine zufrieden stellende Übereinstimmung der gerechneten Kurve mit den Messwerten ergibt.

Beim **Lineweaver-Burk-Plot** gemäß

$$\frac{1}{\mu} = \frac{k_S}{\mu_{\max}} \frac{1}{c_S} + \frac{1}{\mu_{\max}} \tag{5.90}$$

ergibt sich bei einer Auftragung von $1/\mu$ als Funktion von $1/c_S$ ein linearer Zusammenhang mit der Steigung $k_S/\mu_{\max}$ und dem Achsenabschnitt $1/\mu_{\max}$. Diese häufig bei Enzymreaktionen (Michaelis-Menten-Kinetik) verwendete Form der Linearisierung verstärkt jedoch die analytischen oder experimentellen Fehler bei der Bestimmung von μ, insbesondere im Bereich niedriger Substratkonzentrationen. Für die Auswertung von *batch*-Experimenten ist sie daher wenig geeignet.

Beim **Langmuir-Plot** wird Gl. (5.89) zu

$$\frac{c_S}{\mu} = \frac{k_S}{\mu_{\max}} + \frac{c_S}{\mu_{\max}} \tag{5.91}$$

umgeformt, so dass sich bei einer Auftragung von c_S/μ als Funktion von c_S ein linearer Zusammenhang mit der Steigung $1/\mu_{\max}$ und dem Achsenabschnitt $k_S/\mu_{\max}$ ergibt. Da sich beim Langmuir-Plot experimentelle Fehler weniger stark auswirken, liefert diese Methode häufig zuverlässigere Werte als der Lineweaver-Burk-Plot.

Weitere Ansätze zur Auswertung experimenteller Daten hinsichtlich der Modellparameter $\mu_{\max}$ und k_S finden sich bei Doran (2003). Grundsätzlich sollten immer mehrere Methoden benutzt und die Ergebnisse miteinander verglichen werden.

Zur Beschreibung **zellspezifischer Substrataufnahmeraten** q_S wurden in Kap. 3 zwei Ansätze vorgestellt, die auch für die nachfolgenden Beispiele Verwendung finden sollen. Ein Zusammenhang zwischen q_S und der spezifischen Wachstumsrate μ wird durch das „Maintenance-Energie-Model" (Kap. 3.2.4)

$$q_S = \frac{\mu}{Y_{XS}} + m_S \tag{5.92}$$

wiedergegeben, wobei Y_{XS} für den Ausbeutekoeffizienten Biomasse/Substrat und m_s für den Erhaltungsterm stehen. Demnach sollte sich bei einer Auftragung von $q_S = f(\mu)$ ein linearer Zusammenhang mit der Steigung $1/Y_{XS}$ und dem Achsenabschnitt m_s ergeben.

Alternativ lassen sich Aufnahmeraten häufig gut durch

$$q_S = q_{S,\max} \frac{c_S}{c_S + k_S} \qquad (5.93)$$

beschreiben. Die Modellparameter lassen sich ähnlich wie beim Monod-Modell durch entsprechende Linearisierungsansätze bestimmen. Auch hier empfiehlt es sich, die Daten nach verschiedenen Methoden auszuwerten.

Die Produktbildung kann gemäß Kap. 3.2.5, Gl. 3.15 durch

$$q_P = Y_{PX}\, \mu + m_P \qquad (5.94)$$

mit dem Ausbeutekoeffizienten Y_{PX} und dem Maintenanceterm m_P beschrieben werden

Die hier vorgestellten Modellansätze sollen nur einen Einstieg in die Modellbildung ermöglichen und die grundlegenden Konzepte zur Ermittlung kinetischer Daten und zur Formulierung geeigneter Modellansätze vermitteln. Komplexere Modellstrukturen, ggf. unter Einbeziehung intrazellulärer Stoffwechselreaktionen, erfordern naturgemäß einen sehr viel höheren analytischen und modelltheoretischen Aufwand. Hierzu sei auf die einschlägige Literatur verwiesen.

5.3.2 *Saccharomyces cerevisiae*

Experiment Hefe_7: Bestimmung kinetischer Parameter aus einer *batch*-Kultur mit *Saccharomyces cerevisiae*

Aufgabe: Durchführung und Auswertung einer *batch*-Kultivierung gemäß Experiment **Hefe_1** und **Hefe_2** zur Bestimmung folgender kinetischer Parameter:

- μ_{max}, k_S im Monod-Modell
- $q_{Glc}=f(\mu)$, $q_{Glc}=f(c_S)$

Auswertung nach 5.3.1. Werten Sie nur den Bereich der Kultivierung aus, in dem noch kein Ethanol verbraucht wird.

5.3.3 *Escherichia coli*

Experiment Ecoli_6: Bestimmung kinetischer Parameter aus einer *batch*-Kultur mit *Escherichia coli*

Aufgabe: Durchführung und Auswertung einer *batch*-Kultivierung gemäß Experiment **Ecoli_1** und **Ecoli_2** zur Bestimmung folgender kinetischer Parameter:

- μ_{max}, k_S im Monod-Modell
- $q_S=f(\mu)$, $q_S=f(c_S)$.

Auswertung nach 5.3.1

Experiment Ecoli_7: Bestimmung kinetischer Parameter aus einer *fed-batch*-Kultur mit *Escherichia coli*

Aufgabe: Durchführung und Auswertung einer *fed-batch*-Kultivierung gemäß Experiment **Ecoli_3** zur Bestimmung folgender kinetischer Parameter:

- μ_{max}, k_S im Monod-Modell
- $q_S=f(\mu)$, $q_S=f(c_S)$.

Auswertung nach 5.3.1

Experiment Ecoli_8: Bestimmung kinetischer Parameter aus Chemostat-Kulturen mit *Escherichia coli*

Aufgabe: Durchführung und Auswertung von Chemostat-Kulturen bei verschiedenen Verdünnungsraten gemäß Experiment **Ecoli_5** zur Bestimmung folgender kinetischer Parameter:

- μ_{max}, k_S im Monod-Modell
- $q_S=f(\mu)$, $q_S=f(c_S)$.

Auswertung nach 5.3.1

▶ Vergleichen Sie die Ergebnisse aus den verschiedenen Kultivierungsmethoden und Bewerten Sie diese in Bezug auf ihre Aussagefähigkeit.

5.3.4 Hybridoma-Zellen

Experiment HYB_6: Bestimmung kinetischer Parameter aus einer *batch*-Kultur mit Hybridoma-Zellen

Aufgabe: Durchführung und Auswertung einer *batch*-Kultivierung gemäß Experiment **HYB_1** und **HYB_2** zur Bestimmung folgender kinetischer Parameter:

- μ_{max}, k_S im Monod-Modell
- $q_S=f(\mu)$, $q_S=f(c_S)$

Auswertung nach 5.3.1

Experiment HYB_7: Bestimmung kinetischer Parameter aus einer *fed-batch*-Kultur mit Hybridoma-Zellen

Aufgabe: Durchführung und Auswertung einer *fed-batch*-Kultivierung gemäß Experiment **HYB_3** zur Bestimmung folgender kinetischer Parameter:

- μ_{max}, k_S im Monod-Modell
- $q_S=f(\mu)$, $q_S=f(c_S)$

Auswertung nach 5.3.1

Experiment HYB_8: Bestimmung kinetischer Parameter aus Chemostat-Kulturen mit Hybridoma-Zellen

Aufgabe: Durchführung und Auswertung von Chemostat-Kulturen bei verschiedenen Verdünnungsraten gemäß Experiment **HYB_5** zur Bestimmung folgender kinetischer Parameter:

- μ_{max}, k_S im Monod-Modell
- $q_S=f(\mu)$, $q_S=f(c_S)$

Auswertung nach 5.3.1

▶ Vergleichen Sie die Ergebnisse aus den verschiedenen Kultivierungsmethoden und Bewerten Sie diese in Bezug auf ihre Aussagefähigkeit.

Beispiellösung zu HYB_6 – HYB_8

Auswertung μ_{max} und k_s

	μ_{max} [h^{-1}]	$k_{s,Gln}$ [mmol L^{-1}]
Lineweaver-Burk	0,0467	0,3635
Langmuir	0,0839	1,2346
aus Plot $\mu = f(c_{Gln})$	0,07	0,85

$$q_{Glc} = f(\mu)$$
$$q_{Gln} = f(\mu)$$
$$q_{MAb} = f(\mu)$$

$$q_{Glc} = 0{,}053 + 82{,}05\,\mu \quad [10^{-10} \text{ mmol Zellen}^{-1}\,h^{-1}]$$

$$q_{Gln} = 17{,}09\,\mu \quad [10^{-10} \text{ mmol Zellen}^{-1}\,h^{-1}]$$

$$q_{MAb} = 0{,}763 + 245{,}4\,\mu \quad [10^{-10} \text{ mg Zellen}^{-1}\,h^{-1}]$$

$$Y_{Lac/Glc} = 1{,}36 \; [\text{ mol mol}^{-1}]$$

$$Y_{Amm/Gln} = 0{,}88 \; [\text{ mol mol}^{-1}]$$

▶ demnach ist Glutamin das limitierende Substrat.

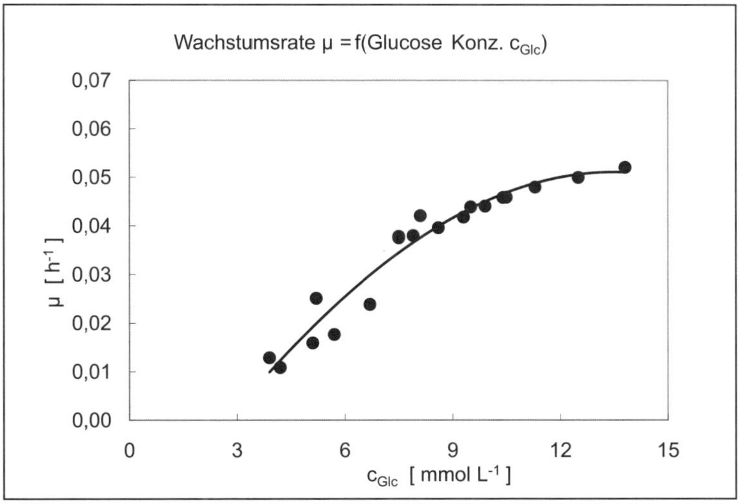

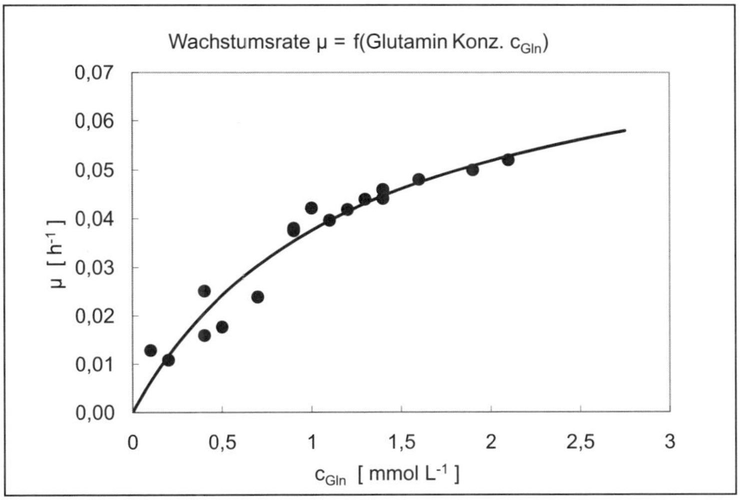

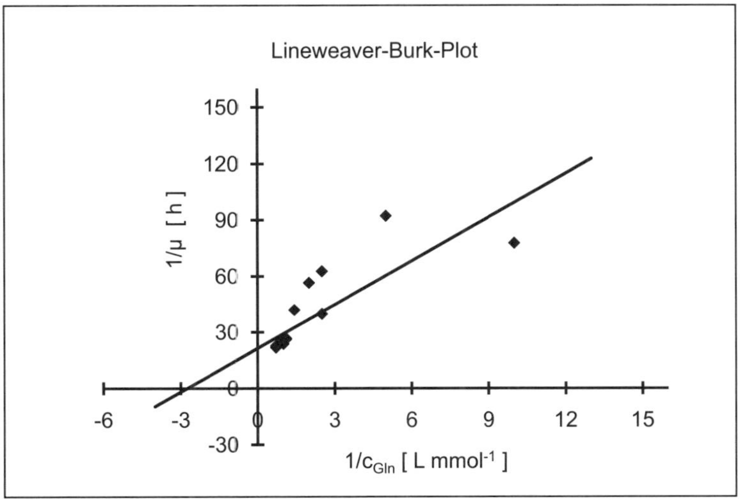

Abb. 5.11.a–c Beispiellösungen zu HYB_6–8

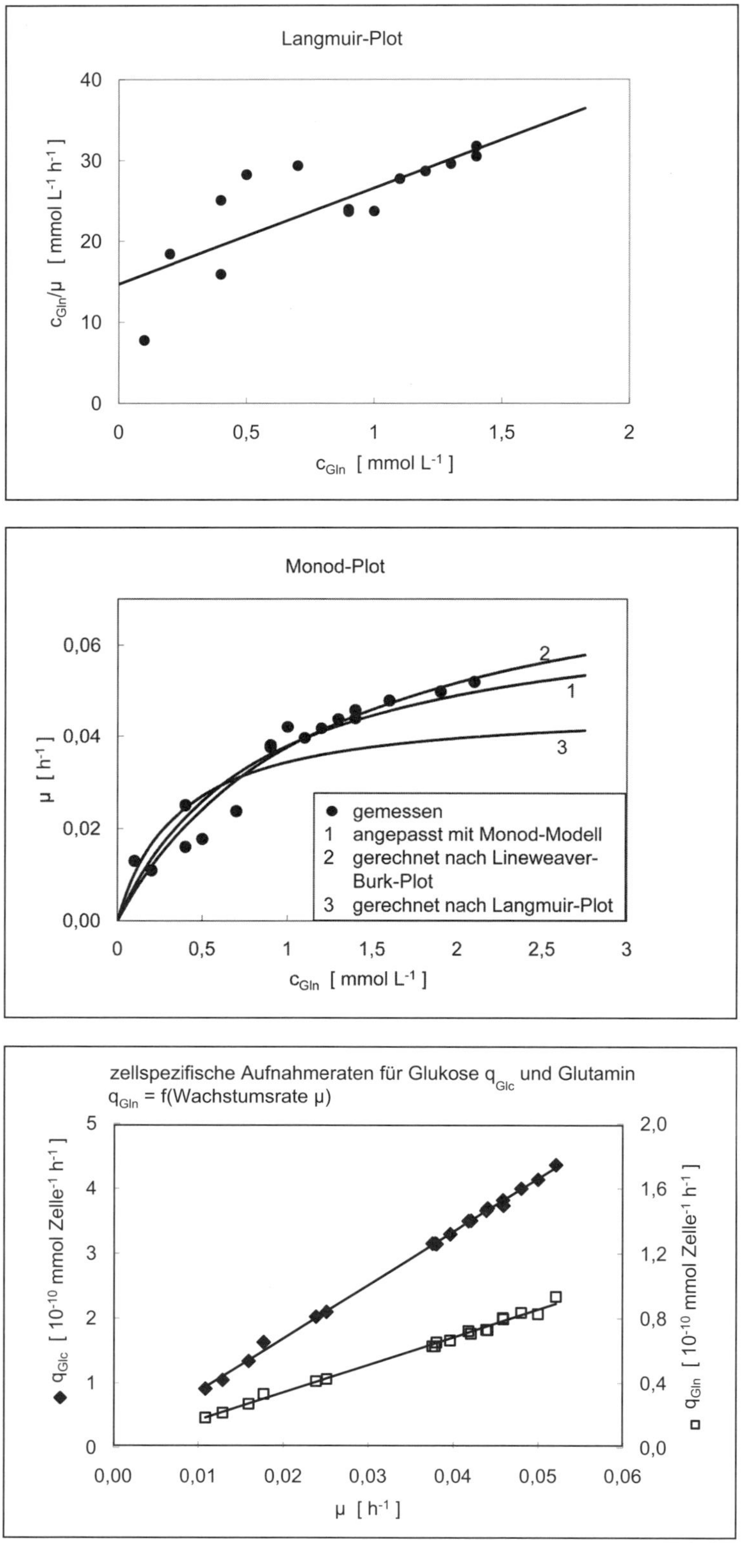

Abb. 5.11.d–f Beispiellösungen zu HYB_6–8

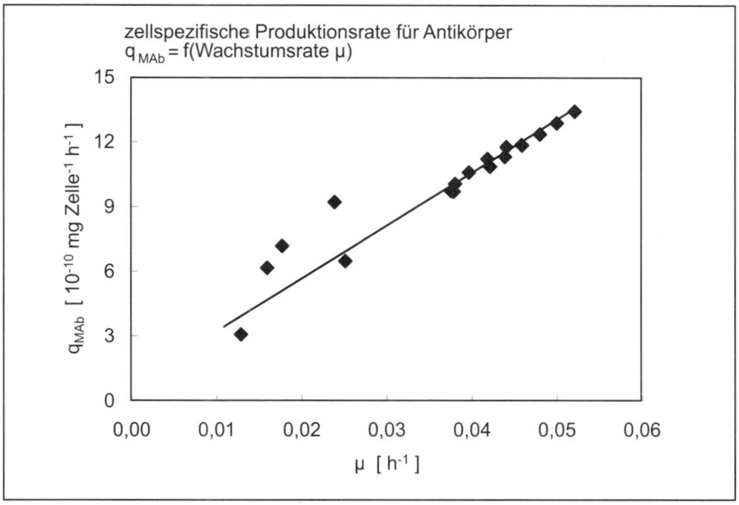

Abb. 5.11.g Beispiellösungen zu HYB_6–8

5.4 Experimente zur Optimierung von *fed-batch*-Prozessen

5.4.1 Zielsetzung

Die folgenden Beispiele sind dazu gedacht, die in Kap. 4.6 diskutierten Fütterungsstrategien für *fed-batch*-Prozesse zu üben und ein Verständnis für zeitliche Abläufe sowie für Limitierungs- und Inhibierungsphänomene bei *fed-batch*-Prozessen zu gewinnen. Hier werden nur Strategien ohne Rückkopplung zum Prozess behandelt. Strategien mit Rückkopplung zum Prozess (Regelung einer Substratkonzentration, pO_2-*probing* etc.) erfordern Kenntnisse zur Konfiguration und Programmierung von komplexen Regelkreisen und Prozessleitsystemen.

5.4.2 *Saccharomyces cerevisiae*

Experiment Hefe_8: *fed-batch* mit *Saccharomyces cerevisiae* zur Optimierung der anaeroben Ethanolproduktion

Aufgabe: Durchführung und Auswertung einer *fed-batch*-Kultivierung mit festem Zulaufstrom.

Ziel: Optimierung der Ethanolkonzentration bei anaerober Gärung.

Grundlagen: Kap. 3.5 und Kap. 4.6
Auswertungsgleichungen: Kap. 5.2.2

Einstellungen am BioProzessTrainer:

- Wählen Sie aus dem Hauptmenü das Experiment **Hefe_8**. Hierdurch wird der **BioProzesTrainer** initialisiert. Nach der Initialisierung befinden sich $V_R = 5$ L einer auf 35 °C temperierten und mit Sauerstoff gesättigten ($pO_2 = 100\,\%$) Mediumslösung im Reaktor. Die Anfangskonzentrationen an Glucose und Ethanol betragen:
  - Glucose: 2 g L^{-1}
  - Ethanol: 0 g L^{-1}
  - Glucosekonzentration im Vorlagebehälter: 30 g L^{-1}.

Die Konzentration an Biomasse X_R nach dem Animpfen soll bei 1 g L^{-1} liegen.

- Berechnen Sie die erforderliche Biomassekonzentration X_I im Inokulum (Volumen Inokulum $V_I = 200$ mL) gemäß Gl. (5.83) (siehe HYB_1).

Vorgehensweise:

- Bereiten Sie ein Datenblatt gemäß Muster in Beispiel **Hefe_1** vor.
  Ergänzen Sie dieses um Spalten für
  - Volumen V,
  - Zulaufstrom Glucose-Zulauf F_{Glc}.

- Starten Sie das Experiment **Hefe_8** durch Aktivieren des Start-Buttons (aerob/anaerob) gemäß den Hinweisen auf der DVD.
- Nehmen Sie Proben (zu Biotrockenmasse, Glucose und Ethanol) im Abstand von ca. 30 min (Prozesszeit).
- Starten Sie den *batch* und regeln Sie die Sauerstoffkonzentration bei 60 % Luftsättigung. Hinweise zur Regelung finden sich in Kap. 6. Lassen Sie den *batch* laufen, bis die Glucose verbraucht ist.
- Starten Sie die Zulaufpumpe für den Glucose-Zulauf F_{Glc}. Überlegen Sie sich hierzu sinnvolle Zulaufströme.
- Schalten Sie zu einem von Ihnen gewählten Zeitpunkt auf anaeroben Betrieb (Sauerstoffkonzentration 0 %) um.
- Passen Sie die Förderrate der Zulaufpumpe für den Glucose-Zulauf F_{Glc} an die anaerobe Prozessphase an. Überlegen Sie sich hierzu sinnvolle Zulaufströme.
- Die *fed-batch*-Kultur ist beendet, wenn das Arbeitsvolumen von 20 L erreicht ist und das Substrat vollständig verbraucht ist.
- Tragen Sie die Daten für die Messgrößen in die vorbereitete Tabelle ein.
- Zum Beenden des Experimentes **Hefe_8** drücken Sie den Ende-Button entsprechend den Hinweisen auf der DVD.

Auswertung:

- Führen Sie den Versuch gemäß **Hefe_4** durch und werten Sie ihn entsprechend aus.
- Beurteilen Sie die von Ihnen bei der Abschätzung der Zulaufströme gemachten Annahmen.
- Wiederholen Sie den Versuch mit veränderten, von Ihnen begründet gewählten Werten für
  - Startzeitpunkt des Zulaufes
  - Beginn des anaeroben Betriebs
  - Sollkonzentrationen Glucose.

5.4.3 *Escherichia coli*

Experiment Ecoli_9: *fed-batch* mit festem Zulaufstrom

Aufgabe: Durchführung einer *fed-batch*-Kultivierung mit festem Zulaufstrom (**berechnet**).

Ziel: Vermittlung eines Verständnisses für Limitierungs- und Inhibierungsphänomene, Bestimmung zellspezifischer Wachstums- und Umsatzraten.

Grundlagen: Kap. 3.3 und Kap. 4.6.1.2
Auswertungsgleichungen: Kap. 5.2.2.2

Versuchsablauf:

- Es wird ein fester Zulaufstrom während der gesamten Fütterungszeit eingestellt, die vorab abgeschätzt wird.
- Für das mittlere Volumen $V_{mitt.}$ während der Fütterungsphase gilt:

$$V_{mitt.} = V_{batch} + \frac{V_{\max} - V_{batch}}{2} \tag{5.95}$$

V_{batch} = Startvolumen (ohne Verluste durch Probenahme)
$V_{\max}$ = Volumen am Ende der Fütterungsphase (maximales Reaktorvolumen)

- Die Biomassekonzentration wird für die gesamte Fütterungsphase als konstant angenommen ($X_{TG,\,mitt.}$).
- Die Konzentration für Glucose soll während der Fütterungsphase konstant bleiben, d. h. $dc/dt = 0$.

Für Glucose gilt näherungsweise:

$$\frac{F_{Glc}}{V_{mitt.}}(c_{Glc,0} - \bar{c}_{Glc}) = q_{Glc}\, X_{TG,mitt.}\,. \tag{5.96}$$

Daraus ergibt sich aufgelöst nach F_{Glc}:

$$F_{Glc} = \frac{q_{Glc}\, X_{TG,mitt.}\, V_{mitt.}}{\left(c_{Glc,0} - \bar{c}_{Glc}\right)}\,. \tag{5.97}$$

Die mittlere Konzentration an Glucose $\bar{c}_{Glc}$ muss sinnvoll abgeschätzt werden (Sollkonzentration).

Für das Ende der Fütterungsphase (Zeit t_{ges} für den gesamten Prozess einschließlich der Zeit für *batch*-Phase [t_{batch}] und Zeit für Fütterungsphase) gilt:

$$t_{ges} = t_{batch} + \frac{(V_{max} - V_{batch})}{F_{Glc}} \tag{5.98}$$

mit dem maximalen Reaktorvolumen V_{max}.

Einstellungen am BioProzessTrainer:

- Wählen Sie aus dem Hauptmenü das Experiment **Ecoli_9**. Hierdurch wird der **BioProzessTrainer** initialisiert. Entnehmen Sie die anfänglichen Messwerte und Zustandsgrößen der Bedienoberfläche des **BioProzessTrainers**.

Führen Sie den Versuch gemäß Experiment **Ecoli_3** durch und werten Sie ihn entsprechend aus.

- Beurteilen Sie die bei der Abschätzung des Zulaufstromes gemachten Annahmen.
- Wiederholen Sie den Versuch mit veränderten, von Ihnen begründet gewählten Werten für
  - Startzeitpunkt des Zulaufes
  - Sollkonzentration Glucose.

Experiment Ecoli_10: *fed-batch* mit exponentiell steigendem Zulaufstrom (*μ*-stat).

Aufgabe: Durchführung einer *fed-batch*-Kultivierung mit **exponentiell steigendem Zulaufstrom** (**berechnet**).

Ziel: Vermittlung eines Verständnisses für Limitierungs- und Inhibierungsphänomene, Bestimmung zellspezifischer Wachstums- und Umsatzraten.

Grundlagen: Kap. 3.3 und Kap. 4.6.1.4
Auswertungsgleichungen: Kap. 5.2.2.3

Versuchsablauf:
Eine Abschätzung der Steigung des Zulaufstromes kann folgendermaßen erfolgen:

Die als konstant angenommene Wachstumsrate μ sollte unterhalb der maximalen Wachstumsrate aus der exponentiellen Wachstumsphase im *batch* liegen, um eine Verdünnung der Zellen zu vermeiden (Empfehlung: 0,8 μ_{max}).

Die Zulaufpumpen werden mit einer festzulegenden Steuerfunktion manuell bedient. Eine vergleichsweise einfache Steuerfunktion besteht z. B. darin, die Förderrate in definierten Zeitabständen Δt_F zu erhöhen. Für ein solches Zeitintervall $t_{F,i}$ bis $t_{F,i+1}$ ergibt sich der zuzugebende Zulaufstrom nach Gl. (4.36–4.40.) Setzen Sie diese Gleichungen in ein Tabellenkalkulationsprogramm um.

Die Biotrockenmassekonzentration $X_{TG,1}$ kann am Ende der *batch*-Phase angenommen werden. Die Glucoseaufnahmerate q_{Glc} lässt sich aus einem *batch*-Experiment (z. B. Experiment **Ecoli_1**) abschätzen.

Der Zulaufstrom soll während des Experiments in kleinen Intervallen erhöht werden, so dass die gewünschte exponentielle Zunahme sinnvoll approximiert wird. Entwerfen Sie hierfür eine geeignete Vorgehensweise.

- Wählen Sie aus dem Hauptmenü das Experiment **Ecoli_10**. Hierdurch wird der **BioProzessTrainer** initialisiert. Entnehmen Sie die anfänglichen Messwerte und Zustandsgrößen der Bedienoberfläche des **BioProzessTrainers**.

Führen Sie den Versuch gemäß Experiment **Ecoli_3** durch.

- Stellen Sie die von Ihnen mit *Escherichia coli* durchgeführten *fed-batch*-Strategien gegenüber und bewerten Sie diese (Kriterien).

5.4.3 Hybridoma-Zellen

Experiment HYB_9: *fed-batch*-Kultvierung in Form eines *repeated batch* 1 (Impulszugabe)

Aufgabe: Durchführung einer *fed-batch*-Kultivierung mit wiederholter, schlagartiger Zugabe eines vorgegebenen Volumens mit frischem Substrat zu vorab festgelegten Zeitpunkten, um die Substratkonzentration wieder auf einen vorgegebenen Wert anzuheben. Die Berechnung der erforderlichen Menge an Substrat soll **ohne** Nutzung von Daten aus dem Prozess erfolgen.

Ziel: Vermittlung eines Verständnisses für zeitliche Verläufe sowie für Limitierungs- und Inhibierungsphänomene bei *fed-batch*-Prozessen.

Grundlagen: Kap. 3.5 und Kap. 4.6.1.1
Auswertungsgleichungen: Kap. 5.2.2.3

Versuchsablauf: Die Konzentration an Substrat *i* (Glucose, Glutamin) soll im Reaktor auf einen Minimalwert $c_{i,\min}$ abfallen. Dann erfolgt die Zugabe eines vorausberechneten Volumens $V_{i,zu}$ mit konzentriertem Substrat *i*, um die Konzentration von *i* im Reaktor wieder auf einen Sollwert $c_{i,neu}$ anzuheben.

Eine allgemeine Bilanz für die Komponente *i* lautet

$$V_{neu}\, c_{i,neu} = V_{alt}\, c_{i,\min} + V_{i,zu}\, c_{i,0,vor} \quad (5.99)$$

$$V_{neu} = V_{alt} + \Sigma V_{i,zu} \quad (5.100)$$

Annahme: Separate Zugabe für Glucose (+ Aminosäuren) und Glutamin.

Daraus ergibt sich für das zuzugebende Volumen an Glucose, $V_{Glc,zu}$:

$$V_{Glc,zu} = V_{alt}\, \frac{D + B\, C}{1 - A\, C} \quad (5.101)$$

und für das zuzugebende Volumen an Glutamin, $V_{Gln,zu}$:

$$V_{Gln,zu} = V_{Glc,zu}\, A + V_{alt}\, B \quad (5.102)$$

mit:

$$A = \frac{c_{Glc,0,vor}}{c_{Glc,neu}} - 1 \qquad B = \frac{c_{Glc,\min}}{c_{Glc,neu}} - 1$$
$$C = \frac{c_{Gln,0,vor}}{c_{Gln,neu}} - 1 \quad D = \frac{c_{Gln,\min}}{c_{Gln,neu}} - 1\,. \quad (5.103)$$

$c_{Glc,0,vor}$ bzw. $c_{Gln,0,vor}$ stehen für die Konzentrationen im Vorlagetank!

Unter der Annahme, dass die Zellkonzentration während der *fed-batch*-Phase konstant ist ($X_{v,mitt.}$), lässt sich die Zeit, nach der die zugegebene Menge einer Komponente *i* (Glucose bzw. Glutamin) voraussichtlich verbraucht ist, näherungsweise abschätzen:

$$\frac{\Delta c_i}{\Delta t} = -q_i\, X_{v,mitt.}\,. \quad (5.104)$$

Daraus ergibt sich:

$$\Delta t = \frac{c_{i,neu} - c_{i,\min}}{q_i\, X_{v,mitt.}}\,. \quad (5.105)$$

Diese Abschätzung muss für Glucose und Glutamin separat erfolgen. Das Zeitintervall Δt sollte nach der am schnellsten verbrauchten Komponente gewählt werden.

Die Anzahl *n* der Zugabezyklen ergibt sich aus

$$V_{end} = V_{batch} + n \cdot \sum V_{i,zu} \quad (5.106)$$

mit dem Endvolumen V_{end} zu

$$n = \frac{V_{end} - V_{batch}}{\sum V_{i,zu}}\,, \quad (5.107)$$

mit dem Anfangsvolumen V_{batch}, wobei das Endvolumen V_{end} naturgemäß kleiner als das maximal mögliche Füllvolumen $V_{\max}$ sein muss.

Planung: Schätzen Sie aus einem *batch*-Experiment (siehe Experiment **HYB_1**) mit gleichen Anfangsbedingungen ab, wann die Glutaminkonzentration auf ca. 0,5 mmol L^{-1} abgefallen sein wird. Zu diesem Zeitpunkt soll die erste Zugabe erfolgen.

Werte für die zellspezifischen Subtrataufnahmeraten für Glucose und Glutamin können mit Hilfe der Auswertegleichungen in Kap. 5.2.2.3 aus der exponentiellen Wachstumsphase eines *batch*-Experiments ermittelt werden.

Für ein erstes Experiment sollen in gleichen Zeitintervallen jeweils dieselben Volumina für Glucose und Glutamin zugegeben werden. Gehen Sie zur Berechnung der zuzugebenden Volumina für Glucose $V_{Glc,zu}$ und Glutamin $V_{Gln,zu}$ und das Zeitintervall Δt von folgenden Größen für die folgenden Randbedingungen aus:

Zulaufkonzentration
Glucose $c_{Glc,0,vor}$: 180 mmol L^{-1}
Glutamin $c_{Gln,0,vor}$: 30 mmol L^{-1}

Startvolumen V_{Batch}: 1,5 L
max. Volumen $V_{\max}$: 3 L

minimale Konzentrationen
Glucose $c_{Glc,\min}$: 3 mmol L^{-1}
Glutamin $c_{Gln,\min}$: 0,5 mmol L^{-1}

Konzentrationen nach Zugabe
Glucose $c_{Glc,neu}$: 10 mmol L^{-1}
Glutamin $c_{Gln,neu}$: 2 mmol L^{-1}

Mittlere
Zellkonzentration $X_{v,mitt.}$: $3 \cdot 10^9$ Zellen L^{-1}

Einstellungen am BioProzessTrainer:

- Wählen Sie aus dem Hauptmenü das Experiment **HYB_9**. Hierdurch wird der **BioProzessTrainer** initialisiert. Nach der Initialisierung befinden sich 1,5 L einer auf 37 °C temperierten und ausreichend mit Sauerstoff gesättigten Mediumslösung im Reaktor. Die Anfangskonzentrationen für Glucose und Glutamin betragen:
  - Glucose: 18 mmol L^{-1}
  - Glutamin: 3 mmol L^{-1}
  - Füllen Sie die Vorlagebehälter mit den oben angegebenen Konzentrationen für Glucose und Glutamin mit den jeweiligen Volumina V_{zu}.

Die Animpfkonzentration an Zellen $X_{v,R}$ soll bei $8 \cdot 10^8$ Zellen L^{-1} liegen (Berechnung siehe Experiment **HYB_1**).

Vorgehensweise:

- Bereiten Sie ein Datenblatt gemäß Muster in Beispiel **HYB_1** vor. Ergänzen Sie dieses um Spalten für
  - Volumen V,
  - zugegebenes Volumen Glucose,
  - zugegebenes Volumen Glutamin.
- Starten Sie das Experiment **HYB_9** durch Aktivieren des Start-Buttons gemäß den Hinweisen auf der DVD.
- Lassen Sie den *batch* laufen, bis die abgeschätzte Zeit für $c_{Gln} = 0{,}5$ mmol L^{-1} erreicht ist.
- Nehmen Sie ca. 1 Std. vor der berechneten Zugabezeit eine Probe.
- Geben Sie die vorausberechneten Volumina an Glucose- und Glutaminlösung zu.
- Unterbrechen Sie zu der vorausberechneten Zugabezeit die Simulation durch Drücken des Unterbrechen-Buttons.
- Stellen Sie die Zulaufraten der Pumpen für Glucose- und Glutamin-Zulauf auf 5 ml min^{-1} ein.
- Fahren Sie mit der Simulation fort, indem Sie den Fortführen-Button drücken.
- Stoppen Sie die Förderpumpen und füllen Sie die Vorlagebehälter wieder mit den jeweiligen Volumina $V_{zu,i}$ für Glucose (+Additive) und Glutamin auf.
- Wiederholen Sie die Zugabe nach der oben berechneten Zeit, bis der Reaktor gefüllt ist.
- Nehmen Sie während des gesamten Experiments Proben zur Analyse, und zwar jeweils kurz vor und nach einer Zugabe.
- Tragen Sie die Daten für die Messgrößen in die vorbereitete Tabelle ein.
- Zum Beenden des Experimentes **HYB_9** drücken Sie den Ende-Button entsprechend den Hinweisen auf der DVD.

Auswertung

- Werten Sie die gemessenen und berechneten Daten gemäß Experiment **HYB_3** aus und stellen Sie diese als Funktion der Laufzeit dar.
- Bewerten Sie die gewählte Fütterungsstrategie. Worauf ist Ihrer Meinung nach das Ende des Zellwachstums zurückzuführen (Substratlimitierung oder Metaboliteninhibierung)?
- Wiederholen Sie den Versuch mit veränderten, von Ihnen begründet gewählten Werten für
  - die minimalen Konzentrationen an Glucose und Glutamin,
  - die Konzentrationen nach Zugabe für Glucose und Glutamin.
- Vergleichen und bewerten Sie die Ergebnisse.

Experiment HYB_10: *fed-batch*-Kultivierung in Form eines *repeated batch* 2 (Impulszugabe)

Aufgabe: Durchführung einer *fed-batch*-Kultivierung mit wiederholter, schlagartiger Zugabe einer vorgegebenen Menge frischen Substrates zu vorab festgelegten Zeitpunkten, um die Substratkonzentration wieder auf einen vorgegebenen Wert anzuheben. Die Berechnung der erforderlichen Menge an Substrat soll **mit** Nutzung von Daten aus dem Prozess erfolgen.
Ziel: Vermittlung eines Verständnisses für zeitliche Verläufe sowie für Limitierungs- und Inhibierungsphänomene bei *fed-batch*-Prozessen.

Grundlagen: Kap. 3.5 und Kap. 4.6.1.1
Auswertungsgleichungen: Kap. 5.2.2.3

Versuchsablauf: Die Konzentration an Substrat i (Glucose, Glutamin) soll im Reaktor auf einen Minimalwert $c_{i,\min}$ abfallen. Dann erfolgt die Zugabe eines vorausberechneten Volumens $V_{i,zu}$ mit konzentriertem Substrat i, um die Konzentration von i im Reaktor wieder auf einen Sollwert $c_{i,neu}$ anzuheben.

Annahme: separate Zugabe für Glucose (+ Aminosäuren) und Glutamin.

Dann ergibt sich das zuzugebende Volumen an Glucose, $V_{Glc,zu}$ und das zuzugebende Volumen an Glutamin, $V_{Gln,zu}$ nach Gl. (5.101) bis Gl. (5.103) (HYB_9). $c_{Glc,0,vor}$ bzw. $c_{Gln,0,vor}$ stehen für die Konzentrationen im Vorlagetank!

Unter der Annahme, dass zu einem Probezeitpunkt i eine Messung für die Zellkonzentration $X_v(t_i)$ vorliegt, lässt sich die Zeit, nach der die zugegebene Menge einer Komponente i (Glucose bzw. Glutamin) voraussichtlich verbraucht ist, folgendermaßen abschätzen:

$$\Delta c_i = -\Delta t \cdot q_i \cdot X_{v,1} \frac{(1+e^{\mu_{\max} \Delta t})}{2} \,. \tag{5.108}$$

Die Gleichung lässt sich iterativ einfach lösen, indem Δt solange variiert wird, bis Δc_i der vorgegebenen Konzentrationsdifferenz $c_{i,neu} - c_{i,\min}$ entspricht. Statt $c_{i,neu}$ kann auch die tatsächlich nach Zugabe gemessene Konzentration eingesetzt werden. Die Berechnung sollte sowohl für Glucose als auch für Glutamin erfolgen und Δt anhand des am schnellsten verbrauchten Substrates ermittelt werden.

Planung: Schätzen Sie aus einem *batch*-Experiment (siehe Exp. **HYB_1**) mit gleichen Anfangsbedingungen ab, wann die Glutaminkonzentration auf ca. 0,5 mmol L^{-1} abgefallen sein wird. Zu diesem Zeitpunkt soll die erste Zugabe erfolgen.

Werte für die zellspezifischen Subtrataufnahmeraten für Glucose und Glutamin können mit Hilfe der Auswertegleichungen in Kap. 5.2.2.3 aus der exponentiellen Wachstumsphase eines *batch*-Experimentes ermittelt werden.

Gehen Sie zur Berechnung der zuzugebenden Volumina für Glucose $V_{Glc,zu}$ und Glutamin $V_{Gln,zu}$ und das Zeitintervall Δt von folgenden Größen aus:

Zulaufkonzentration	
Glucose $c_{Glc,0,vor}$ [mmol L^{-1}]	180
Glutamin $c_{Gln,0,vor}$ [mmol L^{-1}]	30
Startvolumen V_{Batch} [L]	1,5
Max. Volumen $V_{\max}$ [L]	3
minimale Konzentrationen	
Glucose $c_{Glc,\min}$ [mmol L^{-1}]	3
Glutamin $c_{Gln,\min}$ [mmol L^{-1}]	0,5
Konzentrationen nach Zugabe	
Glucose $c_{Glc,neu}$ [mmol L^{-1}]	10
Glutamin $c_{Gln,neu}$ [mmol L^{-1}]	2

Setzen Sie für die Zellkonzentration X_v die direkt nach der Zugabe gemessene Konzentration ein.

Einstellungen am BioProzessTrainer:

- Wählen Sie aus dem Hauptmenü das Experiment **HYB_10**. Hierdurch wird der **BioProzessTrainer** initialisiert. Führen Sie Versuch und Auswertung gemäß Experiment **HYB_9** durch.
- Wiederholen Sie den Versuch mit veränderten, von Ihnen begründet gewählten Werten für
  - die minimalen Konzentrationen an Glucose und Glutamin,
  - die Konzentrationen nach Zugabe für Glucose und Glutamin.
- Überlegen Sie sich eine Strategie für den Fall, dass Ihnen während des Prozesses nur Daten für die Konzentration an Zellen (lebend, gesamt) und Glucose zur Verfügung stehen.

Experiment HYB_11: *fed-batch* mit festem Zulaufstrom

Aufgabe: Durchführung einer *fed-batch*-Kultivierung mit festem Zulaufstrom (**berechnet**).

Ziel: Vermittlung eines Verständnisses für Limitierungs- und Inhibierungsphänomene, Bestimmung zellspezifischer Wachstums- und Umsatzraten.

Grundlagen: Kap. 3.5 und Kap. 4.6
Auswertungsgleichungen: Kap. 5.2.2.3

Versuchsablauf:

- Es wird ein fester Zulaufstrom während der gesamten Fütterungszeit eingestellt.
- Für das mittlere Volumen $V_{mitt.}$ während der Fütterungsphase gilt:

$$V_{mitt.} = V_{batch} + \frac{V_{\max} - V_{batch}}{2} \tag{5.109}$$

V_{batch} = Startvolumen (ohne Verluste durch Probenahme).
V_{max} = Volumen am Ende der Fütterungsphase (maximales Reaktorvolumen).

- Die Zellzahl wird für die gesamte Fütterungsphase als konstant angenommen ($X_{v,\,mitt.}$).
- Die Konzentrationen für Glucose und Glutamin sollen während der Fütterungsphase konstant bleiben, d.h. $dc/dt = 0$.

Für das Substrat i (Glucose oder Glutamin) gilt näherungsweise:

$$\frac{F}{V_{mitt.}}(c_{i,0}-\bar{c}_i)=q_i\,X_{v,mitt.}\,. \tag{5.110}$$

Daraus ergibt sich aufgelöst nach F:

$$F=\frac{q_i\cdot X_{v,mitt.}\,V_{mitt.}}{(c_{i,0}-\bar{c}_i)}\,. \tag{5.111}$$

Die mittlere Konzentration des Substrates $\bar{c}_i$ wird zu Null gesetzt $c_i = 0$. Die Gleichung wird für ein Substrat gelöst, z. B. für Glutamin (ist eher limitiert als Glucose).

Annahme: Ein Glucose-Zulauf F_{Glc} mit einer Vorlagekonzentration $c_{Glc,0,vor}$, ein Glutamin-Zulauf F_{Gln} mit einer Vorlagekonzentration $c_{Gln,0,vor}$ werden vorgelegt. Die Konzentrationen $c_{Glc,0}$ und $c_{Gln,0}$ gelten für den Gesamt-Zulauf F ($F = F_{Glc} + F_{Gln}$), der nach Mischung der beiden Ströme in den Reaktor läuft und sind nicht bekannt.

Näherungsweise gilt zudem:

$$\frac{F\cdot c_{Gln,0}}{F\cdot c_{Glc,0}}=\frac{q_{Gln}\cdot X_{v,mitt.}\cdot V_{mitt.}}{q_{Glc}\cdot X_{v,mitt.}\cdot V_{mitt.}}\,. \tag{5.112}$$

Mit

$$F\cdot c_{Glc,0}=c_{Glc,0,vor}\cdot F_{Glc} \tag{5.113}$$

$$F\cdot c_{Gln,0}=c_{Gln,0,vor}\cdot F_{Gln} \tag{5.114}$$

ergibt sich:

$$F_{Glc}=\frac{F}{1+A} \tag{5.115}$$

$$F_{Gln}=F-F_{Glc}\,, \tag{5.116}$$

mit

$$A=\frac{q_{Gln}\cdot c_{Glc,0,vor}}{q_{Glc}\cdot c_{Gln,0,vor}}\,. \tag{5.117}$$

Für das Ende der Fütterungsphase (Zeit t_{ges} für den gesamten Prozess einschließlich der Zeit für *batch*-Phase [t_{batch}] und Zeit für die Fütterungsphase):

$$t_{ges}=t_{batch}+\frac{(V_{\max}-V_{batch})}{F}\,, \tag{5.118}$$

mit dem Endvolumen $V_{end} \leq V_{\max}$.

Einstellungen am BioProzessTrainer:

- Wählen Sie aus dem Hauptmenü das Experiment **HYB_11**. Hierdurch wird der **BioProzessTrainer** initialisiert. Führen Sie Versuch und Auswertung gemäß Experiment **HYB_3** durch.
- Wiederholen Sie den Versuch mit veränderten, von Ihnen begründet gewählten Werten für
  - Startzeitpunkt des Zulaufes
  - Sollkonzentration Glucose
  - Sollkonzentration Glutamin.

Experiment HYB_12: *fed-batch* mit linear steigendem Zulaufstrom

Aufgabe: Durchführung einer *fed-batch*-Kultivierung mit linear steigendem Zulaufstrom (**berechnet**).

Ziel: Vermittlung eines Verständnisses für Limitierungs- und Inhibierungsphänomene, Bestimmung zellspezifischer Wachstums- und Umsatzraten.

Grundlagen: Kap. 3.5. und Kap. 4.6.1.3
Auswertungsgleichungen: Kap. 5.2.2.3

Versuchsablauf:
Eine Abschätzung der Steigung der Fütterungsrate kann folgendermaßen erfolgen:

$$F(t)=a+b\cdot t\,. \tag{5.119}$$

Mit

$$F(t_{batch})=\frac{q_S\,X_{batch}\,V_{batch}}{c_{S,0}} \tag{5.120}$$

und

$$F(t_{end})=\frac{q_S\,X_{end}\,V_{end}}{c_{S,0}} \tag{5.121}$$

ergeben sich:

$$b=\frac{q_S}{c_{S,0}}\frac{(X_{end}\,V_{end}-X_{batch}\,V_{batch})}{(t_{end}-t_{batch})} \tag{5.122}$$

und

$$a=\frac{q_S\,X_{batch}\,V_{batch}}{c_{S,0}}-b\,t_{batch}\,. \tag{5.123}$$

Der Endzeitpunkt der Fütterung t_{end} muss so festgelegt werden, dass das Endvolumen V_{end} kleiner als das maximal mögliche $V_{\max}$ ist. Die maximale Fütterungszeit t_{end}, zu der das maximale Volumen V_{end} erreicht ist, berechnet sich zu

$$V_{end} = V_{batch} + \frac{1}{2a}\left[\left(a\,t_{end}+b\right)^2 - (a\,t_1+b)^2\right] \le V_{\max} \tag{5.124}$$

Mit

$$F \cdot c_{Glc,0} = c_{Glc,0,vor} \cdot F_{Glc}\,, \tag{5.125}$$

$$F \cdot c_{Gln,0} = c_{Gln,0,vor} \cdot F_{Gln} \tag{5.126}$$

ergibt sich:

$$F_{Glc} = F\,\frac{c_{Glc,0}}{c_{Glc,0,vor}}\,, \tag{5.127}$$

$$F_{Gln} = F\,\frac{c_{Gln,0}}{c_{Gln,0,vor}}\,. \tag{5.128}$$

Für das Ende der Fütterungsphase (Zeit t_{ges} für den gesamten Prozess einschließlich der Zeit für *batch*-Phase (t_{batch}) und Zeit für Fütterungsphase) ergibt sich:

$$t_{ges} = t_{batch} + \frac{(V_{\max} - V_{batch})}{F}\,. \tag{5.129}$$

mit dem maximalen Reaktorvolumen $V_{\max}$.

Der Zulaufstrom soll während des Experimentes in kleinen Intervallen erhöht werden, so dass die gewünschte lineare Zunahme sinnvoll approximiert wird. Entwerfen Sie hierfür eine geeignete Vorgehensweise.

Einstellungen am BioProzessTrainer:

- Wählen Sie aus dem Hauptmenü das Experiment **HYB_12**. Hierdurch wird der **BioProzessTrainer** initialisiert. Führen Sie Versuch und Auswertung gemäß Experiment **HYB_3** durch.

Experiment HYB_13: *fed-batch* mit exponentiell steigendem Zulaufstrom (μ-stat)

Aufgabe: Durchführung einer *fed-batch*-Kultivierung mit **exponentiell steigendem Zulaufstrom (berechnet)**.

Ziel: Vermittlung eines Verständnisses für Limitierungs- und Inhibierungsphänomene, Bestimmung zellspezifischer Wachstums- und Umsatzraten.

Grundlagen: Kap. 3.5 und Kap. 4.6.1.4
Auswertungsgleichungen: Kap. 5.2.2.2

Versuchsablauf:
Eine Abschätzung der Steigung des Zulaufstromes kann folgendermaßen erfolgen:

Die als konstant angenommene Wachstumsrate μ sollte unterhalb der maximalen Wachstumsrate aus der exponentiellen Wachstumsphase im *batch* liegen, um eine Verdünnung der Zellen zu vermeiden (Empfehlung: 0,8 $\mu_{\max}$).

Die Zulaufpumpen werden mit einer entsprechenden Steuerfunktion manuell bedient. Eine vergleichsweise einfache Steuerfunktion besteht z. B. darin, die Förderrate in definierten Zeitabständen Δt_F zu erhöhen. Für ein solches Zeitintervall $t_{F,i}$ bis $t_{F,i+1}$ ergibt sich der zuzugebende Zulaufstrom (gesamt) nach Gl. (4.36) – (4.40). Setzen Sie diese Gleichungen in ein Tabellenkalkulationsprogramm um.

Die Lebendzellkonzentration $X_v(t_{F,0})$ kann am Ende der *batch*-Phase angenommen werden. Die Substrataufnahmerate q_i (Glucose bzw. Glutamin) lässt sich aus einem *batch*-Experiment (z. B. **HYB_1**) abschätzen. Mit

$$F \cdot c_{Glc,0} = c_{Glc,0,vor} \cdot F_{Glc}\,, \tag{5.130}$$

$$F \cdot c_{Gln,0} = c_{Gln,0,vor} \cdot F_{Gln} \tag{5.131}$$

ergibt sich:

$$F_{Glc} = F\,\frac{c_{Glc,0}}{c_{Glc,0,vor}}\,, \tag{5.132}$$

$$F_{Gln} = F\,\frac{c_{Gln,0}}{c_{Gln,0,vor}}\,. \tag{5.133}$$

Der Zulaufstrom soll während des Experimentes in kleinen Intervallen erhöht werden, so dass die gewünschte exponentielle Zunahme sinnvoll approximiert wird. Entwerfen Sie hierfür eine geeignete Vorgehensweise.

Einstellungen am BioProzessTrainer:

- Wählen Sie aus dem Hauptmenü das Experiment **HYB_13**. Hierdurch wird der **BioProzessTrainer** initialisiert. Führen Sie Versuch und Auswertung gemäß Experiment **HYB_3** durch.
- Stellen Sie die von Ihnen mit Hybridoma-Zellen durchgeführten *fed-batch*-Strategien gegenüber und bewerten Sie diese (Kriterien).

Formelverzeichnis Kapitel 5

c_{Amm}	[mmol L^{-1}]	Ammoniumkonzentration
c_{Glc}	[mmol L^{-1}]	Glucosekonzentration
$c_{Glc,0}$	[mmol L^{-1}]	Glucosekonzentration im Zulauf
$c_{Glc,0,vor}$	[mmol L^{-1}]	Glucosekonzentration im Vorlagetank
$c_{Glc,min}$	[mmol L^{-1}]	minimale Glucosekonzentration
c_{Gln}	[mmol L^{-1}]	Glutaminkonzentration
$c_{Gln,0}$	[mmol L^{-1}]	Glutaminkonzentration im Zulauf (Feed)
$c_{Gln,0,vor}$	[mmol L^{-1}]	Glutaminkonzentration im Vorlagetank
$c_{Gln,min}$	[mmol L^{-1}]	minimale Glutaminkonzentration
c_i	[mmol L^{-1}]	Konzentration Komponente *i*
$c_{i,min}$	[mmol L^{-1}]	minimale Konzentration der Komponente *i*
c_{Lac}	[mmol L^{-1}]	Laktatkonzentration
c_{MAb}	[mg L^{-1}]	Antikörperkonzentration
c_P	[mmol L^{-1}]	Produkt- bzw. Metabolitenkonzentration
c_S	[g L^{-1}] [mmol L^{-1}]	Substratkonzentration
D	[h^{-1}]	Verdünnungsrate bei Chemostatkultur
F	[L h^{-1}]	Zulaufstrom
F_{Glc}	[L h^{-1}]	Zulaufstrom Glucose
F_{Gln}	[L h^{-1}]	Zulaufstrom Glutamin
k_S	[g L^{-1}]	Halbsättigungskonstante (Monod-Kinetik)
m_S	[g_{TG} g^{-1}]	Erhaltungsterm
q_{Amm}	[mmol $Zellen^{-1}$ h^{-1}]	zellspezifische Ammoniumproduktionsrate
q_{Eth}	[g g h^{-1}]	spezifische Ethanolaufnahmerate
q_{Glc}	[g g h^{-1}] [mmol $Zellen^{-1}$ h^{-1}]	spezifische Glucoseaufnahmerate
q_{Gln}	[mmol $Zellen^{-1}$ h^{-1}]	zellspezifische Glutaminaufnahmerate
q_{Lac}	[mmol $Zellen^{-1}$ h^{-1}] L	aktatproduktionsrate
q_{MAb}	[mg $Zellen^{-1}$ h^{-1}]	Antikörperproduktionsrate
q_P	[mg $Zellen^{-1}$ h^{-1}]/[mmol $Zellen^{-1}$ h^{-1}]	Produktbildungsrate
$q_{p,Eth}$	[g g h^{-1}]	spezifische Ethanolbildungsrate
t	[h]	Zeit
t_d	[h]	Verdopplungszeit
t_F	[h]	Fütterungszeit beim *fed-batch*
t_{ges}	[h]	Gesamtzeit *fed-batch*
t_i	[h]	Zeit zum Probezeitpunkt *i*
V	[L]	Volumen
V_{batch}	[L]	Anfangsvolumen beim *fed-batch*
V_{end}	[L]	Endvolumen beim *fed-batch*
$V_{Glc,zu}$	[L]	zugegebenes Volumen an Glucose-Medium im *fed-batch*
$V_{Gln,zu}$	[L]	zugegebenes Volumen an Glutamin-Medium im *fed-batch*
V_{max}	[L]	maximal mögliches Füllvolumen
V_{mitt}	[L]	mittleres Volumen beim *fed-batch*
V_{neu}	[L]	Volumen nach Zugabe von frischem Medium im *fed-batch*
V_{zu}	[L]	zugegebenes Volumen an frischem Medium im *fed-batch*
X	[g_{TG} L^{-1}] [Zellen L^{-1}]	Konzentration an Biotrockenmasse/Zellen
X_d	[Zellen L^{-1}]	Konzentration an toten Zellen
X_{TG}	[g_{TG} L^{-1}]	Konzentration an Biotrockenmasse
X_t	[Zellen L^{-1}]	Gesamtkonzentration an Zellen
X_v	[Zellen L^{-1}]	Konzentration an lebenden Zellen
X_I	[Zellen L^{-1}]	Konzentration an lebenden Zellen im Inokulum
X_R	[Zellen L^{-1}]	Konzentration an lebenden Zellen im Reaktor nach Beimpfung
$Y_{Amm/Gln}$	[mol mol^{-1}]	Ausbeutekoeffizient Ammonium/Glutamin
$Y_{Lac/Glc}$	[mol mol^{-1}]	Ausbeutekoeffizient Laktat/Glucose
Y_{PS}	[g g^{-1}]	Ausbeutekoeffizient Produkt/Substrat
Y_{XS}	[g g^{-1}]	Ausbeutekoeffizient Biomasse/Substrat
$Y_{XTG/Glc}$	[g_{TG} g^{-1}]	Ausbeutekoeffizient Biotrockenmasse/Glucose
μ	[h^{-1}]	Wachstumsrate
μ_d	[h^{-1}]	Absterberate
μ_{max}	[h^{-1}]	maximale Wachstumsrate

6 Automation von Bioreaktoren

6.1 Aufgaben der Automation von Bioreaktoren

Die Automation von Bioreaktoren und biotechnischen Anlagen dient ganz wesentlich dazu, die Durchführung biotechnischer Prozesse zu standardisieren, zu optimieren und zu vereinfachen.

Zur Realisierung einer Prozessführungsstrategie wird der biotechnische Prozess **überwacht**, **stabilisiert** und **gesichert**. Darüber hinaus kann der Prozess mithilfe des Automatisierungssystems **bedient**, **bilanziert** und ggf. **optimiert** werden.

Tabelle 6.1 Aufgabenkategorien von Automatisierungssystemen in der Biotechnologie (in Anlehnung an Bergmann 1999)

Stabilisierung	Bedienung	Bilanzierung
Sicherung	Überwachung	Optimierung

Zur Erfüllung der vorstehend genannten Aufgabenkategorien müssen vom Automationssystem an einer biotechnischen Anlage verschiedene Einzelaufgaben wahrgenommen werden.

Zur Erfassung des Zustandes des Prozesses werden Zustandsgrößen wie Temperatur, Gelöstsauerstoffkonzentration (pO_2), pH-Wert aber auch Biomasse- oder Substratkonzentrationen und die Konzentrationen von O_2 und CO_2 im Abgas **gemessen**. Die gemessenen Werte werden an einen anderen Ort **übertragen** und ggf. **gewandelt**, um dann z. B. elektronisch in einem Regler oder Rechner **verarbeitet** zu werden. Die Werte werden auf Anzeigeelementen oder Bildschirmen **angezeigt** und **gemeldet** (z. B. über Alarme). Meistens werden die gewonnenen Daten über Systeme wie Drucker oder elektronische Speicher **protokolliert**. Schließlich resultiert die Verarbeitung der gemessenen Werte in Reglern oder im Rechner darin, dass Ventile oder Motoren **gestellt** werden (siehe Abb. 6.1).

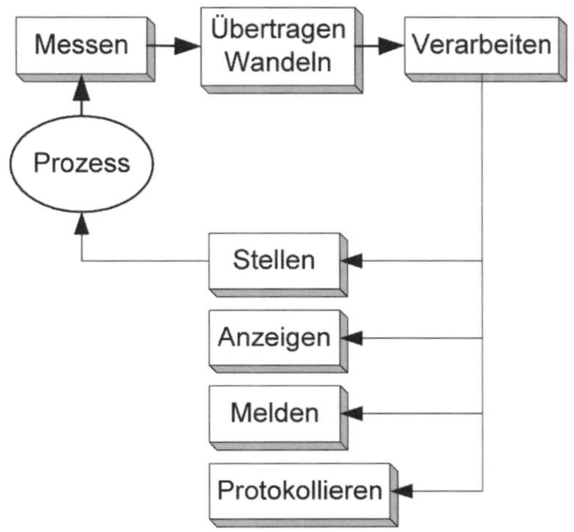

Abb. 6.1 Einzelaufgaben von Automatisierungssystemen

Eine gute Darstellung der Aufgaben und Strukturen von Prozessleitsystemen gibt Bergmann (1999). Bei Chmiel (2006) findet man eine weitgehende Darstellung der an Bioreaktoren eingesetzten Messtechnik.

Der Schwerpunkt in diesem Buch soll auf der Sicherstellung von gewünschten Milieubedingungen für die Mikroorganismen liegen – also bei der Prozessstabilisierung und den Regelungen. Dabei ist eine Beschränkung auf solche Regelungen notwendig, die in sehr vielen Bioprozessen eingesetzt werden.

6.2 Regelkreise

Die Aufgabe einer Temperaturregelung am Bioreaktor (dem regelungstechnischen **System**) besteht zum Beispiel darin, die gewünschte Temperatur des Kulturmediums auch dann sicherzustellen, wenn veränderliche Umgebungstemperaturen herrschen, die Rührerdrehzahl variiert wird oder unterschiedliche Wachstumsraten auftreten.

In diesem Beispiel stellt die gemessene Temperatur im Kulturmedium die **Regelgröße** (Istwert) dar. Die gewünschte Temperatur des Kulturmediums ist die **Führungsgröße** (der Sollwert). Die Differenz zwischen der Führungsgröße und der Regelgröße wird als **Regeldifferenz** (Regelabweichung) bezeichnet. Die veränderliche Umgebungstemperatur, die Rührerdrehzahl oder die Wärmeentwicklung aufgrund des Wachstums der Mikroorganismen sind **Störgrößen**.

Als die gezielt veränderbare **Stellgröße** (Eingangsgröße) dient in diesem Beispiel die Temperatur des Wärmeträgers, der durch den Heizmantel geleitet wird. In anderen Regelkreisen kann die Stellgröße auch die Heizleistung sein, die von einer elektrischen Heizung abgegeben wird.

Nach DIN 19226 ist die Regelung eines Systems ein Vorgang, bei dem fortlaufend eine Größe, die Regelgröße (Istwert), erfasst und mit einer anderen Größe, der Führungsgröße (Sollwert) verglichen wird (Abb. 6.2). Abhängig von diesem Vergleich wird eine Eingangsgröße (Stellgröße) des Systems so beeinflusst, dass die Regelgröße auch bei Auftreten störender Einflüsse (Störgrößen) an die Führungsgröße angeglichen wird. Kennzeichnend für eine Regelung ist der geschlossene Wirkungsablauf. Abb. 6.2 zeigt die Grundstruktur eines Regelkreises in Form eines Blockschaltbildes bzw. Signalflussplans.

Auch im Zusammenhang mit Bioreaktoren ist es zweckmäßig, zwischen Festwertregelungen und Folgeregelungen zu unterscheiden. Die Aufgabe eines Regelkreises in einer **Festwertregelung** besteht darin, die von einer oder mehreren Störgrößen verursachte Regeldifferenz zu beseitigen bzw. zu minimieren. In einer **Folgeregelung** wird der aktuelle Wert der Regelgröße einer vorgegebenen, zeitlich veränderlichen Führungsgröße nachgeführt.

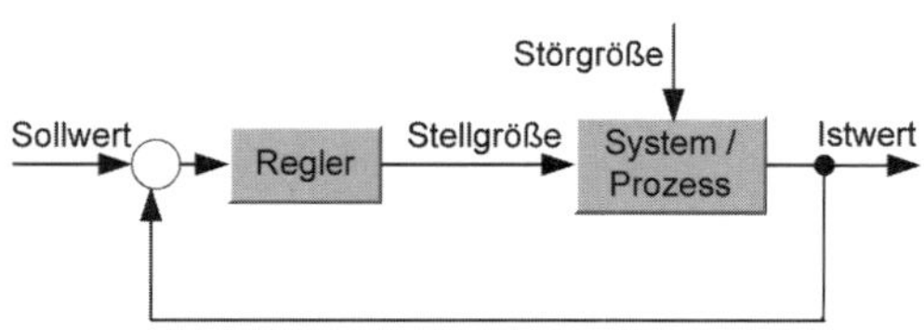

Abb. 6.2 Regelkreis, gekennzeichnet durch einen geschlossenen Wirkungsweg

Regelungen dienen also in erster Linie zur Stabilisierung des Prozesses. Im Kontext der Prozessautomation gehören Regelungsaufgaben zur Aufgabenkategorie Prozessstabilisierung.

Wichtige Beispiele für Regelkreise an Bioreaktoren sind Temperaturregelungen, die Gelöstsauerstoffregelung, die Antischaumregelung, die pH-Wert-Regelung und Niveauregelungen, die insbesondere bei kontinuierlich betriebenen, größeren Bioreaktoren erforderlich werden können.

Neben den in Abb. 6.2 dargestellten einschleifigen Regelkreisen gibt es auch an Bioreaktoren komplexere, hierarchisch strukturierte Regelkreise. Ein Beispiel hierfür ist die Regelung der Gelöstsauerstoffkonzentration mithilfe der Begasungsrate und der Rührerdrehzahl.

Die Entwicklung von Regelungen lässt sich in drei Teilaufgaben untergliedern. Zunächst erfolgt die Strukturierung des Regelkreises. Dabei werden die Regelgröße, die Stellgröße(n) und nach Möglichkeit die Störgrößen identifiziert. Außerdem wird der Signalflussplan bzw. die Blockstruktur des gesamten Regelkreises festgelegt. Im zweiten Schritt erfolgt die Auswahl von geeigneten Reglertypen. Schließlich werden in einem dritten Schritt die Werte der einzelnen Reglerparameter festgelegt. Das regelungstechnische Ziel besteht hierbei darin, eine bedarfsgerechte Regelgüte zu erreichen. Hierauf wird im Abschnitt „Dimensionierung von Regelungen“ nochmals eingegangen.

Aufgrund des geschlossenen Wirkungsweges (d. h. der Rückführung von Signalen) in Regelkreisen kann es zu einem unerwünschten „Aufschaukeln“ der Regelgröße kommen. Dieses Problem tritt besonders leicht in Regelkreisen auf, die über Elemente mit großen zeitlichen Verzögerungen verfügen. Regelkreise, deren Regelgröße ständig oder periodisch wächst, obwohl die Führungs- und Störgrößen endliche Werte angenommen haben, werden als instabil bezeichnet. Bei der Dimensionierung und Parametrierung muss die Stabilität eines Regelkreises unbedingt sichergestellt werden. Es wird ein Kompromiss zwischen der Geschwindigkeit und der Genauigkeit (erlaubte Abweichung vom Sollwert) einer Regelung gesucht, der die Stabilität des Regelkreises nicht beeinträchtigt. Die Regelungstheorie befasst sich zu einem großen Teil mit dem Nachweis der Stabilität von Regelkreisen. In der biotechnischen

Praxis können die Ergebnisse dieser theoretischen Untersuchungen in Form von Einstellregeln für Reglerparameter genutzt werden (siehe Kap. 6.2.2).

Die Darstellung der Regelungstechnik in diesem Buch gibt eine anwendungsbezogene Einführung in die Regelungstechnik in der Bioprozesstechnik. Dabei wird bewusst auf eine konsequente Darstellung der Regelungstheorie verzichtet, die an anderer Stelle bereits ausführlich publiziert wurde (z. B.: Bergmann 1999, Tröster 2001, Schlitt 1978, Reuter/Zacher 2004). Hier soll soweit in die Regelungstechnik eingeführt werden, dass dem Leser das Verhalten von Regelungen plausibel wird. Darüber hinaus werden einfach anwendbare Methoden zur Einstellung von Reglerparametern an Laborbioreaktoren und in der industriellen Praxis vorgestellt.

Eine etwas ausführlichere Einführung des Verhaltens von Regelkreisen mit einem einfachen P-Regler illustriert zwei zentrale Grundprobleme der Regelungstechnik: Minimierung der bleibenden Regelabweichung und Vermeidung von Schwingungen.

6.2.1 Stetige Regler

Das in Abb. 6.2 dargestellte Prinzip der Rückführung eines Signals zur Regelung wird schon sehr lange eingesetzt. Als ein Beispiel führt Bergmann [1999] die von den Römern schon vor 2000 Jahren genutzte selbsttätige Dochtregelung von Öllampen an. Im 18. Jahrhundert (1769) entwickelte James Watt eine Drehzahlregelung für Dampfmaschinen. Diese ersten Regler reagierten proportional zu den Abweichungen zwischen dem Sollwert und dem Istwert. Sie werden daher als P-Regler bezeichnet. Die P-Regler haben den Nachteil, dass mit ihnen der gewünschte Sollwert häufig nur näherungsweise erreicht werden kann. Heute werden in der Verfahrenstechnik und der Biotechnologie regelmäßig PI- und PID-Regler eingesetzt. Mit diesen Reglern lassen sich in vielen Fällen präzise und schnelle Regelungen realisieren.

6.2.1.1 P-Regler

Es ist zweckmäßig, sich das Verhalten der einzelnen Reglertypen an bestimmten Strecken in der Biotechnologie zu veranschaulichen.

Die Wirkungsweise und die Eigenschaften von P-Reglern werden anhand einer Temperaturregelung an einem Bioreaktor erläutert.

Um die Temperatur der Kulturbrühe zu regeln, werden der gewünschte Wert (Sollwert) und die aktuell gemessene Temperatur (Istwert) miteinander verglichen. Aus dem dabei entstehenden Signal, der Regeldifferenz, berechnet der Regler einen Stellwert, der auf das System (den Bioreaktor) wirkt und dort die Medientemperatur beeinflusst (Abb. 6.3).

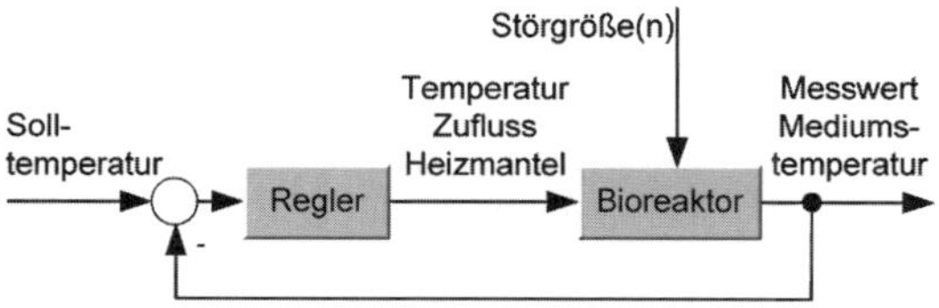

Abb. 6.3 Blockstruktur eines Temperaturregelkreises am Bioreaktor

Bei einem P-Regler ist das Ausgangssignal (Stellwert $y(t)$) proportional zum Eingangsignal (Regeldifferenz $e(t)$). Die mathematische Beschreibung hierzu lautet:

$$y(t) = K_p \cdot e(t) \tag{6.1}$$

Die Proportionalitätskonstante K_P wird Verstärkung des P-Reglers genannt.

Zur grafischen Darstellung eines P-Reglers in Blockschaltbildern nutzt man das Sprungantwortverhalten des Reglers. Die Sprungantwort zeigt, wie der Stellwert $y(t)$ des Reglers reagiert, wenn die Regeldifferenz (der Eingangswert in den Regler) sprungförmig z. B. von einem stationären Wert $e(t = -0)$ auf einen neuen stationären Wert $e(t = +0) = 1$ verändert wird. Unter der Annahme, dass die Verstärkung eines P-Reglers den Wert 2 hat ($K_P = 2$), ändert sich der Stellwert des Reglers $y(t)$ ohne zeitliche Verzögerung von 0 auf 2. (Abb. 6.4).

Um die Eigenschaften eines P-Reglers in Regelkreisen näher zu betrachten, soll zunächst beurteilt werden, wie eine geregelte Strecke auf eine Veränderung des Sollwertes reagiert, wenn man

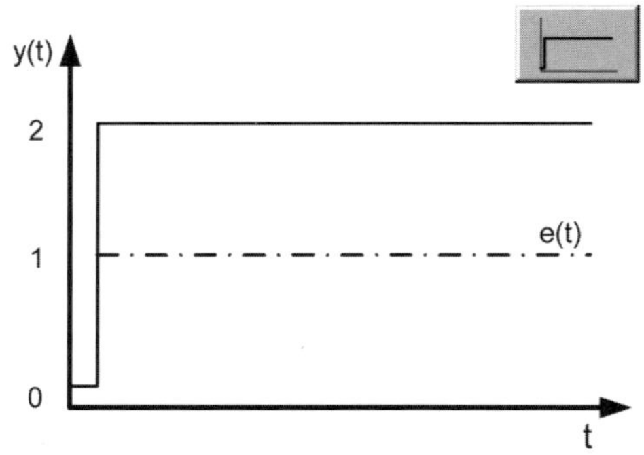

Abb. 6.4 Sprungantwort und Blockschaltbildsymbol eines P-Reglers mit $K_P = 2$

solange abwartet, bis sich ein neuer stationärer Zustand eingestellt hat. Es wird das **stationäre Verhalten** des geschlossenen Regelkreises bei Sollwertänderungen betrachtet.

Der Regler habe die Verstärkung K_P. Die Regelstrecke besitze eine Verstärkung von K_S (Abb. 6.5) und erreicht auch ohne Regelung einen festen Endwert, wenn der Eingangswert einen festen Wert besitzt (Strecke mit Ausgleich).

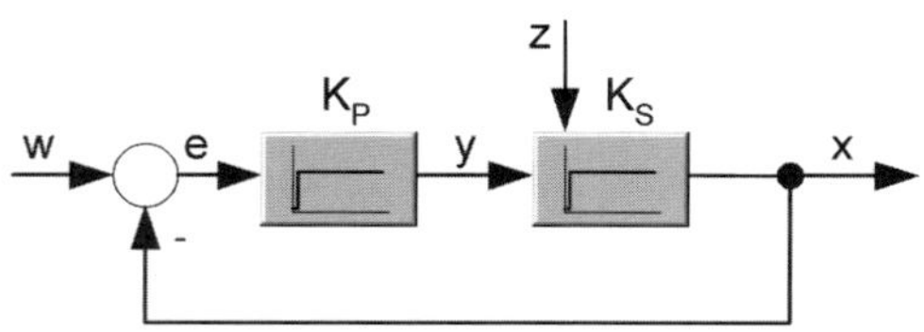

Abb. 6.5 Blockstruktur einer P-Strecke mit P-Regler

Im Ausgangszustand nehmen der Sollwert w und die Störung z den Wert null an. Damit werden auch e, y und x null. Dann wird der Sollwert auf einen Wert w verändert. Ziel der Regelung ist es, dass die Regelgröße x den Wert des Sollwertes w annimmt, i.e.: $x = w$.

Nach der Einstellung des neuen Sollwertes ergibt sich die Regeldifferenz e aus:

$$e = w - x \; , \tag{6.2}$$

wie aus der Blockstruktur zu erkennen ist.

Der Stellwert y wird aus

$$y = K_P \cdot e \tag{6.3}$$

bzw.

$$y = K_P \cdot (w - x) \tag{6.4}$$

berechnet.

Das Verhalten der Regelstrecke mit der Verstärkung K_S ist dem Reglerverhalten ähnlich, also:

$$x = K_S \cdot y \, . \tag{6.5}$$

Setzt man nun Gl. (6.4) für y in Gl. (6.5) ein, erhält man:

$$x = K_S \cdot K_P \cdot (w - x) \, . \tag{6.6}$$

Auflösen der Gl. 6.6 nach der Regelgröße x ergibt:

$$x = \frac{K_S \cdot K_P \cdot w}{1 + K_S \cdot K_P} \, . \tag{6.7}$$

Nun ist offenbar das Ziel der Regelung, nämlich $x = w$, nicht erreicht worden. Der sich neu einstellende Wert der Regelgröße weicht um den Faktor

$\frac{K_S \cdot K_P}{1 + K_S \cdot K_P}$ vom Sollwert ab.

Eine Faustregel lautet:

P-Regler sind verhältnismäßig schnell, aber (oft) ungenau.

Aus Gl. (6.7) erkennt man: eine Minimierung der bleibenden Regeldifferenz kann erreicht werden, wenn die Verstärkung des Reglers auf einen möglichst großen Wert eingestellt wird. Für große Werte K_P gilt:

$$\lim_{K_P \to \infty} \left(\frac{K_S \cdot K_P}{1 + K_S \cdot K_P} \right) = 1 \, . \tag{6.8}$$

Der Ausdruck in der Klammer nimmt bei großen Reglerverstärkungen den Wert eins an. Allerdings ist es technisch unmöglich, unendlich große Verstärkungen zu realisieren. Außerdem muss auch das dynamische (zeitlich veränderliche) Verhalten von Regelstrecken und Regelkreisen berücksichtigt werden. In den für die Bioprozesstechnik relevanten Regelstrecken treten zeitliche Verzögerungen unterschiedlicher Art auf, die insbesondere bei großen Reglerverstärkungen zu größer werdenden Oszillationen (Instabilitäten) führen können, wie im Folgenden illustriert werden soll.

P-Regler mit Totzeit-Block als Strecke

Im oben betrachteten Temperaturregelkreis ist die Temperatur des Fluids im Temperiermantel die Stellgröße. Die Temperatur des Fluids wird außerhalb des Temperiermantels am Bioreaktor

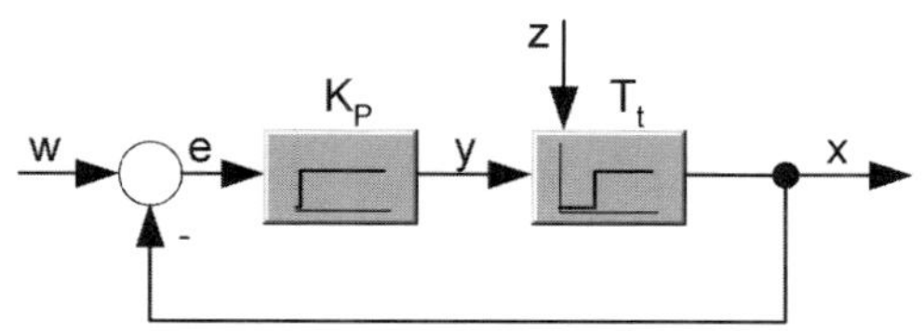

Abb. 6.6 Blockstruktur einer Regelstrecke mit Totzeit und P-Regler

eingestellt. Das Fluid benötigt dann eine gewisse Zeit, bis es in den Temperiermantel gelangt. Dort wirkt es mit einer zeitlichen Verzögerung. Diese Verzögerung wird als Totzeit bezeichnet. Zur Illustration des Verhaltens von Regelstrecken mit Totzeit (und anderen Verzögerungen) wurde mit dem Prozessleitsystem WinErs (Schoop 2006) ein Regelkreis mit einem P-Regler und einem Totzeit-Block als Strecke (Streckenverstärkung $K_S = 1$) nachgebildet. Bei bestimmten Verstärkungen wird der Regelkreis instabil, d. h. die Amplitude der Regelgröße x (Istwert) wird größer.

Der hier dargestellten Regelkreis mit der Streckenverstärkung $K_S = 1$ wird instabil, wenn die Reglerverstärkung K_P auf Werte größer als 1 eingestellt wird.

In einem konkreten Beispiel (siehe Abb. 6.7 a) sei die gewählte Reglerverstärkung K_P gleich 2, die Totzeit gleich 1s, w und x seien zunächst gleich 0.

Nun wird der Regelkreis mit einem Einheitssprung des Sollwertes beaufschlagt, es wird also w von 0 auf 1 gesetzt. Nach einer Totzeit von einer Sekunde verändert sich der Istwert x von 0 auf 2. Damit ergibt sich beim Sollwert-Istwert Vergleich für die Regeldifferenz e der Wert –1 ($e = w - x = 1 - 2$). Dieser Wert –1 wird nach einer weiteren Sekunde vom Totzeit-Block auf den Istwert durchgeschaltet. Die Regelgröße x verändert sich von 2 auf –2. Nun stellt sich die neue Regeldifferenz $e = w - x = 1 - (-2) = 3$ ein. Die Regeldifferenz $e = 3$ erreicht den P-Regler, der folglich den Stellwert $y = 6$ ermittelt. Die Regelstrecke reagiert mit einer Verzögerung von einer Sekunde. Danach stellt sich die Regelgröße x mit dem Wert 6 ein. Dieses Verhalten setzt sich fort, die Schwingungsamplitude der Regelgröße x wird größer, die Regelstrecke ist instabil.

Wird bei dem diskutierten Regelkreis am Regler eine Verstärkung K_P eingestellt, die kleiner als 1 ist, nimmt die Amplitude der Regelgröße x ab, der Regelkreis zeigt ein stabiles Verhalten. Allerdings schwingt sich die Regelgröße x auf einen Wert ein, der nicht gleich dem Sollwert (hier $w=1$) ist. Entsprechend der Überlegungen zum stationären Verhalten von Regelkreisen entsteht eine bleibende Regelabweichung (Abb. 6.7 b).

An den Beispielen zum Verhalten des einfachen P-Reglers werden die zentralen Grundproblemstellungen der Regelungstechnik deutlich. Einerseits sind die Reglerparameter (hier die Reglerverstärkung) so zu wählen, dass eine möglichst geringe bleibende Regelabweichung erzielt wird, andererseits müssen die Parameter so eingestellt werden, dass der Regelkreis stabil bleibt.

Abb. 6.8 zeigt einen Temperaturregelkreis an einem Bioreaktor mit einem P-Regler. Mit der Wahl der Werte für die Reglerverstärkung K_P wird das Verhalten des Regelkreises maßgeblich beeinflusst. Abb. 6.9 zeigt das Verhalten der Temperaturregelung mit P-Regler nach einer Sollwert-

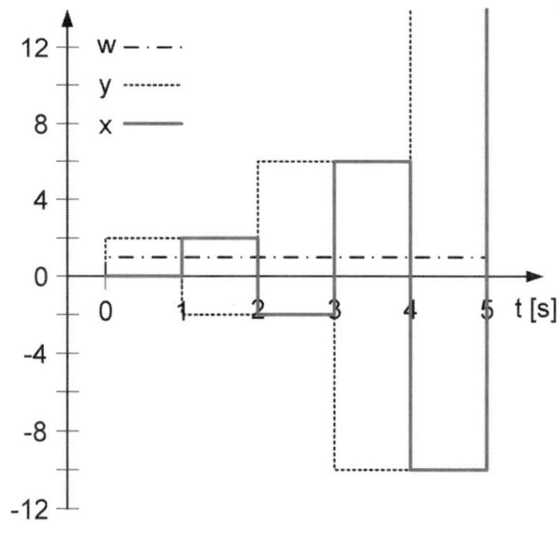

Abb. 6.7 a) Dynamik einer Regelstrecke mit Totzeit und P-Regler (Verstärkung $K_P = 2$)

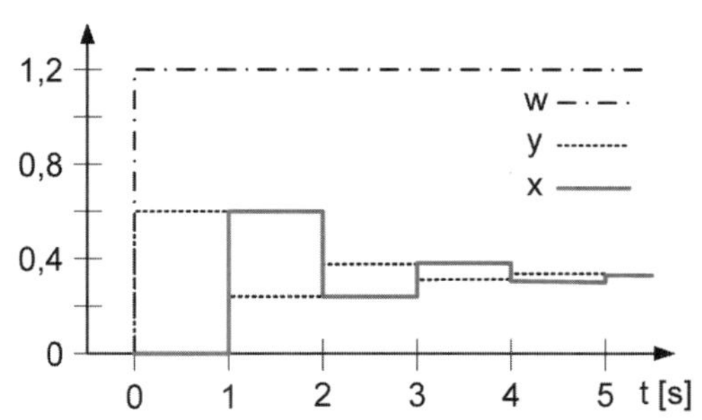

Abb. 6.7 b) Dynamik einer Regelstrecke mit Totzeit und P-Regler (Verstärkung $K_P = 0,5$)

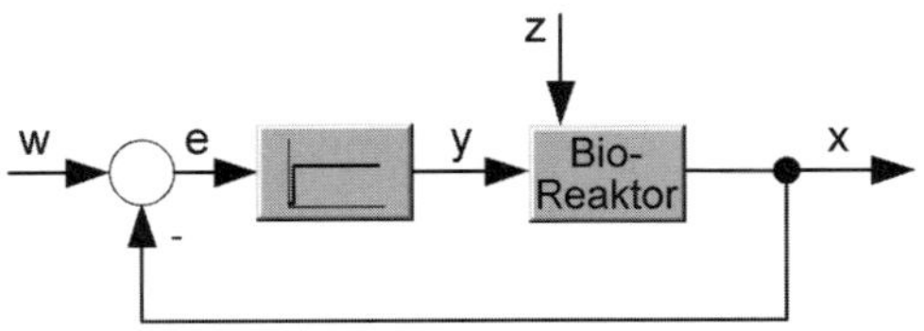

Abb. 6.8 Temperaturregelkreis mit P-Regler an einem Bioreaktor

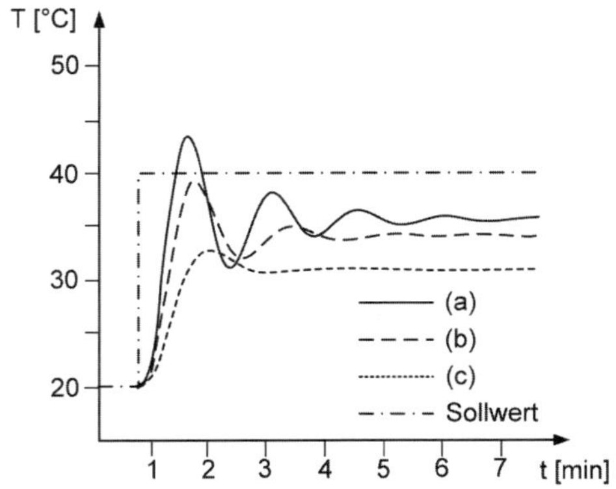

Abb. 6.9 Dynamik einer Temperaturregelstrecke mit P-Regler und verschiedenen Regler-Verstärkungen (K_P (a) > K_P (b) > K_P (c))

änderung für drei verschiedene Einstellungen der Reglerverstärkung.

Es ist erkennbar, dass eine höhere Verstärkung einerseits die bleibende Regelabweichung vermindert, die Strecke jedoch in zunehmendem Maße schwingt. Auch bei hohen Verstärkungen bleibt eine bleibende Regelabweichung erhalten. In der Praxis kompensieren Anlagenfahrer diese bleibende Regelabweichung bei Sollwertänderungen gelegentlich dadurch, dass sie z. B. aufgrund ihrer Erfahrungen einen erhöhten Sollwert einstellen.

6.2.1.2 PI-Regler

Mit P-Reglern lässt sich in vielen Fällen die bleibende Regelabweichung nicht auf Null reduzieren. Ein Grund dafür ist, dass der P-Regler eine Regelabweichung benötigt, um einen veränderten Stellwert zu erzeugen, der zum Beispiel eine auftretende dauerhafte Störung kompensiert. Ist die Regeldifferenz null, hat auch der P-Regler einen Ausgangswert von null, die Störung kann nicht mehr kompensiert werden.

Um dieses Problem zu beheben, lässt sich der P-Regler mit einem integrierenden I-Regler zu einem PI-Regler kombinieren. I-Regler integrieren die Regeldifferenz auf. Der Stellwert wird solange verändert, wie die Regeldifferenz einen von null verschiedenen Wert hat:

$$y = \frac{1}{T_N} \int e \, dt \, . \tag{6.9}$$

In dieser mathematischen Beschreibung eines I-Reglers stellt die Konstante T_N die Integrationszeitkonstante dar. Sie wird auch als Nachstellzeit bezeichnet. Die Nachstellzeit ist ein Reglerparameter, mit dem die Änderungsgeschwindigkeit des Reglerausgangs bestimmt wird.

Auf einen Eingangssprung in der Regeldifferenz reagiert der I-Regler mit einem konstant steigenden Ausgangswert y. Dies spiegelt sich auch im häufig verwendeten Blockstruktursymbol für den I-Regler wieder (Abb. 6.10).

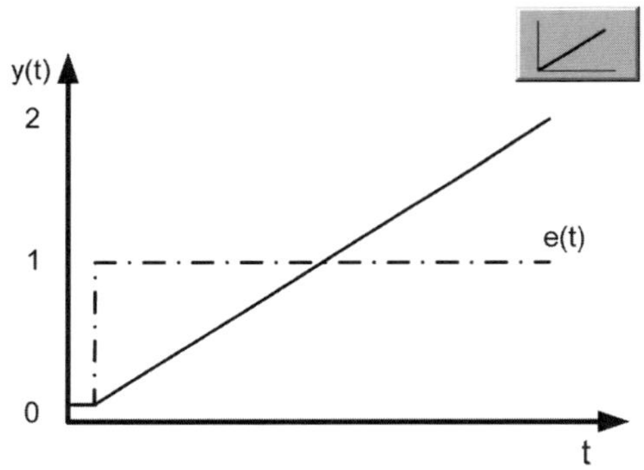

Abb. 6.10 Sprungantwort und Blockschaltbildsymbol eines I-Reglers

Reine I-Regler werden nur selten eingesetzt. Sie lassen sich jedoch mit P-Reglern zu PI-Reglern kombinieren:

$$y = K_P \left(e + \frac{1}{T_N} \int e \, dt \right) . \tag{6.10}$$

Die Sprungantwort eines PI-Reglers veranschaulicht das Reglerverhalten nach einem Eingangssprung. Sofort nach Änderung des Eingangswertes stellt sich ein Reglerausgang mit dem Wert $(K_P \cdot e)$ ein. Danach wird der Integrationsanteil stetig größer (Abb. 6.11).

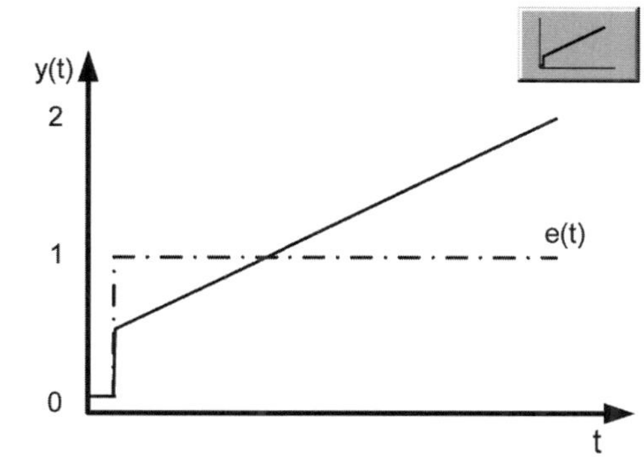

Abb. 6.11 Sprungantwort und Blockschaltbildsymbol eines PI-Reglers

Abb. 6.12 zeigt den Temperaturregelkreis an einem Bioreaktor mit einem PI-Regler. Mit der Wahl der Werte für die Reglerparameter K_P und T_N wird das Verhalten des Regelkreises maßgeblich beeinflusst.

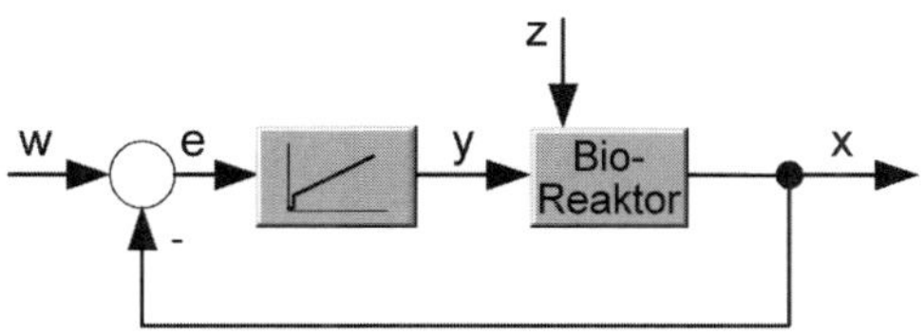

Abb. 6.12 Temperaturregelkreis mit PI-Regler an einem Bioreaktor

Abb. 6.13 zeigt das Verhalten der Temperaturregelung mit PI-Regler nach einer Sollwertänderung für drei verschiedene Einstellungen der Reglerparameter. Im Vergleich zum P-Regler (Abb. 6.9) ist erkennbar, dass der neue Sollwert erreicht wird. Es tritt keine bleibende Regelabweichung mehr auf.

Durch die Werte für die Reglerparameter wird das Schwingungsverhalten des Regelkreises beeinflusst. So führt z. B. eine größere Verstärkung zu einem stärkeren Schwingen (Abb. 6.13 (b)). Eine kleinere Nachstellzeit führt ebenfalls zu einem ausgeprägten Schwingungsverhalten. Dabei ist jedoch zu erkennen, dass die Regelung „schnell" ist. Die Temperatur im Medium durchschreitet die Solltemperatur früher. Durch Einstellung „kleiner" Werte für die Verstärkung und/oder „größerer" Werte für die Nachstellzeit lässt sich auch ein aperiodisches Verhalten erreichen (Abb. 6.13 (a)), d. h., dass die Temperatur im Medium

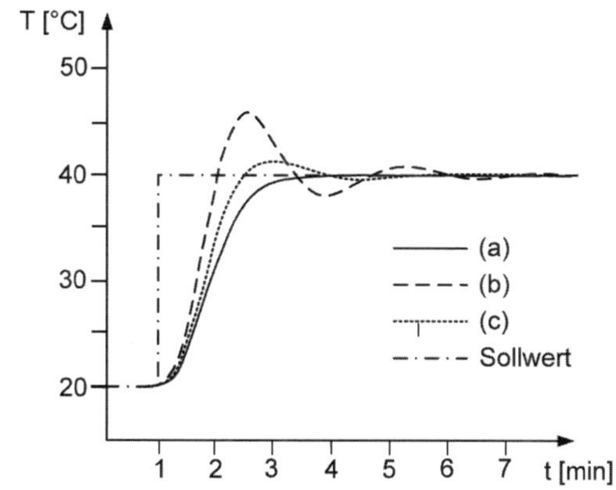

Abb. 6.13 Dynamik einer Temperaturregelstrecke mit PI-Regler, a) aperiodisches Verhalten, b) starkes Überschwingen, c) maßvolles Überschwingen

den Sollwert nicht überschreitet. Mit dieser Einstellung erhält man eine vergleichsweise „langsame" Regelung.

Eine verhältnismäßig schnelle Regelung mit mäßigem Überschwingen illustriert Kurve (c) in Abb. 6.13. Dieses Regelungsverhalten wird bei „mittleren" Einstellwerten für die Reglerparameter erzielt.

PI-Regler sind für viele Regelungsaufgaben an Bioreaktoren geeignet. Mit ihnen können neben der Mediumstemperatur z. B. auch die Gelöstsauerstoffkonzentration über die Rührerdrehzahl oder der Füllstand im Bioreaktor bei kontinuierlichem Betrieb geregelt werden. Der P-Anteil eines PI-Reglers fängt Regeldifferenzen schnell ab, regelt aber nicht voll aus, der I-Anteil stellt die Regelgröße exakt auf die Führungsgröße ein.

Als Faustregel gilt:

PI-Regler arbeiten schnell und präzise.

Die Einstellung der Reglerparameter ist verhältnismäßig einfach. PI-Regler eignen sich auch für die Regelung von Größen mit einem erkennbaren Messrauschen.

6.2.1.3 PID-Regler

Wenn höhere Anforderungen – insbesondere hinsichtlich der Schnelligkeit – an eine Regelung gestellt werden als sie mit PI-Reglern zu erfüllen sind, kann der PI-Regler zu einem PID-Regler erweitert werden. Der Buchstabe „D" in PID-Regler steht für einen differenzierenden Anteil. Die

Funktion des D-Anteils wird an Hand seiner mathematischen Beschreibung deutlich:

$$y = T_V \cdot \frac{de}{dt} \; . \qquad (6.11).$$

Der Wert der Stellgröße y ist also abhängig von der Änderung der Regeldifferenz. Der D-Anteil wird um so größer, desto schneller sich die Regeldifferenz ändert. Aufgrund des D-Anteils reagiert ein PID-Regler nicht nur auf die absolute Größe der Regeldifferenz, sondern auch schon auf die Änderung der Regeldifferenz. Damit hat dieser Reglertyp gewissermaßen „vorausschauende“ Eigenschaften, der zeitliche Trend der Regeldifferenz wird bei der Berechnung der Stellgröße berücksichtigt. Die Reglerkonstante T_V wird als „Vorhaltezeit“ bezeichnet.

Insgesamt ergibt sich aus der Kombination der Funktionen für den P-, den I- und den D-Anteil die Funktion (der Regelalgorithmus) des PID-Reglers:

$$y = K_P \left(e + \frac{1}{T_N} \int e \, dt + T_V \frac{de}{dt} \right) . \qquad (6.12)$$

Die Sprungantwort eines PID-Reglers veranschaulicht das Reglerverhalten bei einem Eingangssprung (Abb. 6.14).

Wegen des D-Anteils erhält man (theoretisch) zunächst ein unendlich großes Ausgangssignal (Dirac-Impuls). Sobald der Eingangswert den neuen konstanten Wert erreicht hat stellt sich ein Reglerausgang mit dem Wert $(K_P \, e)$ ein. Danach wird der Integrationsanteil stetig größer.

Reale PID-Regler erzeugen keinen unendlich großen Ausgangswert, sie arbeiten mit einer (kleinen) zeitlichen Verzögerung. Das typische Verhalten eines realen PID-Reglers zeigt Abb. 6.16.

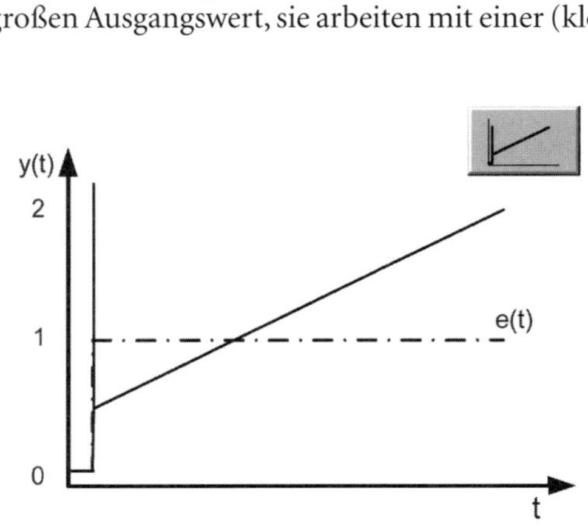

Abb. 6.14 Sprungantwort und Blockschaltbildsymbol eines (idealen) PID-Reglers

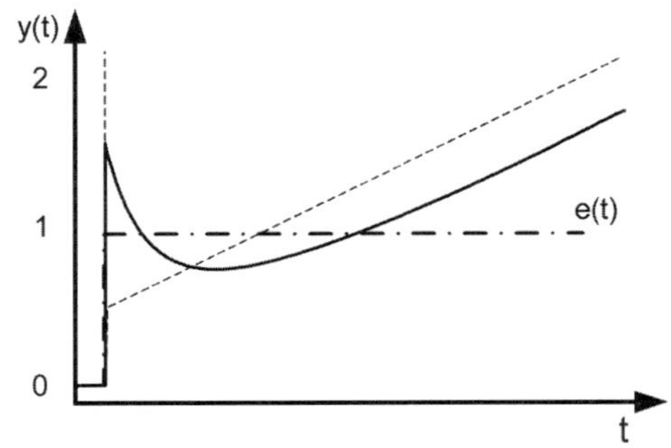

Abb. 6.15 Sprungantwort eines realen PID-Reglers im Vergleich zur Sprungantwort eines idealen (gestrichelt) PID-Reglers

Die zugehörige Reglerfunktion lautet:

$$T_1 \dot{y} + y = K_P \left(e + \frac{1}{T_N} \int e \, dt + T_V \frac{de}{dt} \right) . \qquad (6.13)$$

Abb. 6.16 zeigt den Temperaturregelkreis an einem Bioreaktor mit einem PID-Regler. Mit den Werten für die Reglerparameter K_P, T_N und T_V kann das Verhalten des Regelkreises beeinflusst werden. Abb. 6.17 zeigt das Verhalten einer Temperaturregelung mit PID-Regler im Vergleich zum PI-Regler.

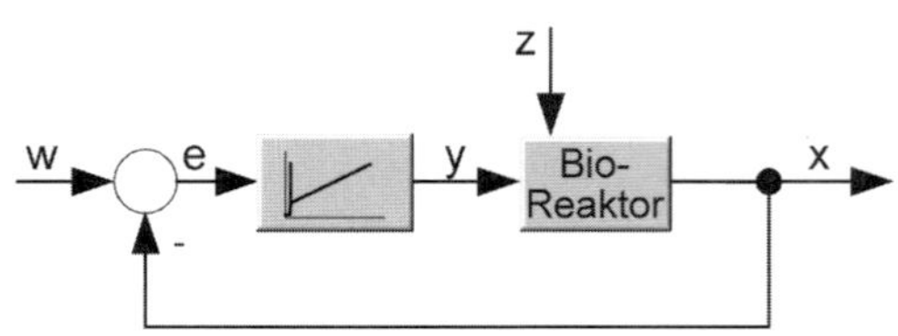

Abb. 6.16 Temperaturregelkreis mit PID-Regler an einem Bioreaktor

Mit dem PID-Regler lässt sich ein besseres Regelungsverhalten erzielen als mit den PI-Reglern. Durch den D-Anteil mit der Nachstellzeit T_N = 10s wird die Reglerverstärkung des PID-Reglers gleichsam erhöht, ohne zu einem starken Überschwingen zu kommen, wie dies beim PI-Regler der Fall ist. Der veränderte Sollwert wird mit dem PID-Regler schneller erreicht als mit einem PI-Regler mit vergleichbarer Überschreitung des Sollwertes.

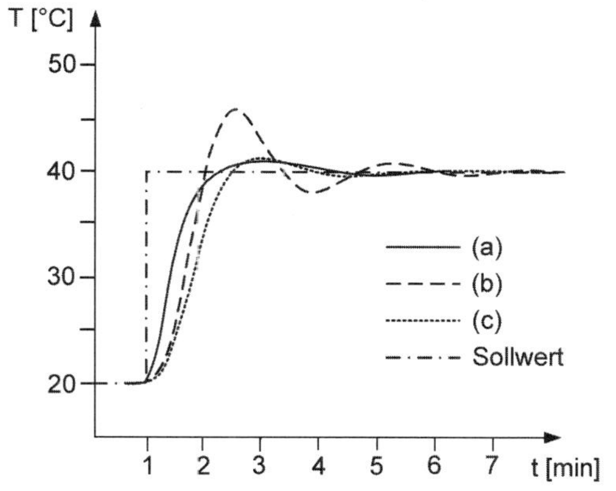

Abb. 6.17 Temperaturregelung mit PID-Regler im Vergleich zum PI-Regler, a) PID-Regler (K_P = 1,5 T_i = 18s T_D = 10s), b) PI-Regler (K_P = 1,5 T_i = 18s), c) PI-Regler (K_P = 0,7 T_i = 18s)

Eine anschauliche Erläuterung für das Verhalten von PID-Reglern liefert eine Betrachtung der Veränderung der Regeldifferenz (Abb. 6.18). Unmittelbar nach dem Eingangssprung ist die Änderungsgeschwindigkeit der Regeldifferenz unendlich groß. Danach wird die Regeldifferenz stetig kleiner. Der D-Anteil im PID-Regler erhält ein negatives Vorzeichen und wirkt dem P-Anteil entgegen. Mit kleiner werdender Regeldifferenz wird im Verlauf der Regelung auch die Veränderung der Regeldifferenz kleiner. Die Wirkung des P-Anteils nimmt ab. Damit wird gleichsam die wirksame Verstärkung im Regelkreis im Verlauf der Regelung erhöht. Auf diese Weise kann das starke Überschwingen durch eine große konstante Verstärkung (siehe PI-Regler) vermieden werden.

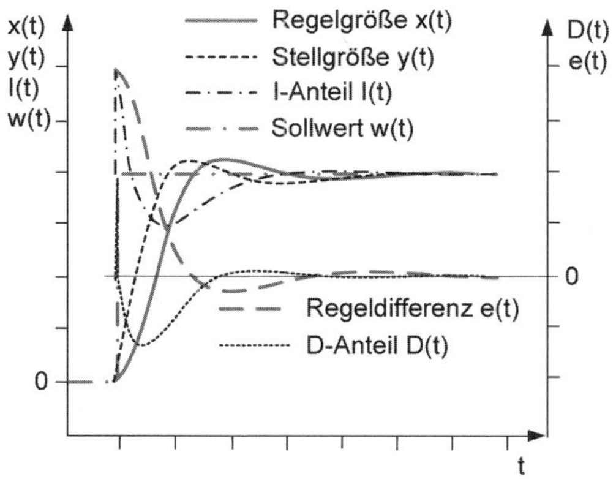

Abb. 6.18 Zur Erläuterung des PID-Verhaltens

Mit PID-Reglern lassen sich in vielen Fällen ausgezeichnete Regelungsergebnisse erzielen. Die wesentlichen Nachteile der PID-Regler bestehen zum einen darin, dass die Einstellung der Reglerparameter schwieriger ist als bei PI-Reglern. Zum anderen sind PID-Regler für Strecken mit starkem Messrauschen nicht geeignet. Aufgrund des Messrauschens kommt es bei diesen Strecken zu sehr schnellen Änderungen der Regeldifferenz. Dies führt wegen des D-Anteils zu schnellen und starken Änderungen des vom Regler ermittelten Stellsignals und damit zu einem sehr unruhigen Regelungsverhalten. Die dem Regler nachgeordneten Stellglieder (Pumpen, Ventile) sind schnellen Stellgrößenänderungen unterworfen und werden mechanisch stark belastet.

Es gibt verschiedene Möglichkeiten zur Realisierung von PID-Reglerstrukturen. Dabei stehen im Wesentlichen zwei Strukturen miteinander in Konkurrenz. Bei der ersten Struktur, die auch in der bisherigen Diskussion verwendet wurde, wirkt die Reglerverstärkung gleichermaßen auf alle Anteile im PID-Regler. Diese Reglerstruktur wird durch die Funktion

$$y = K_P\left(e + \frac{1}{T_N}\int e\,dt + T_V\frac{de}{dt}\right) \tag{6.14}$$

beschrieben.

Gelegentlich werden die drei Regleranteile unabhängig voneinander superponiert. Dies führt zur Reglerfunktion:

$$y = K_P e + \frac{1}{T_N}\int e\,dt + T_V\frac{de}{dt}\ . \qquad (6.15).$$

In ihrer Wirkung sind beide Reglerstrukturen äquivalent. Allerdings wirken sich Veränderungen der einzelnen Reglerparameter unterschiedlich auf das Reglerverhalten aus. Bei der Einstellung von Reglerparametern ist darauf zu achten, welche der beiden Strukturen im vorliegenden Regler tatsächlich verwendet wird.

6.2.2 Regeln zum Einstellen von Reglerparametern

6.2.2.1 Dynamisches Verhalten von Regelstrecken

Um die Parameter eines Reglers einstellen zu können, muss das dynamische Verhalten der Regelstrecke bekannt sein. In vielen Fällen kann das dynamische Verhalten der Regelstrecke auf experimentellem Weg charakterisiert werden. Ist eine experimentelle Analyse des Regelstreckenverhaltens nicht möglich oder ausreichend, kann die Regelstrecke mathematisch modelliert werden. Auf der Basis mathematischer Modelle lässt sich ein sehr weit reichender Regelungsentwurf durchführen. Hier wollen wir uns jedoch auf die experimentelle Beschreibung des Verhaltens von Regelstrecken beschränken.

Es ist sinnvoll, die an Bioreaktoren auftretenden Regelstrecken in die Typen „Regelstrecken mit Ausgleich" und „Regelstrecken ohne Ausgleich" zu unterteilen.

Regelstrecken mit Ausgleich

Regelstrecken mit Ausgleich sind dadurch gekennzeichnet, dass sich ohne Regelung ein endlicher Beharrungswert einstellt, wenn die Regelstrecke mit einem endlichen Eingangswert beaufschlagt wird. Für die Definition einer Regelstrecke mit Ausgleich ist es unerheblich, auf welchem Weg der neue Beharrungswert erreicht wird. Das Ausgangssignal der Strecke kann auch mit abnehmender Amplitude um den neuen Beharrungswert schwingen (Abb. 6.19).

Ein Beispiel für eine Regelstrecke mit Ausgleich ist die in diesem Kapitel diskutierte Temperaturstrecke. Wird das Eingangssignal Heizleistung auf einen bestimmten Wert eingestellt, stellt sich die Temperatur im Kulturmedium nach einer gewissen Zeit auf einen neuen festen Wert ein.

Die Sprungantwort einer Regelstrecke kann experimentell ermittelt werden. Aus der experimentell gefundenen Sprungantwort werden Kennwerte ermittelt, die zur Berechnung geeigneter Reglerparameter herangezogen werden. Die wesentlichen Kennwerte sind die Streckenverstärkung K_S, die Verzugszeit T_u sowie die Ausgleichszeit T_g. Zur Ermittlung der Kennwerte T_u und T_g legt man eine Tangente in den Wendepunkt der Sprungantwort. Die Wendetangente schneidet die waagerechte Linie des Ursprungswertes und die waagerechte Linie des neuen Beharrungswertes. Die Zeit zwischen den beiden Schnittpunkten ist die Ausgleichszeit T_g. Die Zeit zwischen dem Zeitpunkt der Eingangswertänderung (Sprung) und dem Schnittpunkt der Wendetangente mit dem Ursprungs Wert ist die Verzugszeit T_u (Abb. 6.20).

Die Streckenverstärkung K_S lässt sich ebenfalls aus der Sprungantwort ermitteln. Sie ergibt sich aus dem Quotienten der Änderung der Eingangs-

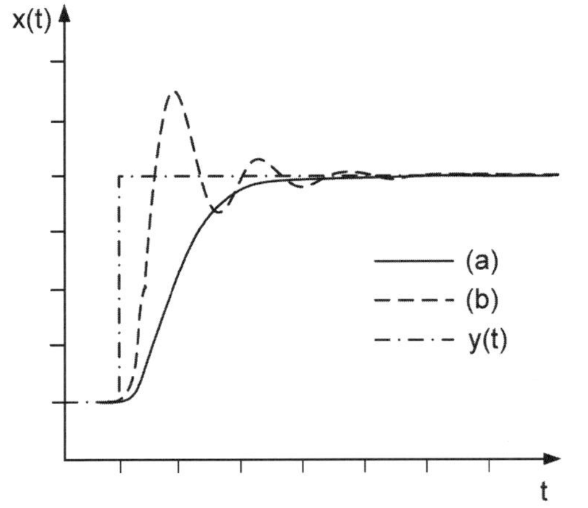

Abb. 6.19 Sprungantwortverhalten von Regelstrecken mit Ausgleich, a) nicht schwingend, b) schwingend

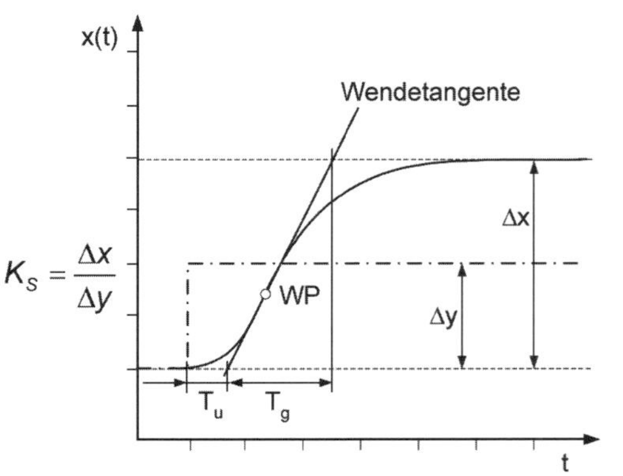

Abb. 6.20 Ermittlung von Kennwerten einer Strecke mit Ausgleich nach dem Wendetangentenverfahren auf der Basis eines Stellsprungs

Tabelle 6.2 Einschätzung der Regelbarkeit von Regelstrecken mit Ausgleich anhand der Ausgleichs- und der Verzugszeit

	Regelbarkeit
$(T_g/T_u)>10$	gut
$3<(T_g/T_u)<10$	mäßig
$(T_g/T_u)<3$	schlecht

größe Δy (Größe des Stellsprungs) sowie der daraus resultierenden Änderung der Ausgangsgröße des Systems Δx:

$$K_S = \frac{\Delta x}{\Delta y}. \qquad (6.16)$$

Anhand des Verhältnisses (T_g/T_u) lässt sich einschätzen, wie gut eine Strecke mit Ausgleich regelbar ist (Tab. 6.2), sein Kehrwert wird als Schwierigkeitsgrad S bezeichnet.

Regelstrecken ohne Ausgleich

Regelstrecken ohne Ausgleich sind dadurch gekennzeichnet, dass sich ohne Regelung kein endlicher Beharrungswert einstellt, obwohl die Regelstrecke mit einem endlichen Eingangswert beaufschlagt wird. Auch Regelstrecken ohne Ausgleich können ein Schwingungsverhalten aufweisen (Abb. 6.21).

Ein Beispiel für eine Regelstrecke ohne Ausgleich an einem Bioreaktor ist das Füllniveau, das z. B. bei kontinuierlichen Kultivierungen mit einer Regelung konstant gehalten werden soll. Wird das Eingangssignal Zulaufstrom auf einen bestimmten Wert erhöht und der ablaufende Volumenstrom bleibt konstant, steigt das Ausgangssignal (Niveau im Bioreaktor) stetig an (es erreicht keinen neuen Beharrungswert) obwohl das Eingangssignal einen endlichen Wert besitzt.

Auch die Sprungantwort einer Regelstrecke ohne Ausgleich kann experimentell ermittelt werden. Die wesentlichen Kennwerte sind die Integrationskonstante T_I und die Verzugszeit T_u. Zur Ermittlung der Kennwerte T_I und T_u legt man eine Tangente an die Sprungantwort, wenn die Sprungantwort näherungsweise eine konstante Steigung erreicht hat. Die Tangente schneidet die waagerechte Linie des Ursprungswertes. Die Zeit zwischen dem Zeitpunkt der Eingangswertänderung (Sprung) und dem Schnittpunkt der Tangente mit dem Ursprungswert ist die Verzugszeit T_u (Abb. 6.22).

Die Integrationskonstante T_I erhält man aus der Steigung der Tangente an die Sprungantwort:

$$T_I = \frac{\Delta y \cdot T_u}{\Delta x}. \qquad (6.17)$$

Strecken ohne Ausgleich sind eher schlecht regelbar. Die präzise Regelung des Füllstandes in einem Bioreaktor oder einem Vorratsgefäß ist eher schwierig.

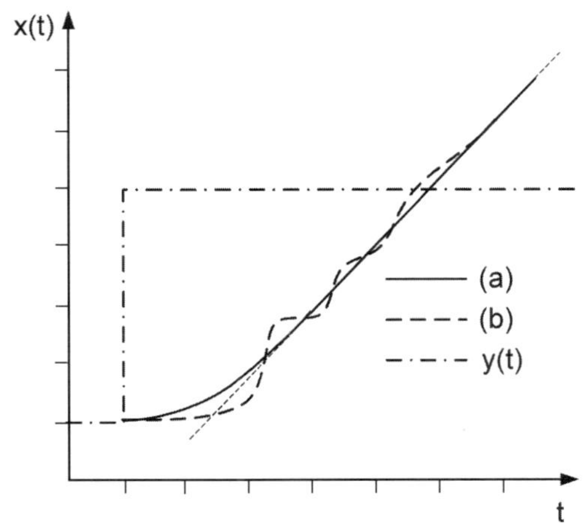

Abb. 6.21 Sprungantwortverhalten von Regelstrecken ohne Ausgleich, a) nicht schwingungsfähig, b) schwingungsfähig

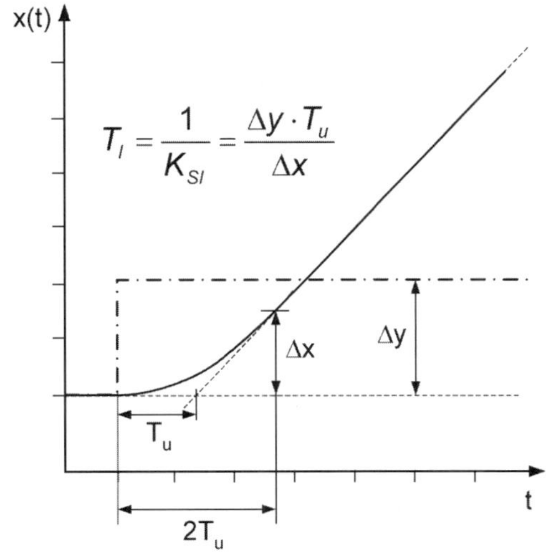

Abb. 6.22 Ermittlung von Kennwerten einer Strecke ohne Ausgleich nach dem Tangentenverfahren auf der Basis eines Stellsprungs

6.2.2.2 Einstellung von Reglerparametern nach praktischen Einstellregeln

In der Verfahrenstechnik haben sich zwei praktische Verfahren zur Bestimmung von Reglerparametern bewährt, das Verfahren nach Chien, Rhones und Reswick (CHR-Verfahren) und das T-Summen-Verfahren (T_Σ-Verfahren) nach Kuhn (1995). Diese Verfahren lassen sich gut in die Bioprozesstechnik übertragen.

Beiden Verfahren liegt die Auswertung des Sprungantwortverhaltens der ungeregelten Strecke zu Grunde (siehe Kap. 6.2.2.1).

Chien, Hrones und Reswick haben detaillierte und für verschiedene Anforderungen an das Regelverhalten ausgelegte Einstellregeln empfohlen. Sie unterscheiden zwischen einer möglichst guten Regelung nach Sollwertänderungen (Führungsverhalten) und einer möglichst guten Ausregelung von Störungen (Störungsverhalten). Außerdem werden die Einstellregeln nach einem Regelverlauf mit 20 % Überschwingung und einem aperiodischen Regelverlauf (ohne Überschwingung über den Sollwert) unterschieden (siehe Abb. 6.13). Als Faustregel mag die Aussage dienen, dass eine Einstellung der Reglerparameter mit dem Ziel eines aperiodischen Regelverlaufs zu einer vergleichsweise langsamen Ausregelung von Störungen bzw. dem langsamen Einstellen eines neuen Sollwertes führt. Allerdings ist die Gefahr des Auftretens von Schwingungen geringer. Tab. 6.3 fasst die Einstellregeln nach Chien, Rhones und Reswick für P-, PI- und PID-Regler zusammen. Das CHR-Verfahren kann sowohl für Strecken mit Ausgleich als auch für Strecken ohne Ausgleich verwendet werden.

Auch die T_Σ-Regel (T-Summen-Regel) hat sich für die Reglerdimensionierung an Strecken mit Ausgleich bewährt. Zur Herleitung dieser Einstellregel wird die reale Sprungantwort einer Regelstrecke durch eine Regelstrecke mit Totzeit T_t und Ausgleichszeit T_1 approximiert. Die Summe dieser Zeitkonstanten T_Σ bildet die Basis für die weiter unten tabellierten Einstellregeln.

Die Summe der Zeitkonstanten lässt sich auf zwei einfachen Wegen aus der Sprungantwort ermitteln. Bei der grafischen Methode ergibt sie sich mithilfe einer senkrechten Linie, die die zwei gleich großen Flächen A_1 und A_2 bildet (Abb. 6.23).

Rechnerisch lässt sich die Summe der Zeitkonstanten aus den Koordinaten der Punkte A und B auf der Sprungantwort abschätzen (Abb. 6.24).

Zunächst erfolgt die Berechnung der „Ausgleichszeit“ T_1:

$$T_1 = \frac{\Delta t_B - \Delta t_A}{\ln\left(\dfrac{\Delta x - \Delta x_A}{\Delta x - \Delta x_B}\right)} \quad . \tag{6.18}$$

Tabelle 6.3 Einstellwerte für stetige Regler nach Chien-Hrones-Reswick

Regler	Regelvorgang mit 20 % Überschwingen und kleinster Schwingungsdauer		Aperiodisch gedämpfter Regelvorgang mit kleinster Einstellzeit	
	Störung	Führung	Störung	Führung
P	$K_P \approx 0{,}7 \cdot \alpha$	$K_P \approx 0{,}7 \cdot \alpha$	$K_P \approx 0{,}3 \cdot \alpha$	$K_P \approx 0{,}3 \cdot \alpha$
PI	$K_P \approx 0{,}7 \cdot \alpha$	$K_P \approx 0{,}6 \cdot \alpha$	$K_P \approx 0{,}6 \cdot \alpha$	$K_P \approx 0{,}35 \cdot \alpha$
	$T_N \approx 2{,}3 \cdot T_u$	$T_N \approx T_g$	$T_N \approx 4 \cdot T_u$	$T_N \approx 1{,}2 \cdot T_g$
PID	$K_P \approx 1{,}2 \cdot \alpha$	$K_P \approx 0{,}95 \cdot \alpha$	$K_P \approx 0{,}95 \cdot \alpha$	$K_P \approx 0{,}6 \cdot \alpha$
	$T_N \approx 2 \cdot T_u$	$T_N \approx 1{,}35 \cdot T_g$	$T_N \approx 2{,}4 \cdot T_u$	$T_N \approx T_g$
	$T_V \approx 0{,}42 \cdot T_u$	$T_V \approx 0{,}47 \cdot T_u$	$T_V \approx 0{,}42 \cdot T_u$	$T_V \approx 0{,}5 \cdot T_u$
Für Strecken mit Ausgleich:	$\alpha = \dfrac{T_g}{K_S \cdot T_u}$			
Für Strecken ohne Ausgleich:	$\alpha = \dfrac{T_I}{T_u} = \dfrac{1}{K_{SI} \cdot T_u}$ und $T_g = T_I$			

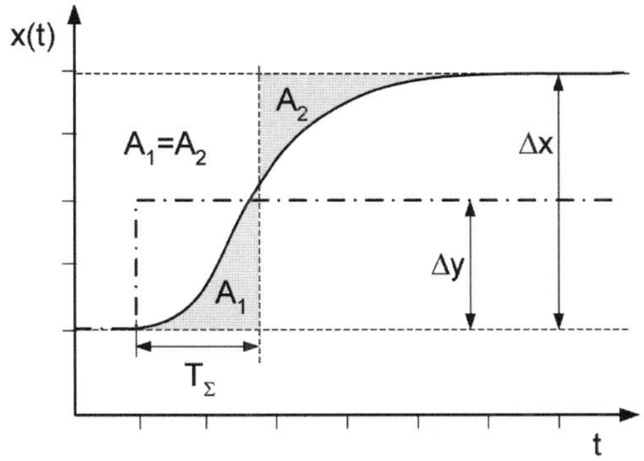

Abb. 6.23 Grafische Abschätzung der Summenzeitkonstante T_Σ für die Anwendung der T-Summen Regel

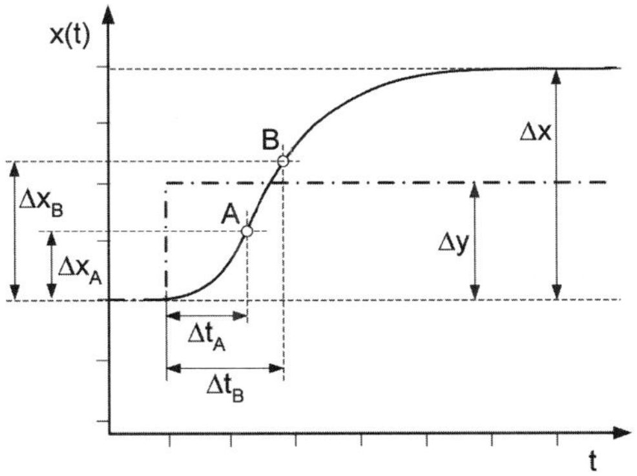

Abb. 6.24 Rechnerische Abschätzung der Summenzeitkonstante T_Σ für die Anwendung der T-Summen Regel

Die Totzeit (der verwendeten Annäherung an die reale Sprungantwort) erhält man aus:

$$T_t = T_1 \ln\left(1 - \frac{\Delta x_i}{\Delta x}\right) + \Delta t_i \quad \text{mit } i = 1 \text{ oder } 2 \qquad (6.19)$$

Die Summe der Zeitkonstanten ergibt sich nun aus:

$$T_\Sigma = T_1 + T_t \ . \qquad (6.20)$$

Tab. 6.4 fasst die Einstellregeln auf der Basis der Summe der Zeitkonstanten für P-, PI-, und PID-Regler zusammen.

Es darf nicht erwartet werden, dass die mit den Einstellregeln ermittelten Reglerparameter schon die bestmöglichen Parameterwerte haben. In zahlreichen Fällen ergibt der erste Test der Regelung, dass noch eine Nachbesserung wünschenswert ist.

Zur Nachoptimierung der Parameter an PID-Reglern haben sich in der Praxis folgende einfache Regeln bewährt:

1. Wird der Sollwert zu langsam erreicht, wird die Reglerverstärkung erhöht und/oder die Nachstellzeit vermindert.
2. Wird der Sollwert langsam erreicht und es tritt ein wellenförmiger Istwert auf, wird die Reglerverstärkung erhöht und die Vorhaltezeit vermindert.
3. Tritt ein zu starkes Überschwenken auf, wird die Reglerverstärkung vermindert und/oder die Nachstellzeit erhöht.

6.2.3 Unstetige Regler

Auch in Anlagen der Bioprozesstechnik werden gelegentlich unstetige Regler eingesetzt.

Der Zweipunktregler ist der einfachste Regler dieses Typs. Er gibt als Reaktion auf ein Eingangssignal nur zwei Signalzustände aus, z. B. an/aus, 0/1, zu/auf.

Tabelle 6.4 Einstellwerte für stetige Regler nach der T-Summen Regel (Kuhn 1995)

Reglertyp		Reglerparameter		
		K_P	T_N	T_V
normale Einstellung	P	$1/K_S$	–	–
	PI	$0{,}5/K_S$	$0{,}5\ T_\Sigma$	–
	PID	$1/K_S$	$0{,}66\ T_\Sigma$	$0{,}167\ T_\Sigma$
schnelle Einstellung	PI	$1/K_S$	$0{,}7\ T_\Sigma$	–
	PID	$2/K_S$	$0{,}8\ T_\Sigma$	$0{,}194\ T_\Sigma$

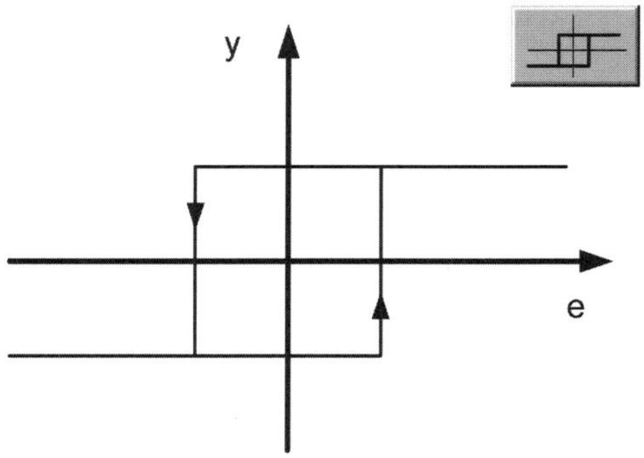

Abb. 6.25 Kennlinie und Blockschaltbildsymbol eines Zweipunkt-Reglers mit Hysterese

Überschreitet der Istwert den Sollwert, so gibt er eine 0 aus. Liegt der Istwert unter dem Sollwert, gibt der Zweipunktregler eine 1 aus.

Zweipunktregler werden in Blockschaltbildern oder Signalflussplänen durch ihre Kennlinien dargestellt.

Die Genauigkeitsforderung einer Regelung verlangt eine möglichst kleine Regeldifferenz. Ein hoch empfindlicher Zweipunktregler schaltet immer dann, wenn der Istwert der Regelgröße vom Sollwert abweicht. Da alle technischen Signale, somit auch die Regelgröße, minimale Signalschwankungen aufweisen, würde ein empfindlicher Zweipunktregler mit hoher Frequenz hin und her schalten. Die Lebensdauer des Reglers würde sich dadurch drastisch verkürzen.

Man verwendet deshalb schaltende Regler mit Hysterese. Sie vermeiden das ständige Umschalten des Signals, wenn sich das Eingangssignal in der Umgebung eines Schaltpunktes aufhält.

Ein Zweipunktregler mit Hysterese schaltet nicht unmittelbar, wenn der Sollwert über- bzw. unterschritten wird, sondern er schaltet nur dann, wenn eine Bandbreite um den Sollwert, die bestimmt wird durch die Hysterese, unter- bzw. überschritten wird. Die Schalthäufigkeit des Reglers wird reduziert.

Abb. 6.26 illustriert die Wirkungsweise eines Zweipunktreglers mit Hysterese an einer Temperaturregelungsstrecke an einem Bioreaktor.

Mit der an Zweipunktreglern einstellbaren Hysterese werden die Schwankungsbreite und die Schalthäufigkeit festgelegt. Eine große Hysterese bewirkt eine hohe Schwankungsbreite bei kleiner

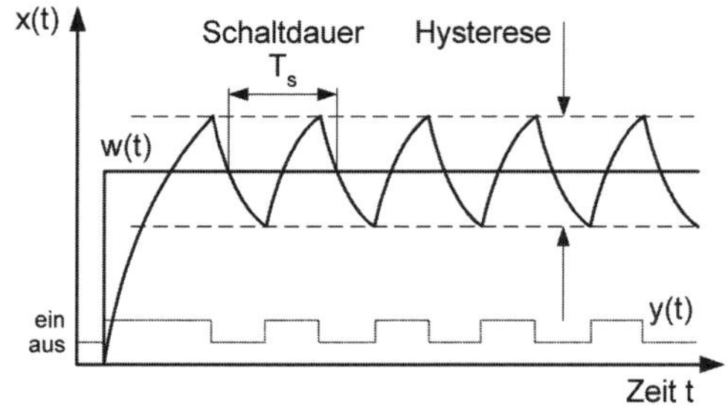

Abb. 6.26 Verhalten eines Zweipunktreglers an einer Temperaturregelungsstrecke

Schalthäufigkeit, während eine kleine Hysterese zu einer hohen Schalthäufigkeit bei einer geringeren Schwankungsbreite führt. Bei der Einstellung von Zweipunktreglern muss ein geeigneter Kompromiss gefunden werden.

Zweipunktregler können in der Bioprozesstechnik für eine ganze Reihe von Anwendungen eingesetzt werden, wenn die Anforderungen an die Regelgüte nicht zu hoch werden: pH-Wert-Regelung, Temperaturregelung, Füllstandsregelung.

Zweipunktregler lassen sich auch zu Dreipunktreglern oder Mehrpunktreglern ausbauen.

Ergänzt man einen unstetigen Regler durch eine Rückführung, kann das Reglerverhalten erheblich verbessert werden. Solche Regler bezeichnet man als stetigähnliche Regler. Sie verhalten sich ähnlich zu den stetig wirkenden Reglern, die im vorherigen Abschnitt besprochen wurden.

Eine gute Darstellung des Verhaltens von Zwei- und Dreipunktreglern bzw. unstetigen Reglern findet man z. B. in Tröster (2001).

6.3 Simulationsübungen

Experiment REG_1: Entwurf einer Temperaturregelung

Aufgabe 1a:

Führen Sie eine Sterilisation der Glucoselösung in einem Bioreaktor durch. Fahren Sie hierfür per Handregelung ein Temperaturprofil so, dass für eine Prozesszeit von mindestens 20 und höchstens 30 Minuten eine Mediums-Temperatur von

121 °C erreicht wird. Kühlen Sie die Glucoselösung nach der Sterilisation auf die Kultivierungstemperatur von 35 °C ab.

Ziel: Kennen lernen der Prozessdynamik und der Wirkung der Stellgröße auf die Regelgröße Mediums-Temperatur.

Einstellungen am BioProzessTrainer:

- Wählen Sie das Experiment „REG_1" aus dem Hauptmenü.

Vorgehensweise:

- Wählen Sie das Experiment „REG_1a". Hierdurch wird der **BioProzessTrainer** initialisiert. Nach der Initialisierung befinden sich 10 L einer auf 20 °C temperierten und gerührten Mediumslösung im Reaktor.
- Erhöhen Sie die Eintrittstemperatur des Temperiermediums in den Temperiermantel so, dass möglichst schnell eine Mediums-Temperatur von 121 °C erreicht wird.
- Beobachten Sie den Verlauf der Mediums-Temperatur.
- Nach dem Erreichen der Temperatur halten Sie sie durch Veränderung der Temperatur des Temperiermediums für mindestens 20 Minuten konstant.
- Nach 20 Minuten kühlen Sie die Mediumstemperatur durch Veränderung der Temperatur des Temperiermediums möglichst schnell so ab, dass sich eine neue konstante Temperatur von 35 °C ergibt.

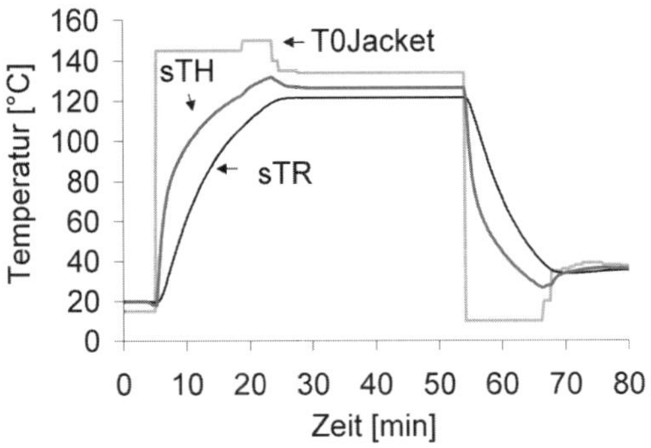

Abb. 6.27 Temperaturverläufe im Sterilisationszyklus (sTR: Mediums-Temperatur; sT: Temperatur des Heizmediums am Heizmantelaustritt; T0Jacket: Temperatur des Heizmediums am Heizmanteleintritt.)

- Drucken Sie die gewonnene Temperaturkurve aus oder exportieren Sie die Daten in ein Tabellenkalkulationsprogramm.
- Zur Wiederholung des Teil-Experiments drücken Sie den Wiederholungs-Button entsprechend den Hinweisen auf der DVD.
- Zum Beenden des Experiments REG_1 drücken Sie den Ende-Button entsprechend den Hinweisen auf der DVD.

Auswertung:

- Stellen Sie den gewonnenen Temperaturverlauf grafisch dar. Bewerten Sie die Qualität der Handregelung.

Beispiellösung zu REG_1a:

Handregelung (Abb. 6.27)

Durch Anpassung der Eintrittstemperatur kann die Temperatur des Mediums konstant auf ca. 121,6 °C gehalten werden. Nach Erreichen der für die Sterilisation notwendigen Zeit von ca. 30 Minuten, wird das Medium durch erneutes Anpassen der Eintrittstemperatur auf ca. 35 °C abgekühlt. Durch fortlaufende (kleinere) Anpassungen der Eintrittstemperatur kann dieser Wert schließlich ebenfalls konstant gehalten werden.

Aufgabe 1b:

Stellen Sie die Reglerparameter eines PID-Reglers in einem Temperaturregelkreis an einem Bioreaktor ein. Die Reglerparameter sind so einzustellen, dass bei einem Sprung des Sollwertes der Temperatur im Bioreaktor um 5 °C der neue Sollwert um maximal 1 °C über- oder unterschritten wird.

Ziel: Systematisches Einstellen von Reglerparametern unter Nutzung der Einstellregeln.

Einstellungen am BioProzessTrainer:

- Wählen Sie das Experiment „REG_1" aus dem Hauptmenü.

Vorgehensweise:

- Wählen Sie das Experiment „REG_1b". Hierdurch wird der **BioProzessTrainer** initialisiert. Nach der Initialisierung befinden sich 10 L einer auf 20 °C temperierten und gerührten Mediumslösung im Reaktor. Der vorhandene

Temperaturregler befindet sich im Handbetrieb.

Ermittlung der Sprungantwort

- Legen Sie einen Arbeitspunkt für die Temperaturregelung fest, z. B. 35 °C.
- Erhöhen Sie die Eintrittstemperatur des Temperiermediums in den Temperiermantel so, dass eine gleich bleibende, stationäre Mediums-Temperatur von etwa 2 bis 3 °C unter dem Arbeitspunkt erreicht wird (hier: 32 °C).
- Führen Sie einen Stellsprung so aus, dass der Arbeitspunkt zwischen dem bisherigen Wert der Mediums-Temperatur und dem neuen Beharrungswert liegt. Hierzu erhöhen Sie die Zulauf-Temperatur zum Temperiermantel um etwa 5 °C.
- Beobachten Sie den Verlauf der Mediums-Temperatur, bis sich ein nahezu konstanter Wert eingestellt hat.
- Drucken Sie die gewonnene Temperaturkurve aus oder exportieren Sie die Daten in ein Tabellenkalkulationsprogramm.
- Führen Sie die Auswertung der Sprungantwort gemäß dem Abschnitt Auswertung durch. Unterbrechen Sie für die Zeit der Auswertung die Simulation durch Drücken des Unterbrechungs-Buttons.

Untersuchung und Optimierung der Regelungseigenschaften

- Führen Sie die Simulation durch Drücken des Fortsetzungs-Buttons fort.
- Geben Sie die von Ihnen ermittelten Reglerparameter in die dafür vorgesehenen Eingabefelder ein.
- Geben Sie als Sollwert den aktuellen Wert der Mediums-Temperatur ein.
- Aktivieren Sie den Regler, indem Sie von „Hand“ auf „Auto“ schalten und warten Sie einen (nahezu) stationären Zustand ab.
- Ändern Sie den Sollwert der Mediumstemperatur um 5 °C und beobachten Sie das Verhalten des geschlossenen Regelkreises.
- Zur Verbesserung der Regeleigenschaften geben Sie ggf. neue Reglerparameter in die dafür vorgesehenen Eingabefelder ein und setzen das Experiment wie vorstehend beschrieben fort.
- Drucken Sie die gewonnene Temperaturkurve aus oder exportieren Sie die Daten in ein Tabellenkalkulationsprogramm.
- Zur Wiederholung des Teil-Experiments drücken Sie den Wiederholungs-Button entsprechend den Hinweisen auf der DVD.
- Zum Beenden des Experiments REG_1 drücken Sie den Ende-Button entsprechend den Hinweisen auf der DVD.

Auswertung:

- Stellen Sie den gewonnenen Temperaturverlauf grafisch dar. Diskutieren Sie die Qualität der Regelung.

Beispiellösung zu REG_1b:

Der hier betrachtete Temperaturregelkreis besitzt die Struktur nach Abb. 6.16 mit den folgenden Größen:

x: Regelgröße Mediums-Temperatur
w: Sollwert der Mediums-Temperatur
e: Regeldifferenz
y: Stellgröße Temperatur im Zulauf des Temperiermantels
z: Störgröße, z. B. Umgebungstemperatur

Die Durchführung des Stellsprungversuchs ergibt den in Abb. 6.28 dargestellten Temperaturverlauf.

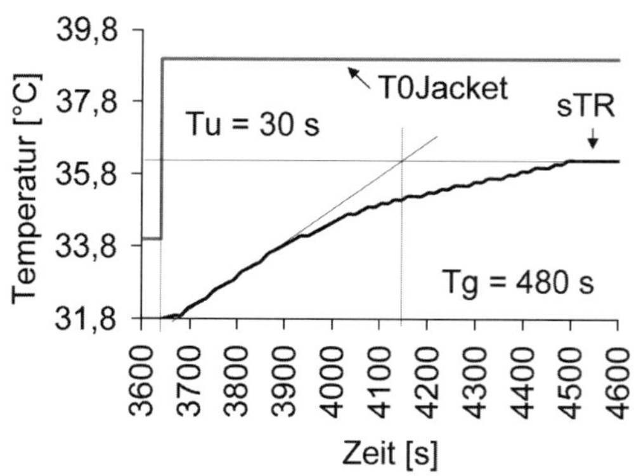

Abb. 6.28 Temperaturverlauf nach einem Stellsprung von $\Delta x = \Delta T = 5$ °C; Auswertung nach der CHR-Methode

Aus der Sprungantwort (Abb. 6.28) können folgende Werte ermittelt werden: T_g = 380 s; T_u = 30 s. Im Folgenden werden die Parameter für einen PID-Regler für eine minimale Überschwingweite bei Führungsregelung nach der CHR-Methode (Tab. 6.3) berechnet:

$$K_S = \frac{\Delta x}{\Delta y} = \frac{36{,}2\,°C - 31{,}8\,°C}{39{,}0\,°C - 34{,}0\,°C} = 0{,}88\frac{°C}{°C}$$

$$K_P \approx \frac{0{,}95}{K_S} \cdot \frac{T_g}{T_u} = \frac{0{,}95}{0{,}88} \cdot \frac{380}{30} = 13{,}7$$

$$T_N \approx 1{,}35 \cdot T_g = 1{,}35 \cdot 380 = 513s$$

$$T_V \approx 0{,}47 \cdot T_u = 0{,}47 \cdot 30 = 14{,}1s$$

Abb. 6.29 illustriert das Verhalten der Temperaturregelung bei einem Sollwertsprung von 37 °C auf 32 °C.

Mit den nach der CHR-Methode ermittelten Reglerparametern kann ein gutes Regelungsverhalten erzielt werden. Es kommt zu einem Unterschreiten des Sollwertes von 1 °C. Allerdings wird der Sollwert relativ schnell erreicht. Eine signifikante bleibende Regeldifferenz kann nicht beobachtet werden.

Obwohl die ermittelten Reglerparameter zu vergleichsweise guten Regelqualitäten geführt haben, kann die Regelung weiter optimiert werden. Die mithilfe der CHR-Methode ermittelten Parameter führen zu einer relativ schnellen Regelung. Allerdings ist die maximal zulässige Regeldifferenz von 1 °C erreicht worden. Um das maximale Über- oder Unterschreiten des neuen Sollwertes abzuschwächen, wird die Reglerverstärkung von 13,7 auf 10 reduziert.

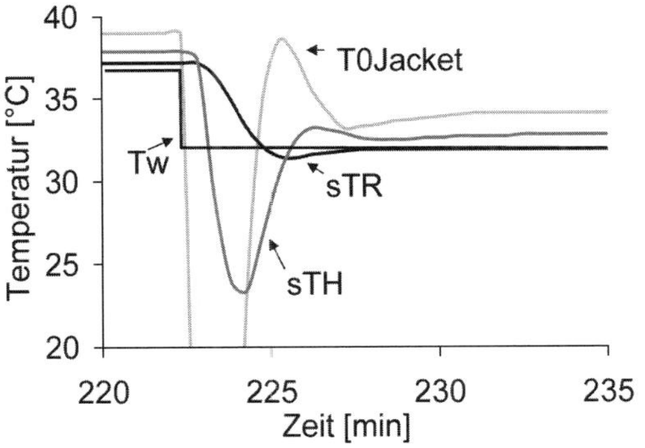

Abb. 6.29 Verhalten eines Temperaturregelkreises nach Aufgabe eines Stellsprungs (Tw: Sollwert; sTR: Mediums-Temperatur; sTH: Temperatur des Heizmediums am Heizmantelaustritt; T0Jacket: Temperatur des Heizmediums am Heizmanteleintritt)

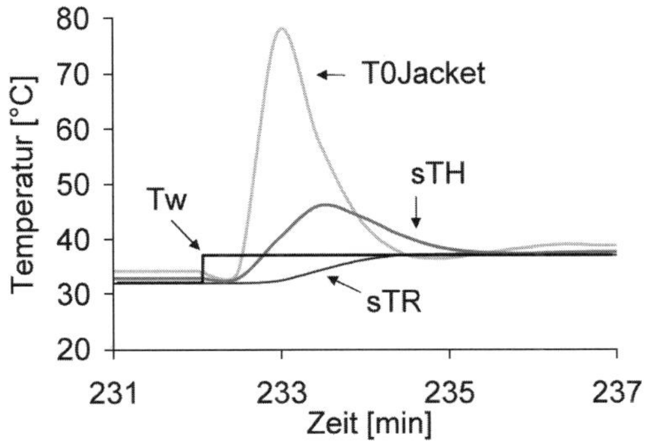

Abb. 6.30 Verhalten eines Temperaturregelkreises nach Aufgabe eines Stellsprungs mit optimierter Reglerverstärkung (Tw: Sollwert; sTR: Mediums-Temperatur; sTH: Temperatur des Heizmediums am Heizmantelaustritt; T0Jacket: Temperatur des Heizmediums am Heizmanteleintritt)

Aus Abb. 6.30 wird deutlich, dass die maximale Überschwingweite durch Verminderung der Reglerverstärkung von 1 °C auf 0,3 °C reduziert werden konnte. Außerdem wird die Ausregelzeit verkürzt.

Aufgabe 1c:
Führen Sie eine Sterilisation des Kulturmediums unter Verwendung Ihres Reglers aus 1b) in einem Bioreaktor durch. Fahren Sie hierfür durch Veränderung des Temperatur-Sollwertes ein Temperaturprofil so, dass für eine Prozesszeit von mindestens 20 Minuten und höchstens 30 Minuten eine Mediums-Temperatur von 121 °C erreicht wird.

Versuchen Sie, durch eine geschickte Angabe der Sollwerte eine möglichst zügige Erwärmung zu erreichen. Dabei soll die maximale Temperatur 123 °C nicht überschreiten. Kühlen Sie die Glucoselösung nach der Sterilisation auf die Kultivierungstemperatur von 35 °C ab.

Dokumentieren Sie Ihr Ergebnis.

Ziel: Ausarbeitung einer Prozessführungsstrategie für einen Sterilisationszyklus.

Einstellungen am BioProzessTrainer:
- Wählen Sie das Experiment „REG_1“ aus dem Hauptmenü.

Vorgehensweise:
- Wählen Sie das Experiment „REG_1c“. Hierdurch wird der **BioProzessTrainer** initialisiert.

Nach der Initialisierung befinden sich 10 L einer auf 20 °C temperierten und gerührten Mediumslösung im Reaktor. Der vorhandene Temperaturregler befindet sich im Handbetrieb.

- Geben Sie die von Ihnen in 1b) ermittelten Reglerparameter in die dafür vorgesehenen Eingabefelder ein.
- Geben Sie als Sollwert den aktuellen Wert der Mediums-Temperatur ein.
- Aktivieren Sie den Regler, indem Sie von „Hand" auf „Auto" schalten und warten Sie einen (nahezu) stationären Zustand ab.
- Ändern Sie den Sollwert der Mediumstemperatur immer wieder so, dass Sie einen möglichst günstigen Verlauf der Mediums-Temperatur erzielen. Beobachten Sie die Temperaturverläufe.
- Drucken Sie die gewonnene Temperaturkurve aus oder exportieren Sie die Daten in ein Tabellenkalkulationsprogramm.
- Zur Wiederholung des Teil-Experiments REG_1c drücken Sie den Wiederholungs-Button entsprechend den Hinweisen auf der DVD.
- Zum Beenden des Experiments REG_1 drücken Sie den Ende-Button entsprechend den Hinweisen auf der DVD.

Auswertung:

- Stellen Sie den gewonnenen Temperaturverlauf grafisch dar. Diskutieren Sie die Qualität der Regelung.

Beispiellösung zu REG_1c:

Die Reglerparameter werden auf folgende Werte gesetzt:

P: 10,0 (Gain); I: 513 s (Tn); D: 14,1 (Tv)

Mit dem in Abb. 6.31 dargestellten Sollwertprofil (T0Jacket) lässt sich die erforderliche Sterilisationstemperatur zügig erreichen, ohne dass die Mediums-Temperatur den Wert von 121 °C nennenswert überschreitet. Wird der Sollwert der Mediums-Temperatur jedoch vom Beginn des Zyklus an statisch auf 121 °C belassen, kommt es zu einem recht starken Überschwingen der Mediums-Temperatur. Nach diesem Überschwingen wird der Sollwert von 121 °C zuverlässig gehalten.

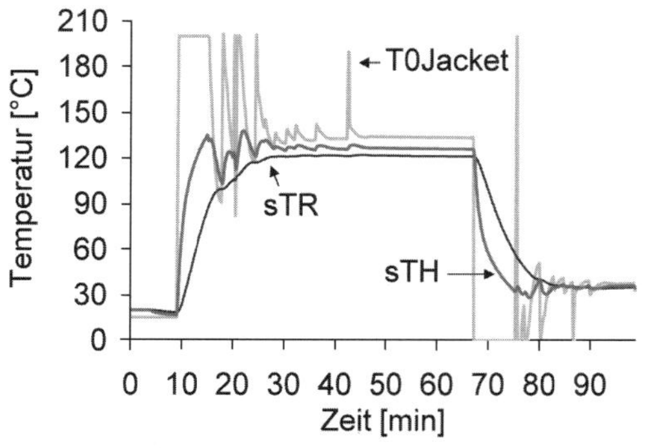

Abb. 6.31 Sterilisationszyklus mit Temperaturregler und Sollwertprofil (Tw: Sollwert; sTR: Mediums-Temperatur; sTH: Temperatur des Heizmediums am Heizmantelaustritt; T0Jacket: Temperatur des Heizmediums am Heizmanteleintritt.)

Als Nachteil des gezeigten Sollwertprofils ist zu nennen, dass relativ starke und schnelle Stellwertänderungen (hier: Temperatur des Temperiermediums (T0Jacket)) in Kauf genommen wurden. In der Praxis sollen solche Schwankungen vermieden werden. Dies lässt sich durch eher gleitende Sollwertänderungen erreichen.

Am Ende des Sterilisationszyklus wird das Medium (durch erneutes Fahren eines Sollwertprofils) auf 35 °C abgekühlt, ohne dass es zu einem nennenswerten Unterschwingen kommt.

Eine geschickte, fortlaufende Sollwert-Anpassung (d. h. Fahren eines Sollwertprofils) kann zu Energieeinsparungen beitragen.

Experiment REG_2: Entwurf einer Gelöstsauerstoffregelung

Aufgabe 2a:

Führen Sie eine Hefe-Batch-Kultivierung durch. Halten Sie dabei die Gelöstsauerstoffkonzentration durch Veränderung der Rührerdrehzahl konstant bei $pO_2 = 80\,\%$. Dokumentieren Sie Ihre Ergebnisse.

Ziel: Kennen lernen der Prozessdynamik und der Wirkung der Stellgröße Rührerdrehzahl auf die Regelgröße Gelöstsauerstoffkonzentration.

Einstellungen am BioProzessTrainer:

- Wählen Sie das Experiment „REG_2" aus dem Hauptmenü.

Vorgehensweise:

- Wählen Sie das Experiment „REG_2a". Hierdurch wird der **BioProzessTrainer** initialisiert. Nach der Initialisierung befinden sich 10 L einer auf 35 °C temperierten und gerührten Mediumslösung im Reaktor, die bereits eine Biomassekonzentration von 3 g L^{-1}, eine Glucosekonzentration von 10 g L^{-1} und einen pH-Wert von 7,0 aufweist. Die Kultur wird mit 1 vvm Luft begast. Die Rührerdrehzahl beträgt 200 min^{-1}.
- Beobachten Sie den Verlauf der Gelöstsauerstoffkonzentration während der Kultivierung.
- Variieren Sie die Rührerdrehzahl so, dass sich eine möglichst konstante Gelöstsauerstoffkonzentration von 80 % einstellt.
- Unterbrechen Sie die Simulation nach etwa 15 Minuten durch Betätigen des Unterbrechen-Buttons.
- Drucken Sie die gewonnene Gelöstsauerstoff- und Rührerdrehzahlkurven aus oder exportieren Sie die Daten in ein Tabellenkalkulationsprogramm.
- Zur Wiederholung des Teil-Experiments drücken Sie den Wiederholungs-Button entsprechend den Hinweisen auf der DVD.
- Zum Beenden des Experiments REG_2 drücken Sie den Ende-Button entsprechend den Hinweisen auf der DVD.

Auswertung:

- Stellen Sie den gewonnenen Temperaturverlauf grafisch dar. Bewerten Sie die Qualität der Handregelung.

Beispiellösung zu REG_2a:

Abb. 6.32 illustriert die manuelle, fortlaufende Anpassung der Rührerdrehzahl mit dem Ziel einer möglichst konstanten Gelöstsauerstoffkonzentration von 80 %.

Im Verlauf der Kultivierung kommt es zu einer Sauerstoffzehrung durch die Hefen. Die Erhöhung der Rührerdrehzahl korreliert mit einer Erhöhung der Gelöstsauerstoffkonzentration. Durch intensiveres Rühren wird der Sauerstofftransport von den Gasblasen im Bioreaktor in das Kulturmedium verbessert. So gelingt es, den Sollwert der Gelöstsauerstoffkonzentration durch Veränderung der Rührerdrehzahl zu erreichen.

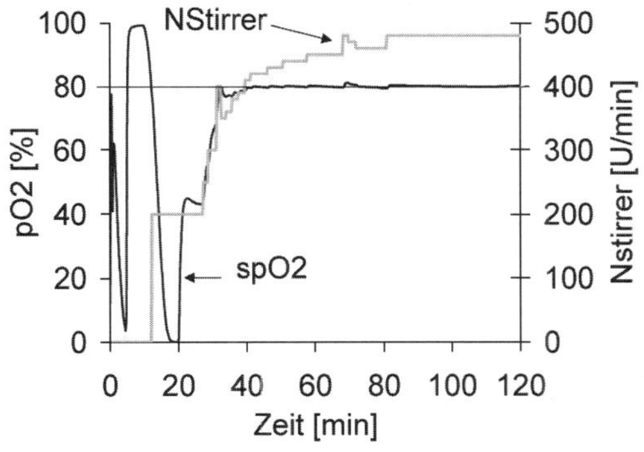

Abb. 6.32 Manuelle Veränderung der Rührerdrehzahl zur „Regelung" der Gelöstsauerstoffkonzentration (spO_2: Gelöstsauerstoffkonzentration; NStirrer: Rührerdrehzahl)

Aufgabe 2b:

Stellen Sie die Parameter eines PI-Reglers in einem Gelöstsauerstoffregelkreis (pO_2-Regelkreis) an einem Bioreaktor ein. Die Regler-Parameter sind so einzustellen, dass bei einem Sprung des Sollwertes der Gelöstauerstoffkonzentration im Bioreaktor um ca. 15 bis 20 % der neue Sollwert um maximal 3 % über- bzw. unterschritten wird. Der Gelöstsauerstoff-Arbeitspunkt liegt zwischen 60 und 80 %. Als Stellgröße verwenden Sie die Rührerdrehzahl.

Ziel: Systematisches Einstellen von Reglerparametern unter Nutzung der Einstellregeln.

Einstellungen am BioProzessTrainer:

- Wählen Sie das Experiment „REG_2" aus dem Hauptmenü.

Vorgehensweise:

- Wählen Sie das Experiment „REG_2b". Hierdurch wird der **BioProzessTrainer** initialisiert. Nach der Initialisierung befinden sich 10 L einer auf 35 °C temperierten und gerührten Mediumslösung im Reaktor, die bereits eine Biomassekonzentration von 3 g L^{-1}, eine Glucosekonzentration von 10 g L^{-1} und einen pH-Wert von 7,0 aufweist. Die Kultur wird mit 1 vvm Luft begast. Die Rührerdrehzahl beträgt 200 min^{-1}.

Ermittlung einer Kennlinie und einer Stellsprungantwort

- Ermitteln Sie durch Variation der Drehzahl, welche Rührerdrehzahl zu welchem pO_2 im Medium führt (Betriebspunkt 60...80 % pO_2)

- Unterbrechen Sie die Simulation durch Betätigung des Unterbrechen-Buttons.
- Tragen Sie Ihre Ergebnisse in eine Tabelle ein und präsentieren sie das Ergebnis grafisch.
- Führen sie die Simulation durch erneutes Betätigen des Fortsetzungs-Buttons fort.
- Senken Sie die Rührerdrehzahl so, dass sich ein pO_2 etwa 5-10 % unterhalb des von Ihnen gewählten Arbeitspunktes einstellt.
- Erhöhen Sie nun die Rührerdrehzahl sprungartig auf einen Wert, der zu einem pO_2 etwa 5–10 % oberhalb des Betriebspunktes führt (bedienen Sie sich hierbei Ihrer Ergebnisse aus der Ermittlung der Kennlinie).
- Beobachten Sie den Verlauf der Gelöstsauerstoffkonzentration bis sich ein nahezu konstanter pO_2 eingestellt hat.
- Drucken Sie die gewonnene Kurve aus oder exportieren Sie die Daten in ein Tabellenkalkulationsprogramm.
- Führen Sie die Auswertung der Sprungantwort gemäß dem Abschnitt Auswertung durch. Unterbrechen Sie für die Zeit der Auswertung die Simulation durch Drücken des Unterbrechungs-Buttons.

Untersuchung und Optimierung der Regelungseigenschaften

- Führen Sie die Simulation durch Drücken des Fortsetzungs-Buttons fort.
- Geben Sie die von Ihnen ermittelten Reglerparameter in die dafür vorgesehenen Eingabefelder ein.
- Geben Sie als Sollwert den aktuellen Wert der Gelöstsauerstoffkonzentration ein.
- Aktivieren Sie den Regler, indem Sie von „Hand" auf „Auto" schalten und warten Sie einen (nahezu) stationären Zustand ab.
- Ändern Sie den Sollwert der Gelöstsauerstoffkonzentration um ca. 15 % und beobachten Sie das Verhalten des geschlossenen Regelkreises.
- Zur Verbesserung der Regeleigenschaften geben Sie ggf. neue Reglerparameter in die dafür vorgesehenen Eingabefelder ein und setzen das Experiment wie vorstehend beschrieben fort.
- Drucken Sie die gewonnenen Kurven aus oder exportieren Sie die Daten in ein Tabellenkalkulationsprogramm.
- Zur Wiederholung des Teil-Experiments drücken Sie den Wiederholungs-Button entsprechend den Hinweisen auf der DVD.
- Zum Beenden des Experiments REG_2 drücken Sie den Ende-Button entsprechend den Hinweisen auf der DVD.

Auswertung:

- Stellen Sie den gewonnenen Verlauf der Gelöstsauerstoffkonzentration und der Rührerdrehzahl grafisch dar. Diskutieren Sie die Qualität der Regelung.

Beispiellösung zu REG_2b:

Der hier betrachtete Gelöstsauerstoffregelkreis besitzt die prinzipielle Struktur nach Abb. 6.12 mit den folgenden Größen:

x: Regelgröße Gelöstsauerstoffkonzentration (pO_2)
w: Sollwert der Gelöstsauerstoffkonzentration (pO_2)
e: Regeldifferenz
y: Stellgröße Rührerdrehzahl
z: Störgröße, z. B. Antischaum im Medium

Kennlinie

Durch schrittweise Erhöhung der Rührerdrehzahl können die korrespondierenden Gelöstsauerstoffkonzentrationen ermittelt werden (Abb. 6.33).

In realen Kultvierungen ist davon auszugehen, dass sich die Sauerstofftransporteigenschaften im Verlauf der Kultivierung ändern. Daraus ergibt

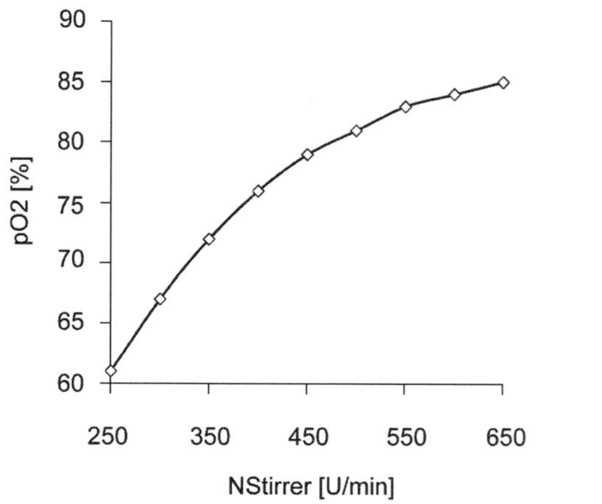

Abb. 6.33 Kennlinie Gelöstsauerstoffkonzentration (pO_2) in Abhängigkeit von der Rührerdrehzahl

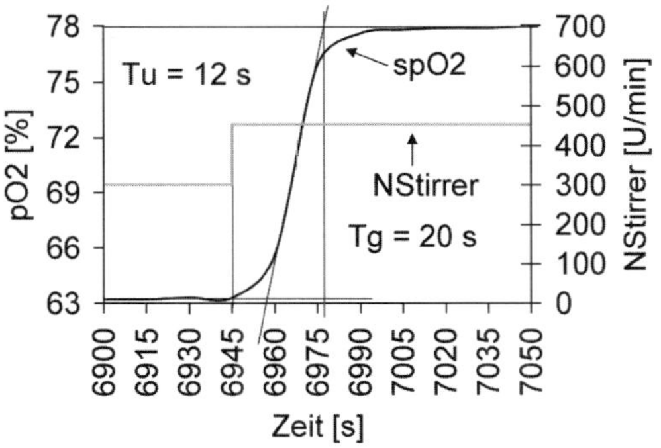

Abb. 6.34 Verlauf des pO_2 nach einem Stellsprung der Rührerdrehzahl von $\Delta x = \Delta nr$ = 70 U/min; Auswertung nach der CHR-Methode

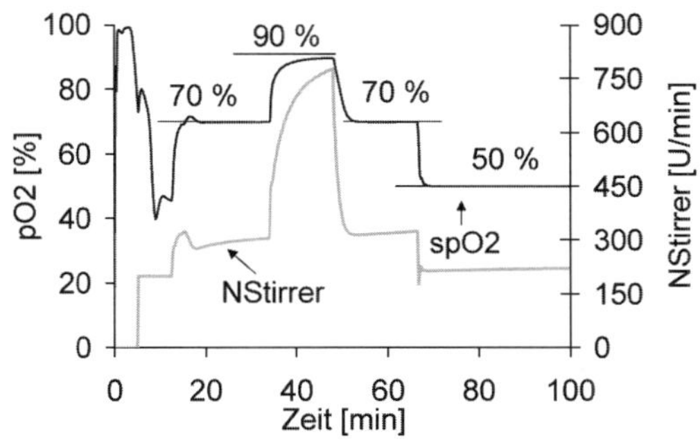

Abb. 6.35 Verhalten einer Gelöstsauerstoffregelung während einer Batch-Kultivierung nach Einschalten des Reglers und nach verschiedenen Sollwertsprüngen. (spO2: Gelöstsauerstoffkonzentration; NStirrer: Rührerdrehzahl)

sich, dass sich auch die Kennlinie im Verlauf einer Kultivierung ändern kann. (Dieses Verhalten wurde nicht in den **BioProzessTrainer** integriert.)

Stellsprungantwort
Die Durchführung des Stellsprungversuchs ergibt den in Abb. 6.34 dargestellten Verlauf.

Aus der Sprungantwort (Abb. 6.34) können folgende Werte ermittelt werden: T_g = 20 s; T_u = 12 s. Im Folgenden werden die Parameter für einen PI-Regler für eine minimale Überschwingweite bei Führungsregelung nach der CHR-Methode (Tab. 6.3) berechnet:

$$K_S = \frac{\Delta x}{\Delta y} = \frac{78\% - 63\%}{450 rpm - 300 rpm} = 0{,}1 \frac{\%}{rpm}$$

$$K_P \approx \frac{0{,}35}{K_S} \cdot \frac{T_g}{T_u} = \frac{0{,}35}{0{,}1} \cdot \frac{20}{12} = 5{,}8$$

$$T_N \approx 1{,}2 \cdot T_g = 1{,}2 \cdot 20 = 24 s\ .$$

Abbildung 6.35 illustriert das Verhalten der pO_2-Regelung beim Einschalten der Regelung und Sollwertsprüngen von 20 % in verschiedene Richtungen (zunehmender Sollwert, abnehmender Sollwert). Nur nach dem Einschalten der Regelung am Beginn der Kultivierung tritt eine kleine Überschwingung über den neuen Sollwert auf. Ein Über- oder Unterschwingen bei Sollwertänderungen kann nicht beobachtet werden. Neue Sollwerte werden vergleichsweise schnell erreicht, wobei ein hoher pO_2 (> 85 %) relativ langsam erreicht wird. Dies deutet darauf hin, dass in dieser Phase der Sauerstofftransport durch eine Erhöhung der Rührerdrehzahl nur noch eingeschränkt verbessert werden kann. Eine Nachoptimierung der Reglerparameter ist in diesem Fall nicht erforderlich.

Literaturverzeichnis

Adams D, Korke R, Hu WS (2007) Application of Stoichiometric and Kinetic Analyses to Characterize Cell Growth and Product Formation. In: Pörtner R (ed) Animal Cell Biotechnology – Methods and Protocols. Humana Press

Aiba S, Humphrey AE, Millis NF (1973) Biochemical Engineering. – 2nd ed. Academic Press, New York

Åkesson M (1999) Probing control of glucose feeding in Escherichia coli cultivations. PhD-thesis Lund Institute of Technology

Bailey J, Ollis DF (1986) Biochemical Engineering Fundamentals. 2nd ed.. McGraw Hill, New York

Batt CB, Kompala SK (1989): A structured modeling framework for the dynamics of hybridoma growth in continuous suspension cultures. Biotechnol Bioeng 34: 515-531

Bergmann J (1999) Automatisierungs- und Prozeßleittechnik. Eine Einführung für Ingenieure und Betriebswirtschaftler. Carl Hanser Verlag München, Wien

Bergter F, Knorre WA (1972) Computersimulation von Wachstum und Produktbildung bei Saccharomyces cerevisiae. Zeitschrift für allg. Mikrobiologie 12: 613-629

Biener RK, Haas J, Noé W, Howaldt M, Gilles ED (1995) Model-based monitoring and control of a monoclonal antibody production process. In: Beuvery EC et al. (eds) Animal Cell Technology: Developments Towards the 21st Century, Kluwer Academic Publishers, The Netherlands, 665-670

Bockhardt HD (1997) Grundlagen der Verfahrenstechnik für Ingenieure. Deutscher Verlag der Grundstoffindustrie, Stuttgart.

Bodenschatz BC (2002) Entwicklung eines Echtzeit-Ausbildungsimulators für Fermentationen in Rührkesselreaktoren. Diplomarbeit FH Jena, http://www.diplom.de/db/diplomarbeiten5529.pdf

Brammer U (1990) Entwicklung eines strukturierten Modells von *Saccharomyces cerevisiae* zur Beschreibung des dynamischen Verhaltens unter Berücksichtigung des Crabtreeeffektes. Dissertation, TU Berlin.

Bree MA, Dhurjati P, Geoghegan RF, Robnett B (1988) Kinetic modelling of hybridoma cell growth and immunoglobulin production in a large-scale suspension culture. Biotechnol Bioeng 32: 1067-1072

Buchmann M (2006) Entwicklung eines skalierbaren Dialyseprozesses zur Hochzelldichtefermentation von *E. coli*. Books on Demand GmbH, Norderstedt

Butler M (2004) Animal Cell Culture and Technology – The Basics. Oxford University Press

Chmiel H (1991) Bioprozesstechnik. Gustav Fischer Verlag, Stuttgart

Chmiel H (2006) Bioprozesstechnik. Spektrum Akademischer Verlag, Heidelberg

Dalili M, Sayles GD, Ollis DF (1990) Glutamin-limited batch hybridoma growth and antibody production: experiment and model. Biotechnol Bioeng 36: 74-82

de Tremblay M, Perrier M, Chavarie C, Archambault J (1992) Optimization of fed-batch culture of hybridoma cells using dynamic programming: single and multi feed case. Bioproc Eng 7: 229-234

de Tremblay M, Perrier M, Chavarie C, Archambault J (1993) Fed-batch culture of hybridoma cells: comparison of optimal control approach and closed loop strategies. Bioproc Eng 9: 13-21

Doran PM (2003) Bioprocess Engineering Principles. Academic Press, San Diego

Doyle C, Butler M (1990) The effect of pH on the toxicity of ammonia to a murine hybridoma cell line. J Biotechnol 15: 91-100

Dubach ACh, Märkl H (1992) Application of an extended kalman filter method for monitoring high density cultivation of Escherichia coli. J Ferment Bioeng 73, 5:396-402

Dunn IJ, Heinzle E, Ingham J, Prenosil JE (2003) Biological Reaction Engineering: Dynamic Modelling Fundamentals with Simulation Examples, 2nd ed.. Wiley-VCH, Weinheim

Edwards TJ, Newman J, Prausnitz JM (1975) Thermodynamics of aqueous solutions containing volatile weak electrolytes. AIChE 21: 248-257

Frahm B (2003) Adaptive, modellgestützte Prozessführung von Suspensionskulturen tierischer Zellen, Books on Demand, Norderstedt

Frahm B, Lane P, Atzert H, Munack A, Hoffmann M, Hass V, Pörtner R (2002) Adaptive, model-based control by the Open-Loop-Feedback-Optimal (OLFO) controller for the effective fed-batch cultivation of hybridoma cells. Biotechnol Prog 18: 1095-1103

Frahm B, Lane P, Munack A, Pörtner R (2005) Optimierung und Steuerung von Zellkultur-Fed-Batch-Prozessen mittels einer Kollokationsmethode. Chemie Ing Tech 77: 429 – 435

Frame KK, Hu WS (1990) Cell volume measurement as an estimation of mammalian cell biomass. Biotechnol Bioeng 36: 191-197

Frame KK, Hu WS (1991a) Kinetic study of hybridoma cell growth in continuous culture. I. A model for non-producing cells. Biotechnol Bioeng 37: 55-64

Frame KK, Hu, WS (1991b) Kinetic study of hybridoma cell growth in continuous culture. II. Behavior of producers and comparison to nonproducers. Biotechnol Bioeng 38: 1020-1028

Friedmann H, Märkl H (1993) Der Einfluß von erhöhtem hydrostatischen Druck auf die Biogasproduktion. Wasser Abwasser gwf 134, 12: 690-698.

Gaertner JG, Dhurjati P (1993) Fractional factory study of hybridoma behavior. 2. Kinetics of nutrient uptake and waste production. Biotechnol Prog 9: 309-316

Gancedo C, Serrano R (1989) Energy-Yielding metabolism. The Yeasts, 2.edition, Vol.3, Academic Press Limited, London, 205-259

Glacken MW, Huang C, Sinskey AJ (1989) Mathematical description of hybridoma culture kinetics. III Simulation of fed-batch bioreactors. J Biotechnol 10: 39-66

Gódia F, Cairó JJ (2006) Cell Metabolism. In: S.S. Ozturk and W.-S. Hu (eds.) Cell Culture Technology For Pharmaceutical and Cell-Based Therapies. Taylor & Francis Group, New York

Guijarro JM, Lagunas R (1984) *S. cerevisiae* does not accumulate ethanol against a concentration gradient. J Bacteriol 160: 874-878

Harigae M, Matsumura M, Kataoka H (1994) Kinetic study on HBs-MAb production in continuous cultivation. J Biotechnol 34: 227-235

Hass VC (2005) Verbesserung der Bioverfahrenstechnischen Ausbildung durch einen „Virtuellen Bioreaktor“. Chem Ing Techn 77: 161-167

Henzler HJ, Kauling OJ (1993) Oxygenation of cell cultures. Bioproc Eng 9: 61-75

Hiller GW, Aeschlimann AD, Clark DS, Blanch HW (1991) A kinetic analysis of hybridoma growth and metabolism in continuous suspension culture on serum-free medium. Biotechnol Bioeng 38: 733-741

James W (1992) Biotechnology by open learning: Bioreactor design and product yield. Butterworth-Heinemann, Oxford

Koolman J, Röhm HD (2003) Taschenatlas der Biochemie. Georg Thieme Verlag

Köster D (2002) Proteinexpression in dichten Kulturen von E. coli. PhD-thesis TU Hamburg-Harburg

Krahe M (2003) Biochemical Engineering. In: Ullmann's Encyclopedia of Industrial Chemistry, Wiley-VCH, Weinheim

Kraume M (2003) Mischen und Rühren. Wiley-VCH, Weinheim

Kuhn U (1995): Eine praxisnahe Einstellregel für PID-Regler. Automatisierungstechnische Praxis atp 5: 10-16

Kurokawa H, Park YS, Iijima S, Kobayashi T (1994) Growth characteristics in fed-batch culture of hybridoma cells with control of glucose and glutamine concentration. Biotechnol Bioeng 44: 95-103

Lee J, Lee SY, Park S (1997) Fed-Batch culture of *Escherichia coli* W by exponential feeding of sucrose as a carbon source. Biotechnol techn 11: 59-62

Lee SY (1996) High cell-density culture of *Escherichia coli.* Trends Biotechnol 14: 98-105

Levenspiel O (1972) Chemical Reaction Engineering – 2nd ed. John Wiley & Sons, New York

Linardos TI, Kalogerakis N, Behie LA (1991) The effect of specific growth rate and death rate on monoclonal antibody production in hybridoma chemostat cultures. Can J Chem Eng 69: 429-438

Lübbert A, Simutis R (1998) Advances in modelling for bioprocess supervision and control. In: G. Sabramanian (ed.): Bioseparation and Bioprocessing, Vol. 1. Wiley-VCH, Weinheim

Lüdemann I (1996) „Nutrient-Split“-Fütterungsstrategie für suspendierte und immobilisierte nicht-adhärente tierische Zellen. VDI-Fortschrittsberichte Reihe 17, Nr. 164

Lüdemann I, Pörtner R, Märkl H (1995) „Nutrient-Split“ feeding strategy for dialysis cultures of hybridoma cells. Proceedings 8th JAACT meeting, Iizuka, Japan

Lüdemann I, Pörtner R, Märkl, H (1994) Effect of NH_3 on the cell growth of a hybridoma cell line. Cytotechnol 14: 11-20

Märkl H (1989) Folien und Membranen als neue Elemente im Fermenterbau. Forum Mikrobiologie 12: 234-237

Miller WM, Wilke CR, Blanch HW (1987) Effects of dissolved oxygen concentration on hybridoma growth and metabolism in continuous culture. J Cell Phys 132: 524-530

Miller WM, Wilke CR, Blanch HW (1988) A kinetic analysis of hybridoma growth and metabolism in batch and continuous suspension culture. Effect of nutrient concentration, dilution rate and pH. Biotechnol Bioeng 32: 947-965

Moser (1981) Bioprozesstechnik. Springer Verlag, Wien, New York

Moser A (1988) Bioprocess Technology. Springer, 1988

Nakano K, Rischke M, Sato S, Märkl, H (1997) Influence of acetic acid on the growth of *Escherichia coli* K12 during high-cell-density cultivation in a dialysis reactor. Appl Microbiol Biotechnol 48: 597-601

Nehring D, Czermak P, Vorlop J, Lübben, H (2004): Experimental study of a ceramic microsparging aeration system in a pilot-scale animal cell culture. Biotechnol Progr 20: 1710-1717)

Netz H, Wagner W (1996) Betriebshandbuch Wärme. Verlag Dr. Ingo Resch GmbH, Gräfelfing

Ogbonna JB, Märkl H (1993) Nutrient-split feeding strategy for dialysis cultivation of Escherichia coli, Biotechnol Bioeng 41:1092-1100

Ozturk SS, Hu WS (eds) (2006) Cell Culture Technology For Pharmaceutical and Cell-Based Therapies. Taylor & Francis Group, New York

Pasteur L (1861) Fluide sur la bière. Mason Verlag, Paris.

Pirt SJ (1985) Principles of microbe and cell cultuvation. Blackwell Scientific Publications

Pörtner R (1998) Reaktionstechnik der Kultur tierischer Zellen. Shaker, Aachen

Pörtner R (2005) Fermentation. In: Antranikian G (ed.) Angewandte Mikrobiologie, Springer, Berlin, Heidelberg,

Pörtner R (2005) Grundlagen der Bioverfahrenstechnik. In: Antranikian G (ed.) Angewandte Mikrobiologie, Springer, Berlin, Heidelberg

Pörtner R, Märkl H (1998) Dialysis cultures. Appl Microbiol Biotechnol 50: 403-414

Pörtner R, Bohmann A, Lüdemann I, Märkl H (1994) Estimation of specific glucose uptake rates in cultures of hybridoma cells. J Biotechnol 34: 237-246

Pörtner R, Schäfer Th (1996) Modelling hybridoma cell growth and metabolism – A comparision of selected models and data; J Biotechnol 49: 119-135

Pörtner R, Schilling A, Lüdemann I, Märkl H (1996) High density fed-batch cultures for hybridoma cells performed with the aid of a kinetic model. Bioproc Eng 15: 117-124

Pörtner R, Schwabe JO, Frahm B (2004) Evaluation of selected control strategies for fed-batch cultures of a hybridoma cell line. Biotechnol Appl Biochem 40: 47-55

Pörtner R, Schwabe JO, Frahm B (2004) Fed-batch-cultivation of animal cells – Comparison of selected control strategies. Biotechnol Appl Biochem 40: 47-55

Reuter M, Zacher S (2004) Regelungstechnik für Ingenieure. Viewegs Fachbücher der Technik

Scheper T (1991) Bioanalytik. Vieweg, Braunschweig

Schlegel HG (1992) Allgemeine Mikrobiologie. Georg Thieme Verlag

Schlegel HG, Doelle HW, Fiechter A, Yamada H, Shimizu S, Becker Th, Breithaupt D, Kasper C, Liese A, Lütz St, Pörtner R, Sell D, Stahl F, Suck K, Ulber R, Wegener J, Würges K Zorn H (2007) Biotechnology. In: Ullmann's Encyclopedia of Industrial Chemistry, DOI:10.1002/14356007.a04_107.pub2

Schlitt H (1978) Regelungstechnik in Verfahrenstechnik und Chemie : Bauelemente, Regelkreise, Planung u. Verwirklichung. Vogel Verlag

Schoop M (2008) http://www.schoop.de, (Zugriff: 30.05. 2008).

Schügerl K (1985) Bioreaktionstechnik, Band 1. Salle und Sauerländer, Frankfurt a.M.

Schügerl K (1991) Bioreaktoren und ihre Charakterisierung. Band 2, Sauerländer Verlag, Frankfurt a.M.

Schuler ML, Kargi F (2002) Bioprocess Engineering – Basic concepts. Prentice Hall, Upper Saddle River NJ

Schwabe JO (2000) Feeding Strategies for Fed-Batch Cultures of Animal Cells. Fortschritt-Berichte VDI, Reihe 17, Nr. 206

Shiloach J, Kaufman J, Guillard AS, Fass R (1996) Effect of glucose supply strategy on acetate accumulation, growth, and recombinant protein production by *Escherichia coli* BL21 (_DE3) und *Escherichia coli* JM109. Biotechnol Bioeng 49: 421-428

Sinclair CG, Kristiansen B (1993) Fermentation Kinetics and Modelling. Bu'Lock, Manchester.

Sonnleitner B (1997) Hefe ein Spezialfall in der Bioverfahrenstechnik. Lebensmittel Technologie 30: 475-481

Sonnleitner B, Käppeli O (1986) Growth of *Saccharomyces cerevisiae* is controlled by its limited respiratory capacity. Formulation and verification of a hypothesis. Biotechnol Bioeng 28: 927-937

Soravia S, Orth A (2006) Design of Experiments. Wiley-VCH Verlag, Weinheim, 10.1002/14356007.e08 e01.pub2

Storhas W (1994)Bioreaktoren und periphere Einrichtungen. Vieweg Verlag, Braunschweig

Storhas W (2003) Bioverfahrensentwicklung. Wiley-VCH, Weinheim

Strathmann H (1979) Trennung von molekularen Mischungen mit Hilfe synthetischer Membranen. Dr. Dietrich Steinkopf Verlag, Darmstadt

Stryer L (2007) Biochemie. Spektrum Akademischer Verlag, Heidelberg

Tröster F (2005) Steuerungs- und Regelungstechnik für Ingenieure. Oldenbourg-Verlag

van't Riet K (1979) Review of measuring methods and results in nonviscous gas-liquid mass transfer in stirred vessels. Ind. Eng. Chem. Process Des. Dev. 18: 357-364

VDI-Wärmeatlas (2006) Berechnungsblätter für den Wärmeübergang. 10. Auflage, VDI Verlag, Düsseldorf.

Wedy M (1992) Reaktionskinetische und regelungstechnische Untersuchung zur Produktion von Formiathydrogenase mit *Candida boidinii* (hD thesis) RWTH Aachen

Westerterp KR, van Dierendonck LL, de Kraa JA (1963) Interfacial areas in agitated gas-liquid contactors. Chem. Eng. Sci 18: 157-176

Weuster-Botz D (1999) Die Rolle der Reaktionstechnik in der mikrobiellen Verfahrensentwicklung. Schriften des Forschungszentrum Jülich

Witte, V. C. (1996) Mathematische Modellierung und adaptive Prozesssteuerung der Kultivierung von *Cyathus striatus.* Fortschritt-Berichte VDI 17, No. 144, VDI Verlag

Wlashin KF, Hu W-S (2006) Fedbatch Culture and Dynamic Nutrient Feeding. Adv. Biochem. Engin/Biotechnol 101: 43-74

Wolf KH (2000) Rührfermenter-Dimensionierung. Vulkan-Verlag, Essen

Xu B, Jahic M, Blomsten G, Enfors SO (1999a) Glucose overflow metabolism and mixed-acid fermentation in aerobic large-scale fed-batch processes with *Escherichia coli.* Appl Microbiol Biotechnol 51: 564-571

Xu B, Jahic M, Enfors SO (1999b) Modeling of glucose overflow metabolism in batch and fed-batch cultures of *Escherichia coli.* Biotechnol Prog 15: 81-90

Zeng AP, Bi JX (2006) Cell Culture Kinetics and Modeling. In: Ozturk SS, Hu WS (eds) Cell Culture Technology For Pharmaceutical and Cell-Based Therapies. Taylor & Francis Group, New York

Zlokarnik M (1999) Rührtechnik – Theorie und Praxis. Springer, Berlin, Heidelberg

Verzeichnis der Experimente

Index

Ingenieurbüro
Dr.-Ing. Schoop

Automatisierungstechnik für die Biotechnologie

Vollständige Automatisierung von Bio-Reaktoren und dynamische Simulation von Bioprozessen mit WinErs

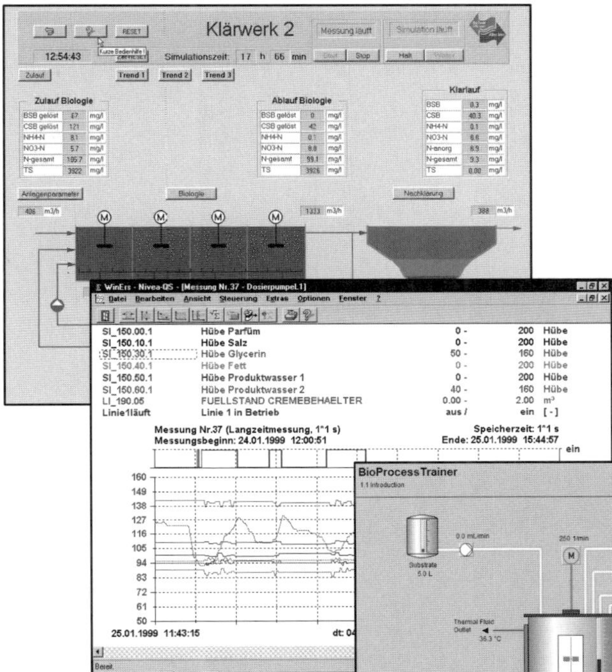

WinErs: Prozessleit- und Simulations-system mit integrierter Soft-SPS

- Bedienen, Beobachten, Überwachen
- Erfassen und Langzeitspeichern
- Grafische Eingabe und Überwachung der Steuerungen/Regelungen über Blockstrukturen und Grafcet
- Optimierte Prozessführungsstrategien
- Simulation biotechnischer Systeme
- FDA Konformität nach 21CRF Part 11

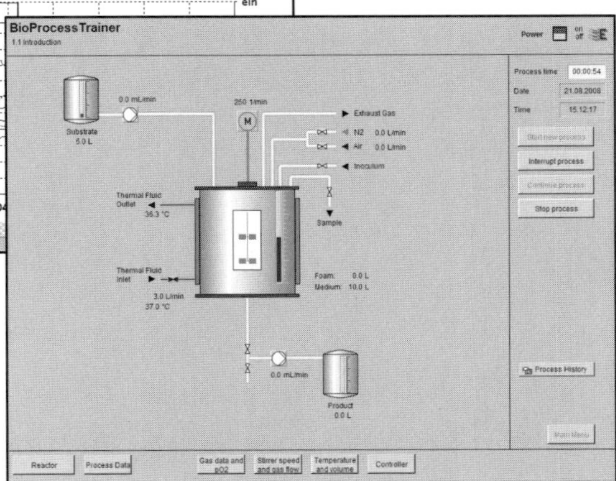

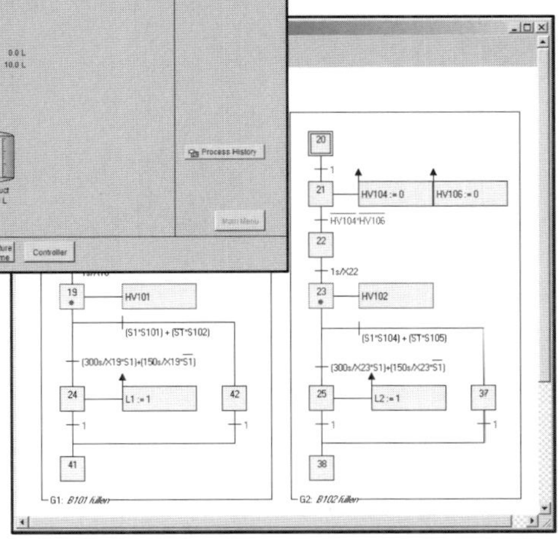

Dienstleistungen für die Biotechnologie

- Projektierung bis zur Inbetriebnahme
- Steuern, Regeln, Simulieren, Optimieren
- Entwicklung von Trainingssimulatoren

Ingenieurbüro Dr.-Ing. Schoop GmbH **Riechelmannweg 4** **21109 Hamburg**
Tel.: 040/75492230 **Fax: 040/75492232** **info@schoop.de** **www.schoop.de**